先驱体转化陶瓷纤维与复合材料丛书

气凝胶高效隔热材料

冯 坚 等 著

科 学 出 版 社

北 京

内 容 简 介

隔热材料是对热流具有显著阻抗性的材料或材料复合体。高性能隔热材料的研制和开发是解决能源紧缺的有效措施之一，更是解决新型航天飞行器和导弹高效热防护难题的关键，无论对于民用还是军用都具有重要的现实意义。

气凝胶高效隔热材料是目前高性能隔热材料研究的主要方向，本书深入总结了作者十多年来在气凝胶高效隔热材料领域的研究成果，系统介绍了纤维增强 SiO_2、Al_2O_3-SiO_2、SiCO、炭气凝胶隔热复合材料及聚酰亚胺气凝胶隔热材料的制备工艺，结构和性能表征，构件成型，加工及应用等。

本书可为从事气凝胶隔热保温相关领域的高校师生，气凝胶保温材料研究、开发和生产相关人员，以及从事航天飞行器热防护系统、武器装备和民用隔热保温领域设计应用的相关人员提供可靠的参考资料。

图书在版编目（CIP）数据

气凝胶高效隔热材料/冯坚等著. —北京：科学出版社, 2016.11
ISBN 978-7-03-050303-9

I. ①气…　II. ①冯…　III. ①气凝胶–隔热材料　IV. ①TB34

中国版本图书馆 CIP 数据核字(2016)第 258117 号

责任编辑：朱　丽　翁靖一 / 责任校对：何艳萍
责任印制：张　伟 / 封面设计：殷　靓

科学出版社 出版
北京东黄城根北街 16 号
邮政编码: 100717
http://www.sciencep.com

北京科印技术咨询服务公司印刷
科学出版社发行　各地新华书店经销
*
2016 年 11 月第　一　版　开本：720×1000 1/16
2016 年 11 月第一次印刷　印张：13 3/4
字数：300 000

定价：80.00 元

(如有印装质量问题，我社负责调换)

《先驱体转化陶瓷纤维与复合材料》丛书
编辑委员会

丛 书 序

在陶瓷基体中引入第二相复合形成陶瓷基复合材料，可以在保留单体陶瓷低密度、高强度、高模量、高硬度、耐高温、耐腐蚀等优点的基础上，明显改善单体陶瓷的本征脆性，提高其损伤容限，从而增强抗力、热冲击的能力，还可以赋予单体陶瓷新的功能特性，呈现出“1+1>2”的效应。以碳化硅(SiC)纤维为代表的陶瓷纤维在保留单体陶瓷固有特性的基础上，还具有大长径比的典型特征，从而呈现出比块体陶瓷更高的力学性能以及一些块体陶瓷不具备的特殊功能，是种非常适合用于对单体陶瓷进行补强增韧的第二相增强体。因此，陶瓷纤维和陶瓷基复合材料已经成为航空航天、武器装备、能源、化工、交通、机械、冶金等领域的共性战略性原材料。

制备技术的研究一直是陶瓷纤维与陶瓷基复合材料研究领域的重要内容。1976年，日本东北大学 Yajima 教授通过聚碳硅烷转化制备出 SiC 纤维，并于1983年实现产业化，从而开创了从有机聚合物制备无机陶瓷材料的新技术领域，实现了陶瓷材料制备技术的革命性变革。多年来，由于具有成分可调且纯度高、可塑性成型、易加工、制备温度低等优势，陶瓷先驱体转化技术已经成为陶瓷纤维、陶瓷涂层、多孔陶瓷、陶瓷基复合材料的主流制备技术之一，受到世界各国的高度重视和深入研究。

20世纪八十年代初，国防科学技术大学在国内率先开展陶瓷先驱体转化制备陶瓷纤维与陶瓷基复合材料的研究，并于1998年获批设立新型陶瓷纤维及其复合材料重点实验室（Science and Technology on Advanced Ceramic Fibers and Composites Laboratory，简称为 CFC 重点实验室）。三十多年来，CFC 重点实验室在陶瓷先驱体设计与合成、连续 SiC 纤维、氮化物透波陶瓷纤维及复合材料、纤维增强 SiC 基复合材料、纳米多孔隔热复合材料、高温隐身复合材料等方向上取得一系列重大突破和创新成果，建立了以先驱体转化技术为核心的陶瓷纤维和陶瓷基复合材料制备技术体系。这些成果原创性强，丰富和拓展了先驱体转化技术领域的内涵，为我国新一代航空航天飞行器、高性能武器系统的发展提供了强有力支撑。

CFC 重点实验室与科学出版社合作出版《先驱体转化陶瓷纤维与复合材料》丛书，既是对实验室过去成绩的总结、凝练，也是对该技术领域未来发展的一次深入思考。相信通过这套丛书的出版，能够很好地普及和推广先驱体转化技术，吸引更多科技工作者以及应用部门的关注和支持，从而促进和推动该技术领域长远、深入、可持续地发展。

中国工程院院士
北京理工大学教授

2016年9月28日

前　言

新型航天飞行器和导弹的研制和发展，对国家的国防安全具有重要的战略意义。与传统的飞行器和导弹相比，临近空间新型高速飞行器和导弹的飞行速度更高，飞行时间更长，飞行器和弹体表面的气动加热温度更高，加热时间更长，累计气动加热量更加严酷，承受的热环境更为恶劣。长时高效热防护已成为新型航天飞行器和导弹研制和发展中无法避免而又必须妥善解决的一个重大关键技术难题。因此，迫切需要研制和发展耐高温、轻质、力学性能良好的高效隔热材料和结构以支撑新型航天飞行器和导弹长时高效热防护系统技术的突破。另外，战斗机、装甲车辆、舰艇、鱼雷等武器装备也对高性能隔热材料提出了迫切需求。

在民用方面，随着科学技术和社会经济飞速发展，全球能源的日益紧缺已成为世界性问题，开发新能源、提高现有能源利用率以及节约能源已引起了各国的高度重视。其中，采用新技术、新工艺开发环境友好型的高效隔热材料是节约能源最有效、最经济的措施之一。

传统的陶瓷纤维隔热毡、陶瓷纤维隔热瓦等材料高温热导率较高［如美国NASA 研制的 AETB-12 陶瓷纤维隔热瓦为 800℃，热导率为 0.128W/(m·K)］，已难以满足军用和民用领域更加苛刻的高性能要求。开展耐高温、轻质及力学性能良好的高效隔热材料和结构技术研究具有重要的现实意义。

自 1931 年美国太平洋学院（College of the Pacific）的 Kistler 教授首次提出气凝胶概念以来，SiO_2 气凝胶由于其独特的纳米骨架颗粒和纳米孔径结构，已成为当前室温热导率最低的固体材料，但其强度低，对高温红外辐射传热透明，高温热导率较高。因此，研制兼具高强韧和高温低热导率特点的高性能气凝胶复合材料是国内外广大学者一直致力解决的技术难题。

国防科学技术大学自 2001 年开始从事气凝胶隔热材料研究，在国家自然科学基金、武器装备预研基金和军品配套科研项目等的长期支持下，开展的气凝胶高效隔热复合材料研究，已从实验室基础研究和工艺探索阶段进入到工程化应用阶段。研制的 SiO_2 和 Al_2O_3 等气凝胶复合材料具有高强韧、可设计性强、高效隔热等特性，相关材料和构件已广泛应用于我国新型航天飞行器和导弹热防护系统中，为我国国防现代化建设做出了重要贡献。

本书总结了作者十多年来在气凝胶隔热材料领域的研究成果，系统地介绍了

纤维增强 SiO_2、Al_2O_3-SiO_2、SiCO、炭气凝胶隔热复合材料及聚酰亚胺气凝胶隔热材料的制备工艺，结构和性能，构件成型、加工及应用等。

本书共 7 章。第 1 章气凝胶简介由冯坚执笔，简要介绍了气凝胶的发展历程、制备方法、基本性质、应用及发展趋势等；第 2 章纤维增强 SiO_2 气凝胶高效隔热复合材料由冯坚执笔，主要介绍了 SiO_2 气凝胶制备工艺、结构和性能，及其高效隔热复合材料的制备工艺、性能和疏水改性等；第 3 章纤维增强 Al_2O_3-SiO_2 气凝胶高效隔热复合材料由姜勇刚执笔，主要介绍了 Al_2O_3-SiO_2 气凝胶及其纤维增强高效隔热复合材料的制备工艺、结构与性能；第 4 章纤维增强 SiCO 气凝胶隔热复合材料由冯坚执笔，主要介绍了 SiCO 气凝胶的结构、性质及其纤维增强隔热复合材料的制备工艺，力学、隔热和耐温性能；第 5 章纤维增强炭气凝胶隔热复合材料由冯军宗执笔，主要介绍了炭气凝胶的制备工艺、结构调控及其纤维增强隔热复合材料的制备工艺和性能；第 6 章聚酰亚胺气凝胶隔热材料由冯军宗执笔，主要介绍了聚酰亚胺气凝胶的种类、制备工艺、结构和性能；第 7 章气凝胶隔热复合材料的应用研究由姜勇刚执笔，主要介绍了纤维增强气凝胶隔热复合材料的构件成型、加工技术以及在航天飞行器和导弹等武器装备隔热保温领域中的应用。全书由冯坚研究员统稿并审校。

本书的内容涵盖了王娟、高庆福、冯军宗的博士论文和周仲承、高庆福、王小东、冯军宗、武纬、赵南、王亮、岳晨午、陈旭、钱晶晶、林浩、杨晓青、师春晓等硕士学位论文的部分研究内容，在此感谢他们为本书编写提供宝贵的资料。同时感谢中国航天科工集团、中国航天科技集团、中国航空工业集团和中国工程物理研究院等单位为气凝胶高效隔热复合材料提供应用支持。

本书是国内第一部关于气凝胶隔热复合材料方面的专著，可供气凝胶隔热保温相关领域的高校师生、科研与生产人员以及气凝胶隔热复合材料应用的工程技术人员参考。

鉴于作者的学识和水平有限，书中难免存在疏漏和不足之处，敬请广大读者批评指正。

作　者
2016 年 7 月

目　录

第1章　气凝胶简介

气凝胶是一种以纳米量级胶体粒子相互聚集构成纳米多孔网络结构，并在孔隙中充满气态分散介质的一种高分散固态材料[1]。因其独特的纳米多孔网络结构，气凝胶材料具有很高的孔隙率（最高可达99%以上），高的表面活性，高的比表面能和比表面积（高达1000m^2/g以上）等特殊性质，在电学、光学、催化、隔热保温等领域具有广阔的应用前景。图1-1是氧化硅和石墨烯两种气凝胶[2, 3]，可以看出，氧化硅气凝胶是一种高效隔热材料，能够在很薄的厚度下达到很好的隔热效果；石墨烯气凝胶具有很低的密度（最低可达$0.16\times10^{-3}g/cm^3$）。

图1-1　氧化硅和石墨烯气凝胶

1.1　气凝胶的发展历程

1931年，美国加州Stockton太平洋学院（College of the Pacific）的Kistler教授以硅酸钠为硅源，盐酸为催化剂，制备了水凝胶，然后通过溶剂置换和乙醇（EtOH）超临界干燥制备了 SiO_2 气凝胶，标志着气凝胶研究的开端。在之后几年时间内，Kistler还成功制备了铝、钨、铁、锡等氧化物气凝胶，以及纤维素、硝化纤维素、明胶、琼脂等有机气凝胶，并开发了多种超临界流体介质。在随后的30年中，由于制备工艺耗时较长及复杂的溶剂交换步骤，气凝胶的研究一直进展很慢。

20世纪70年代后期，法国政府为获得液态燃料的储存材料，向Claud Bernard大学的 Teichner 教授寻求能够储存氧气和火箭燃料的多孔材料。在该契机下，Teichner 教授课题组采用正硅酸甲酯（TMOS）代替 Kistler 教授使用的水玻璃，并在甲醇溶液中通过TMOS水解一步法制得了醇凝胶，选用甲醇作为超临界干燥介质，成功制备了 SiO_2 气凝胶。Teichner 教授采用的气凝胶制备方法避免了 Kistler 方法中需要用 EtOH 溶液替换湿凝胶中的水和无机盐杂质，简化了气凝胶的制备过程，从此大量的学者开始投入气凝胶研究领域。

20 世纪 80 年代后期，美国 Lawrence Berkeley 国家实验室的微结构材料研究组首次采用正硅酸乙酯（TEOS）取代毒性较大的 TMOS 制备凝胶，采用 CO_2 替代 EtOH 作为超临界干燥介质，成功制备了氧化硅气凝胶。该方法的优势是原料毒性小、CO_2 的超临界干燥温度低、操作相对安全、对人体危害小。该方法的出现大大推动了气凝胶的研究进程。

与此同时，Pekala 等[4]以间苯二酚和甲醛为原料，经溶胶-凝胶聚合、溶剂交换和超临界干燥首次成功地制备了 RF 气凝胶。通过进一步裂解得到了炭气凝胶，使气凝胶从电的不良导体拓展到了导电体，开创了气凝胶新的研究和应用领域。

纳米孔隙空间三维立体网络结构，超低热导率及世界上最轻的固体等已成为气凝胶的代名词。气凝胶根据其组分一般可分为无机氧化物气凝胶，如 SiO_2[5]、Al_2O_3 [6]、TiO_2、ZrO_2、CuO[7] 、W_2O_3 [8]等气凝胶；有机气凝胶，如间苯二酚-甲醛（RF）、三聚氰胺-甲醛（MF）、苯酚-甲醛（PF）、纤维素及其衍生物 [9, 10]、聚酰亚胺[11]、聚氨酯[12]等气凝胶及其衍生炭气凝胶[13]；有机-无机杂化气凝胶，如二异氰酸酯[14]、苯乙烯[15]、烷基三烷氧基硅烷基[16]、聚壳糖[17]等聚合物增强氧化硅气凝胶；碳化物气凝胶，如 SiC[18, 19]、TiC[20, 21]、MoC 等气凝胶及石墨烯气凝胶[22]。此外还有一些多组分气凝胶，如 Al_2O_3/ SiO_2[23]、TiO_2/ SiO_2、C/SiC[24]、C/ SiO_2 [25]、C/ Al_2O_3 [26]、SiCO、AlCO、硅酸铝气凝胶[6]等。

目前，国内外有很多单位开展了气凝胶材料在隔热保温方面的基础及工程化应用研究工作。国外主要有德国 BASF 公司、DESY 公司、美国 LLNL 实验室、JPL 实验室、ASPEN 公司、法国蒙特派利尔材料研究中心、瑞典的 LUND 公司、韩国延世大学以及印度 Shivaji 大学等单位。国内的浙江纳诺科技有限公司、广东埃力生高新科技有限公司、国防科学技术大学、同济大学、清华大学、哈尔滨工业大学、北京科技大学等单位也开展了相关工作。图 1-2 是美国 NASA 将气凝胶材料应用在航空航天防隔热领域的发展过程及应用历史[27]，自气凝胶材料问世至今，已多次成功应用在航空航天领域。

1.2 气凝胶及其复合材料的制备方法

1.2.1 气凝胶的制备方法

目前制备气凝胶的主要方法是首先通过溶胶-凝胶法制备凝胶，再经过老化、

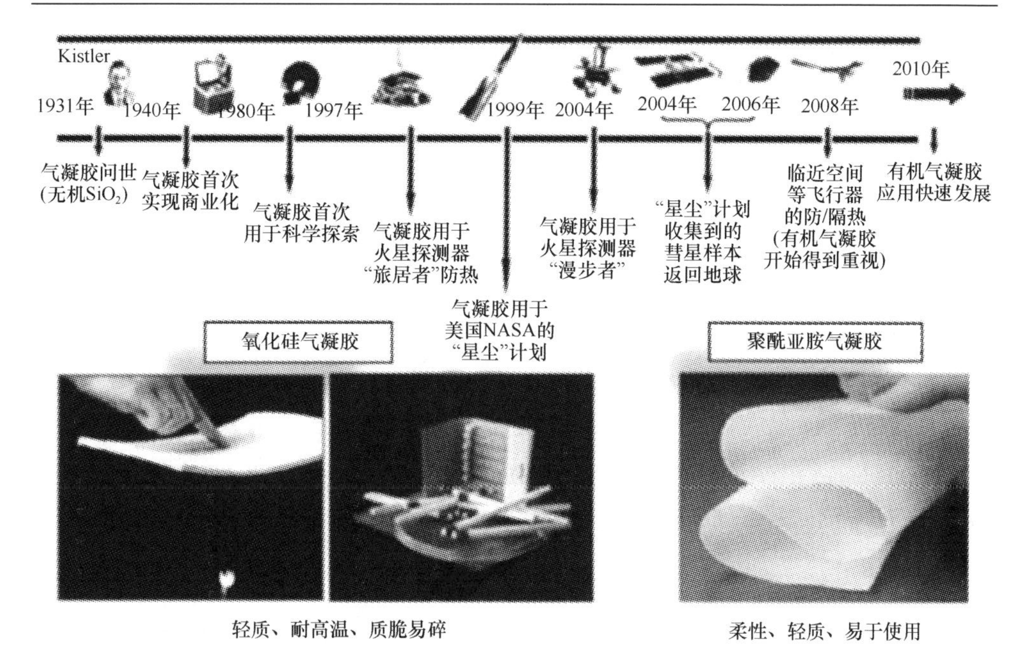

图 1-2　气凝胶的发展及应用历史[27]

超临界干燥等工艺手段制备气凝胶。其典型工艺过程为：将制备气凝胶所需原料［如正硅酸乙酯（TEOS）、仲丁醇铝（ASB）等］溶解到适量溶剂中，在适量水和催化剂的作用下，经水解、缩聚过程得到凝胶，再经过老化、干燥过程去除凝胶中的水和溶剂后，得到具有纳米孔径的气凝胶。

1. 溶胶的制备[28]

溶胶是指微小的固体颗粒悬浮分散在液相中，并不停地做布朗运动的体系。溶胶是热力学不稳定体系，若无其他条件限制，胶粒倾向于自发凝聚，即为凝胶化过程。利用化学反应产生不溶物（如高分子聚合物），并控制反应条件即可得到凝胶。

溶胶的制备是制备气凝胶材料的关键，溶胶的质量直接影响最终所得气凝胶的性能。下面几种因素经常影响溶胶的制备。

1）加水量

调节加水量可以制备不同性质的溶胶，加水量很少时，水解产物与未水解的醇盐分子之间继续聚合，形成大分子溶液，颗粒不大于 1nm，体系内无固液界面，属于热力学稳定系统，得到的是溶液而不是溶胶；而加水过多时，醇盐充分水解，形成存在固液界面的热力学不稳定系统，容易产生沉淀。

2）催化剂

酸、碱作为催化剂，其催化机理不同，对同一体系的水解缩聚，往往产生结构、形态不同的缩聚物。研究表明，酸催化体系的缩聚反应速率远大于水解反应速率，水解由 H_3O^+的亲电机理引起，缩聚反应在完全水解前已开始，因而缩聚物的交联度低，所得的干凝胶透明，结构致密；碱催化体系的水解反应是由 OH^-的亲核取代引起的，水解速率大于亲核速率，水解比较完全，形成的凝胶主要由缩聚反应控制，形成大分子聚合物，有较高的交联度，所得的干凝胶结构疏松，半透明或不透明。

3）溶胶浓度

溶胶浓度主要影响凝胶的时间和均匀性。在其他条件相同时，随溶胶浓度的降低，凝胶时间延长、凝胶的均匀性降低，且在外界条件干扰下很容易发生新的胶溶现象。所以要缩短凝胶时间，提高凝胶的均匀性，应尽量提高溶胶的浓度。

4）水解温度

提高温度对醇盐的水解有利，水解活性低的醇盐（如硅醇盐），常在加热下进行水解，以缩短溶胶制备及胶凝所需的时间；但水解温度太高，将发生有多种产物的水解聚合反应，生成不易挥发的有机物，影响凝胶性质。有时水解温度还会影响水解产物的相转变，影响溶胶的稳定性。因此在保证能生成溶胶的情况下，尽可能采取较低温度。

5）络合剂的使用

添加络合剂可以解决金属醇盐在醇中的溶解度小、反应活性大、水解速率过快等问题，是控制水解反应的有效手段之一。例如在制备 Al_2O_3 溶胶时，铝醇盐（ASB）的溶解度较差，水解速率较快导致 Al_2O_3 溶胶的凝胶时间相对较短，溶胶稳定性较差，需要加入络合剂来改善溶胶的稳定性。常用的络合剂有乙酰丙酮、乙酰乙酸乙酯等，其作用机理是络合剂与铝原子螯合形成相对稳定的六元环状络合物，螯合基团与铝原子配位形成一种屏蔽作用，给水分子的亲核取代造成困难，对水解反应显示出很大的惰性，而且其本身的空间位阻效应又较为显著，因此，极大地延缓了铝醇盐的水解和缩聚速率，阻止了沉淀产生，提高了 Al_2O_3 溶胶的稳定性。

6）电解质含量

电解质的含量可以影响溶胶的稳定性。与胶粒带同种电荷的电解质离子可以增加胶粒双电层的厚度，从而增加溶胶的稳定性；与胶粒带不同电荷的电解质离子会降低胶粒双电层的厚度，降低溶胶的稳定性。电解质离子所带电荷的数量也会影响溶胶的稳定性，所带电荷越多，对溶胶的影响越大。

7）高分子化合物的使用

高分子化合物可以吸附在胶粒表面，从而产生位阻效应，避免胶粒的团聚，增加溶胶的稳定性，例如在制备溶胶时，添加聚合物聚乙二醇（PEG）的作用就是这个原理。

2. 凝胶

凝胶是一种由细小粒子聚集成三维网状结构和连续分散相介质组成的具有固体特征的胶态体系。按分散相介质不同而分为水凝胶（hydrogel）、醇凝胶（alcogel）和气凝胶（aerogel）等，而沉淀物（precipitate）是由孤立粒子聚集体组成的。

溶胶向凝胶的转变过程，可简述为：缩聚反应形成的聚合物或粒子聚集体长大为小粒子簇（cluster）逐渐相互连接成三维网状结构，最后凝胶硬化。因此可以把凝胶化过程视为两个大的粒子簇组成的一个横跨整体的簇，形成连续的固体网络。

3. 老化及干燥

凝胶形成初期网络骨架较细，需要经过一段时间的老化后才能进行干燥。干燥前的凝胶具有纳米孔隙的三维网状结构，孔隙中充满溶剂。气凝胶的制备过程中，其干燥过程就是用气体取代溶剂，而尽量保持凝胶网络结构不被破坏的过程。为了降低干燥过程中凝胶所承受的毛细管张力，避免凝胶结构破坏，必须采用无毛细管张力或低毛细管张力作用过程进行干燥。常用的干燥手段有：超临界干燥、亚临界干燥、真空冷冻干燥和常压干燥等。

1）超临界干燥法

超临界流体一般是指用于溶解物质的超临界状态溶剂，当溶剂处于气液平衡状态时，液体密度和饱和蒸汽密度相同，气液界面消失，该消失点称为临界点（critical point，CP）。图1-3为物质相态和温度、压力的关系，当流体温度和压力

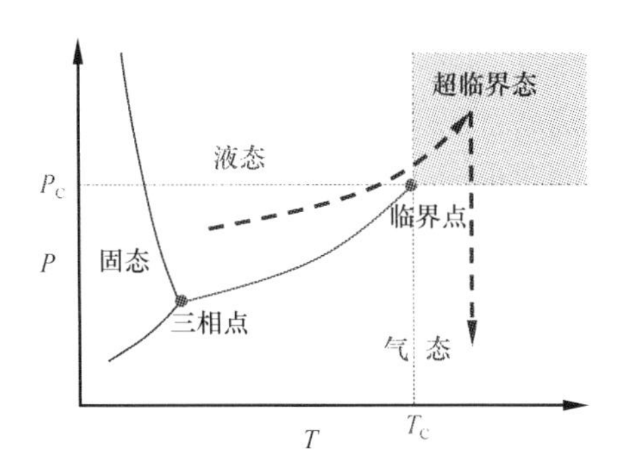

图1-3　物质相态和温度、压力的关系

均在临界点以上时，称为超临界流体[29]，这时流体的密度相当于液体，黏度和流动性却相当于气体，有如液体般的溶解能力和气体般的传递速率。在超临界流体状态，气液相界面消失，毛细管力不复存在，干燥介质替换凝胶内的溶剂，然后缓慢降低压力将流体释放，即可得到纳米多孔网络结构的气凝胶。这种利用超临界流体的特点，实现在零表面张力下将流体分离排出的干燥工艺，称为超临界流体干燥（supercritical fluid drying，SCFD）[30]。

超临界流体干燥是气凝胶干燥手段中研究最早、最成熟的工艺。通常采用的干燥温度在临界温度以上10～50℃，干燥压力在临界压力以上1～3MPa，温度和压力的变化可在较宽范围内改变超临界流体的密度，最终对气凝胶的比表面积和孔结构产生影响[31]。表1-1给出了一些干燥介质的临界参数[32-34]，水的临界温度和临界压力都太高，不宜用于超临界流体干燥，常用的溶剂是具有较低临界温度和临界压力的甲醇（MeOH）、乙醇（EtOH）、异丙醇（IPA）及CO_2等。

表1-1　常用物质的临界参数

种类	沸点/℃	临界温度/℃	临界压力/MPa	临界密度/(g/cm^3)
二氧化碳	–78.50	30.98	7.375	0.468
氨	–33.40	132.33	11.313	0.236
乙醚	34.60	193.55	3.638	0.265
丙酮	56.00	234.95	4.700	0.269
异丙醇	82.20	235.10	4.650	0.273
甲醇	64.60	239.43	8.100	0.272
乙醇	78.30	240.77	6.148	0.276
丙醇	97.20	263.56	5.170	0.275
苯	80.10	288.95	4.898	0.306
丁醇	117.70	289.78	4.413	0.270
水	100.00	373.91	22.050	0.320

虽然超临界流体干燥技术能够制备结构和性能较好的气凝胶，但是一般溶剂的临界温度和压力较高，所以超临界流体干燥必须选择合适的溶剂作为干燥介质，并且注意选择合适的超临界流体干燥温度和压力以及适当的干燥速率才能得到高品质的气凝胶，目前常用醇类和CO_2作为干燥介质。醇类的临界温度和压力一般较高，易燃烧，甲醇还有毒性，因此醇类作为干燥介质有一定的危险性。CO_2的临界温度接近室温，无毒，不可燃，但在干燥前有一个长时间的溶剂替换过程，得到的气凝胶表面具有较强的亲水性[35]，容易吸附空气中的水汽，严重时还会出现开裂。超临界流体干燥需要昂贵的高压设备，一般需要高温、高压的工艺条件，有较高的危险性，工艺操作复杂苛刻，一定程度上限制了气凝胶的大规模生产和

广泛的应用。

2）亚临界干燥法

亚临界干燥是指凝胶的干燥是在环境条件（常温、常压）以上、临界点（临界温度、临界压力）以下进行的干燥过程。研究结果表明，每一种溶剂都存在一个亚临界压力。在这个压力之上，凝胶不会产生明显的收缩；低于这个压力，凝胶会产生明显的收缩。例如异丁醇的亚临界压力为 1.8MPa，明显低于其临界压力 4.85MPa；乙醇的亚临界压力为 4.7MPa，明显低于其临界压力 6.148MPa[36]。

3）真空冷冻干燥法

真空冷冻干燥是先将湿凝胶冷冻到水冰点温度以下，使水分变成固态的冰，然后，在适当的真空度下，使冰直接升华为水蒸气，从而获得气凝胶制品。凝胶的真空冷冻干燥一般需要两步实现，即先冷冻凝胶，再使其溶剂升华。这是一种将真空技术与冷冻技术相结合的干燥脱水技术。超临界干燥是在高温高压下消除了气-液界面，而真空冷冻干燥则是在低温低压下把高能量的气-液界面转化为低能量的气-固界面。通过固-气的直接转化避免了孔内形成弯曲液面，从而减小干燥应力。但是凝胶冷冻时，溶剂发生相变，一般会产生体积变化，网络结构内产生应力，对凝胶的孔洞结构造成破坏，故此方法得到的气凝胶的孔隙率只有 80% 左右，一般只能得到气凝胶粉末或颗粒[37-39]。

4）常压干燥法

超临界流体干燥由于受设备、费用、安全性等问题的限制，人们开始致力于常压干燥技术的研究[40-42]。由于毛细管力的存在，常压干燥过程往往会造成凝胶收缩开裂，因此有必要对凝胶进行各种处理，以期减小凝胶收缩开裂的趋势。毛细管力的大小可用拉普拉斯（Laplace）方程表示[43]，如下式所示：

$$\Delta p = 2\gamma\cos\theta / r \tag{1-1}$$

式中，Δp 为毛细管压力；γ 为液体表面张力；θ 为液-固接触角；r 为孔半径。

理论上，对于半径为 20nm 充满 EtOH 的直筒孔，承受毛细管压力约 2.3MPa[44]（EtOH 液体表面张力 γ=22.75N/cm，密度 ρ=0.79g/cm^3），可见减小干燥过程中毛细管力的重要性。

由 Laplace 方程可知，降低溶剂的表面张力可以减小毛细管力。溶剂替换即是用低表面张力的溶剂来替换凝胶孔洞内高比表面张力的溶剂，直至原有溶剂大部分或全部被置换出来，从而减小干燥时的毛细管力。表面改性是指用硅烷偶联剂作为改性剂，通过表面改性反应，将凝胶骨架表面的羟基用硅烷基取代，避免在干燥过程中羟基之间脱水缩合引起凝胶网络结构的大幅收缩。

常压干燥工艺条件温和，避免了超临界流体干燥高温、高压的苛刻工艺条件；设备、操作简单，是气凝胶连续性规模化生产的主要发展方向之一，但目前仍然存在溶剂置换费时，溶剂回收困难等问题。

4. 高温裂解

高温裂解是以有机物为原料制备无机气凝胶的关键工艺，其过程是利用反应物在高温条件下受热发生断键-重排而生成新结构，一般可分为3个阶段，第1阶段为未交联有机小分子的逸出，这一阶段发生在低温区（400℃以下）；第2阶段为有机物无机化，得到无定形态结构的产物，这个过程一般发生在1000℃左右，但不同的前驱体转化温度是不一致的；第3个阶段为无定形态结构的产物结晶化（＞1200℃），一般高温裂解过程在真空或者惰性气氛下进行，常用的惰性气体有氩气和氮气，C、SiCO等气凝胶的制备通常需要通过高温裂解过程。

1.2.2 气凝胶复合材料的制备方法

气凝胶复合材料一般是指以陶瓷纤维、晶须、晶片或颗粒为增强体，气凝胶为基体，通过适当复合工艺制备性能可设计的一类新型复合材料。气凝胶复合材料通常针对隔热保温领域进行应用，具有较好的力学性能、超低热导率等特点。目前制备气凝胶复合材料主要有凝胶整体成型和颗粒混合成型等方法[45]。

1. 凝胶整体成型

将配制的溶胶直接与增强体或红外遮光剂等混合，待混合体凝胶后经超临界干燥或常压干燥得到气凝胶复合材料，气凝胶在复合材料中呈连续的整体块状结构。根据添加剂的形状不同，具体的工艺过程也有所不同，主要的添加剂有颗粒、短纤维以及长纤维等。

1）颗粒、短纤维增强气凝胶复合材料

颗粒（或短纤维）增强气凝胶复合材料的具体工艺如下：制备溶胶过程中，添加适量的颗粒（或短纤维），加入少量表面活性剂作为分散剂进行搅拌，使颗粒（或短纤维）均匀分散在溶胶体系中，待溶胶快凝胶时将其倒入模具中，经快速凝胶、老化及干燥过程得到颗粒（或短纤维）增强气凝胶复合材料。

颗粒（或短纤维）增强气凝胶复合材料的制备关键是如何使颗粒（或短纤维）均匀分散在气凝胶基体中，相互搭结并与周围的气凝胶基体牢固黏结。由于颗粒或短纤维与气凝胶的物理性质（如表面张力、可润湿性、密度等）存在差异，使得颗粒或短纤维难以均匀分散和牢固黏结。带静电表面的相互吸引也会使颗粒或短纤维聚集成球或形成平行的束状结构，在最终的产品中形成不均匀的团块，导致复合材料性能下降[46]。常用的解决方法是加入分散剂，通过强力搅拌或超声振荡等方式使颗粒或短纤维等均匀地分散在溶胶中，同时为防止颗粒或短纤维因密度差而沉淀，控制凝胶时间以及掺入颗粒或短纤维的时间，使加入颗粒或短纤维后的溶胶在适当时间内凝胶。

2）长纤维增强气凝胶复合材料

长纤维增强气凝胶复合材料的工艺主要过程是，首先将纤维经加工处理形成纤维预成型体，将制备好的溶胶浸渍纤维预成型体，再经凝胶、老化和干燥得到气凝胶复合材料。

长纤维在材料中作为力学支撑，提高复合材料的力学性能。根据实际应用条件的不同，长纤维具有较强的选择性，高温应用条件下可选择无机纤维如玻璃纤维、矿物纤维等，低温应用条件下可以选择有机纤维如聚氨酯纤维、尼龙纤维或天然植物纤维等。

消除纤维与纤维之间的接触是长纤维复合气凝胶隔热材料制备的关键。纤维与纤维之间接触一方面会降低气凝胶在材料中的分散性，影响气凝胶与纤维之间的结合，降低材料的力学性能；另一方面，纤维与纤维之间的接触会产生热桥效应，增加材料的固相传导。通过以下措施可改善纤维与气凝胶之间的结合：①选择与气凝胶基体相容性好的纤维；②提高纤维的浸润性；③通过对纤维表面预处理，提高其与气凝胶基体的结合强度；④精确控制溶胶-凝胶、浸渍、超临界干燥等制备工艺参数。

2. 颗粒混合成型

颗粒混合成型制备工艺是将预先制备的气凝胶颗粒或粉末与添加剂以及胶黏剂等混合，通过模压成型制备气凝胶复合材料，气凝胶在复合材料中为不连续的粉末或颗粒状结构，常用的添加剂多为颗粒或短切纤维。

早期气凝胶复合材料较多采用颗粒混合成型工艺制备，关键在于将气凝胶粉末或颗粒与添加剂混合均匀。若添加剂与气凝胶的密度相差较大，则两者很难均匀混合。另外，需要添加胶黏剂以使气凝胶颗粒与添加剂混合黏结成型，而胶黏剂的加入增加了材料的固态热传导。由于气凝胶颗粒是通过模压成型结合在一起的，因此材料结构中势必存在较多微孔或大孔，这使得气体热传导增加，不能有效发挥气凝胶低热导率的优势，材料热导率往往较高，同时这些微孔或大孔的存在也降低了材料的力学性能。此外，颗粒混合成型制备的气凝胶复合材料中气凝胶的不连续状容易引起气凝胶掉粉现象，影响材料的力学性能。因此，颗粒混合成型工艺制备的气凝胶复合材料力学性能和隔热性能还有待进一步提高。

3. 其他方法

采用聚合物与溶胶发生交联是当前提高气凝胶力学性能的一种新方法。例如，

SiO_2气凝胶在受力时被破坏主要是由于网络骨架二级粒子发生断裂，而初级粒子却没有发生改变，在网络骨架的二级粒子中引入新粒子既可增强凝胶网络结构，又能够保持其多孔网络结构。SiO_2溶胶中存在 Si—OH 结构，可引入聚亚胺酯、异氰酸酯等单体，通过发生交联反应，形成聚合物杂化气凝胶[47]。聚合物交联 SiO_2气凝胶利用有机高分子链结构提高了气凝胶的力学性能，但是有机高分子的引入会导致 SiO_2气凝胶的耐温性能下降。

1.3　气凝胶的基本性质及应用

气凝胶特有的纳米多孔网络结构使其具有低密度、高孔隙率和高比表面积等特点，在热学、力学、光学、电学、声学等方面表现出许多独特的性质，可作为高效隔热保温材料、催化剂及催化剂载体、低介电绝缘材料、声阻抗耦合材料等，具有广泛的应用前景。

1.3.1　气凝胶的基本性质

1. 热学性质

气凝胶材料具有优异的隔热保温性能，气凝胶的热传输由固态传热、气态传热、辐射传热组成。由于气凝胶的纳米多孔结构，常压下材料孔隙内的气体对热导率的贡献很小，因此常压下气态热导率很小；对于抽真空的气凝胶，热传导由固态传导和热辐射传导决定。同玻璃态材料相比，气凝胶由于密度低限制了稀疏骨架中链的局部激发的传播，使得固态热导率仅为非多孔玻璃态材料热导率的1/500 左右。辐射传热是气凝胶高温环境下的主要传热方式，特别是氧化物气凝胶，随着应用环境温度升高，辐射热导率迅速增大。通常在气凝胶中引入红外遮光剂，降低气凝胶高温环境下的辐射热导率[48]。遮光剂颗粒对辐射有较强的散射和吸收作用，添加适宜的遮光剂（炭黑、SiC、TiO_2等[49]），能在很大程度上增大气凝胶的比消光系数，降低高温辐射热导率，提高气凝胶高温隔热性能[50]。

气凝胶材料是目前隔热性能最好的固态材料，其纳米颗粒骨架结构和纳米尺寸孔径分布范围，使气凝胶具有很低的密度和极低的热导率，其纤细复杂的纳米多孔网络骨架结构大大降低了气凝胶的密度，增加了固体导热的途径，有效降低了固态热传导；纳米级的孔径，小于气体分子自由程，极大地限制了气体热传导和对流传热；另外遮光剂的加入能大大降低材料的辐射传热，使气凝胶隔热材料具有极低的热导率。

无机气凝胶具有较高的耐温性，一般在 800℃以下结构、性能无明显变化，有些甚至能耐更高的温度，如 Al_2O_3、SiCO、Al_2O_3-SiO_2 气凝胶的耐温性分别可达到 1000℃、1100℃、1200℃，其高温热导率也较低[51-53]。炭气凝胶具有更高的耐温性能，在 2800℃的惰性气氛下仍能保持介孔结构，比表面积还有 $325m^2/g$[54]，作为隔热材料使用温度可达到 2200℃以上（真空和惰性气氛下）。因此，气凝胶作为高温隔热材料使用具有无与伦比的优越性。

2. 力学性质

气凝胶超细的纳米骨架结构及低密度特点在很大程度上降低了其力学性能，研究发现，气凝胶的杨氏模量与其密度成正比，密度越大，其杨氏模量越大；密度越小，杨氏模量也相应减小[55]。其次，气凝胶的力学性能与制备工艺条件密切相关，如原料反应温度条件、干燥方式等。气凝胶的杨氏模量为 $10^6N/m^2$ 数量级，比相应非孔性玻璃态材料低 4 个数量级。

3. 光学性质

许多气凝胶能制成全透明或半透明材料[56]。例如，在适当的条件下可制备高度透明的 SiO_2 气凝胶，该材料在波长为 630nm 处的特性湮灭系数 $e_{可见光}\approx 0.1m^2/kg$，处于这个波长区的光子在密度为 $100kg/m^3$ 的气凝胶介质中的平均自由程 $L=1/(e\cdot\rho)\approx 0.1m$，因此透明度很好，该材料的基本粒子为 1～100nm，对蓝光和紫外光有较强的瑞利散射，在波长 $\lambda<7\mu m$ 和 $\lambda>30\mu m$ 的区域，其典型湮灭系数 $e\leqslant 10m^2/kg$，而在波长 8～25μm 区域的典型湮灭系数 $e\geqslant 100m^2/kg$，可见它对红外和可见光的湮灭系数之比达 100 以上，同时 SiO_2 气凝胶的折射率很小，接近于 1，这就意味着它对入射光几乎没有反射损失，能有效地透过太阳光，并阻止环境温度的热红外辐射，在常温下具有透光不透热的特点，是一种很好的绝热透明材料[57]。

4. 电学性质

气凝胶材料具有较低的介电常数，气凝胶材料的介电常数除了与密度有关之外，跟孔隙率也有一定的联系，以 SiO_2 气凝胶为例，介电常数与密度之间的关系如式 $\varepsilon-1=(1.40\times10^{-3})\rho/(kg/m^3)$ 所示[58]。

用于描述 SiO_2 气凝胶的介电常数与孔隙率的关系的模型有以下几种[59]。

① Clausius-Mossotti 公式：

$$(\varepsilon-1)/(\varepsilon+2)=(1-p)(\varepsilon_s-1)/(\varepsilon_s+2) \quad (1\text{-}2)$$

式中，ε_s 为致密 SiO_2 的介电常数，3.9；ε 为 SiO_2 气凝胶的介电常数；p 为 SiO_2 气凝胶的孔隙率。

② 对数混合规则模型：

$$\ln\varepsilon=(1-p)\ln\varepsilon_s \quad (1\text{-}3)$$

式中，ε_s 为致密 SiO_2 的介电常数，3.9；ε 为 SiO_2 气凝胶的介电常数；p 为 SiO_2 气凝胶的孔隙率。

③ Looyenga 方程：

$$\varepsilon = \left[\varepsilon_2^{1/3} + (1-p)\left(\varepsilon_1^{1/3} - \varepsilon_2^{1/3} \right) \right]^3 \tag{1-4}$$

式中，ε_1 为致密 SiO_2 的介电常数，3.9；ε_2 为空气的介电常数，1.0；p 为 SiO_2 气凝胶的孔隙率。可以将 SiO_2 气凝胶看作是由致密 SiO_2 和空气两部分为介质构成的电容器经并联或串联形成，则介电常数分别表示为：

简单并联模型：

$$\varepsilon = (1-p)\varepsilon_1 + p\varepsilon_2 \tag{1-5}$$

简单串联模型：

$$1/\varepsilon = (1-\rho)/\varepsilon_1 + \rho/\varepsilon_2 \tag{1-6}$$

通过以上模型公式均可以看出 SiO_2 气凝胶的介电常数与孔隙率的关系为递减函数，即孔隙率增加，SiO_2 气凝胶的介电常数减小，图 1-4 为公式（1-3）推导出的 SiO_2 气凝胶介电常数与孔隙率的关系。

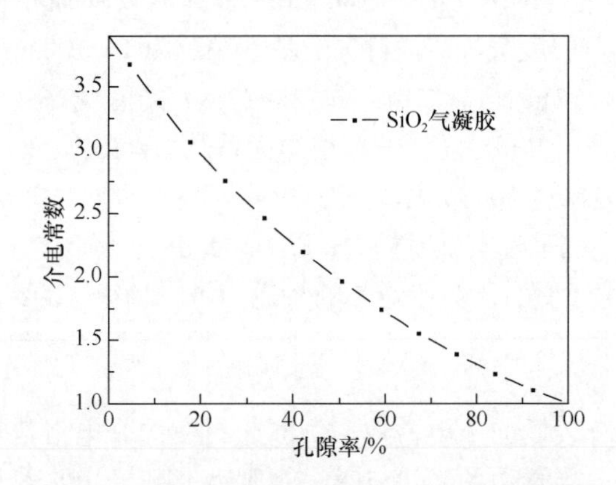

图 1-4　SiO_2 气凝胶介电常数与孔隙率的关系

5. 声学性质

研究发现，气凝胶的声传播速率与其密度和制备条件密切相关。一般情况下，气凝胶的密度很低，因此其声传播速率很小，其纵向声速可低达 100m/s 量级。除声速低外，声传播的另一个奇特性质是其弹性常数会随外界压力（方向与声速一致）增加而减小，如外加压强为 6×10^4 N/m^2，弹性常数减小约 20% [60]。气凝胶的声阻抗 $Z = \rho C$，可变范围很大［$Z=10^3 \sim 10^7$ kg/(m^2·s)］，可通过控制不同的密度 ρ 来控制不同声阻抗 Z。若采用具有合适密度梯度的气凝胶，其耦合性能还将大大提高，因此，气凝胶是一种理想的声学延迟和隔声材料[61]。

1.3.2 气凝胶的应用

1. 隔热领域

作为一种新型高效隔热材料，气凝胶材料在航空航天、军事以及民用等领域已显示出广阔的应用前景，国内外越来越重视气凝胶高效隔热材料在该领域的研究和开发。

具有低密度的气凝胶隔热材料可以用更轻的质量、更小的体积达到与传统隔热材料等效的隔热效果，这一特点在导弹以及飞行器热防护系统中具有举足轻重的优势。例如，英国“美洲豹”战斗机的机舱隔热层采用的就是 SiO_2 气凝胶隔热复合材料；飞机上记录飞行状况数据的黑匣子也用气凝胶材料作为隔热层[62]。美国 NASA 在“火星流浪者”的设计中，用 SiO_2 气凝胶隔热复合材料作为保温层，可以抵挡–100℃以下的超低温[63]。另外，美国 NASA Ames 研究中心[64]为航天飞机开发的 SiO_2 气凝胶复合陶瓷纤维隔热瓦，纳米孔结构的气凝胶填充在陶瓷纤维隔热瓦骨架之间的孔隙，其隔热效果比单纯的陶瓷纤维隔热瓦更好，热导率更低。在核潜艇、蒸汽动力导弹驱逐舰的核反应堆、锅炉以及复杂的高温蒸气管道系统中，采用 SiO_2 气凝胶隔热复合材料可有效降低隔热层厚度，增大舱内的使用空间，降低舱内温度，即有效改善各种工作环境。在各种武器动力装置上采用 SiO_2 气凝胶隔热复合材料可有效阻止热源的扩散，有利于武器装备的反红外侦察[65]。此外，气凝胶材料是当前提高军用热电池寿命最理想的隔热保温材料[66]。

气凝胶材料作为一种新型建筑材料，具有很好的热稳定性、耐热冲击性以及隔热保温性，可以替代传统的矿物棉，使房屋既隔热又保暖。德国 Fricke 等[67]将 SiO_2 气凝胶作为夹层填充于双层玻璃之间可制备出一种节能环保生态型窗体材料，具有既透光又隔热的效果。在蒸汽管道、炉窑及其他热工设备中用 SiO_2 气凝胶隔热复合材料替代传统的保温材料可大大减少热能损失，而且还能显著降低隔热材料所占的空间[68]。总的来说，SiO_2 气凝胶及其复合材料以其优越的隔热性能在民用领域必将得到越来越多的重视以及广泛的应用。

2. 催化领域

气凝胶具有高比表面积、高孔隙率、低密度等特点，并且具有良好的稳定性，是催化剂及催化剂载体的最佳候选材料之一。尤其是具有高选择性和活性的金属氧化物气凝胶在催化领域有广阔的应用前景。Novak 等[69]研究发现金属氧化物气凝胶对甘氨酸具有很好的选择吸收特性。表 1-2 中列出了一些氧化物气凝胶作为催化剂应用的例子[70-73]。

表 1-2 一些氧化物气凝胶作为催化剂应用的例子

氧化物气凝胶催化剂	催化反应	特性
CuO	氧化 CO、还原 NO_x	高选择性、高活性
TiO_2	苯酚的光降解	效率提高 2～10 倍
$NiO-Al_2O_3$	乙苯脱乙基制苯	选择性高
$CuO-Al_2O_3$	催化环戊二烯选择加氢制环戊烯	选择性达 100%
$Cu-ZnO-ZrO_2$	催化 CO_2 加氢制甲醇	转化率高
$Ni-SiO_2-Al_2O_3$	催化硝基苯加氢制苯胺	转化率高

3. 电学领域

SiO_2 气凝胶的介电常数低且连续可调，可用于高速运算的大规模集成电路的衬底材料和航天飞行器和导弹的高温透波隔热材料。炭气凝胶具有网络互联、开孔均一的纳米结构，比表面积高，耐腐蚀性强、电阻系数低及密度范围宽等特点，是高效高能电容器的理想材料[74]，有望制成储电容量大、电导率高、体积小、充放电能力强、可重复多次使用的新型高效可充电电池，可用作坦克、飞机、火箭、导弹等的启动电源以提高其机动反应能力，还可作为电能储备装置用于各种航天器、潜艇、汽车等领域。

4. 光学领域

气凝胶的纳米级微观结构使其在可见光范围内的平均自由程较长，可见光穿过气凝胶，但热量的传输被抑制。气凝胶的此种优异性能可应用于太阳能集热器，有报道预计若将其应用于太阳能热水器，可降低 30%的热损失[75]。此外，利用 SiO_2 气凝胶光学特性可以制备出的光学减反膜[76]，在高功率激光系统光学元件、显示系统以及太阳能电池保护玻璃等领域具有广泛的应用前景。

5. 医学领域

在医学方面，气凝胶具有高孔隙率，同时还具有生物机体相容性及可生物降解性，可用于诊断剂、人造组织、人体器官、器官组件等。特别适用于药物缓释体系，有效的药物组分可在溶胶-凝胶过程加入，利用干燥后的气凝胶进行药物浸渍也可实现担载。气凝胶用于药物缓释体系可获得很高的药物担载量，是低毒高效的胃肠外给药体系。通过控制制备条件可以获得具有特殊降解特性的气凝胶，这种气凝胶可根据需要在生物体中稳定存在一定时间后开始降解，并且降解产物无毒[77]。

6. 其他方面的应用

气凝胶是惯性约束核聚变（intertial confinement fusion，ICF）实验中一种用途广泛的靶材料[78]，通常用于等离子体辐射、高能量密度物理以及激光等离子体相互作用等 ICF 实验中[79]，其独特的物理化学性质使其在靶物理、高效泵浦激光、激光传输、光束质量等方面有重要的研究价值；气凝胶结构和密度可调，是研究分形结构动力学的最佳材料之一。可根据需要制备一系列分形维数相同而宏观密度不同的气凝胶，用于检测分形子的色散关系及不同振动区的渡越行为[80]；气凝胶是一种理想的声阻抗耦合材料[81]，可以提高声波的传播效率，降低器件应用中的信噪比；此外，气凝胶还可以用于杀虫剂、化妆品中的除臭剂[82, 83]。

1.4　气凝胶隔热材料的发展趋势

纳米技术的发展促进了气凝胶新材料、合成新方法的发展。气凝胶作为隔热材料已经广泛应用在航空航天、军事装备及民用防隔热等领域。随着新型高超声速飞行器向更高速度、更长飞行时间、更远飞行距离方向发展，其热防护系统对气凝胶高效隔热材料提出了更加耐高温、轻质、高强度、高效隔热新要求。随着民用高技术的发展以及全球能源危机进一步加剧，寻求更加高效、成本更低的气凝胶隔热材料是广大学者一直致力研究的热点问题。笔者认为，目前气凝胶高效隔热材料主要发展方向包括以下几个方面。

1.4.1　进一步提高气凝胶隔热材料的耐高温性能

1. 氧化物气凝胶

SiO_2、Al_2O_3 以及 ZrO_2 等氧化物气凝胶具有低密度和很低的常温热导率，但其耐温性远低于相对应的致密氧化物陶瓷（如 SiO_2 气凝胶长期使用温度低于 650℃，Al_2O_3 气凝胶长期使用温度不超过 1000℃，ZrO_2 气凝胶在 600～800℃使用时比表面积急剧下降），其原因在于气凝胶是由纳米颗粒形成的网络结构，纳米级颗粒活性较高，在高温应用环境中，其纳米颗粒易发生烧结，纳米孔结构易塌陷。抑制氧化物气凝胶纳米颗粒烧结，是进一步提高其耐高温性能的重要手段。同济大学沈军教授等[84]采用气相六甲基二硅氮烷（HMDS）在氧化铝颗粒表面进行改性，形成的核壳结构，将氧化铝气凝胶的耐温性能提高到 1300℃；天津大学李晓雷教授等[85]在 ZrO_2 颗粒表面制备核壳结构，将 ZrO_2 气凝胶的耐温性能提高到 1000℃。因此，深入系统研究现有 SiO_2、Al_2O_3 以及 ZrO_2 等氧化物气凝胶在高温环境下微观结构演化规律，弄清其高温失效机制，设计新的工艺路线，可进一步提高现有氧化物气凝胶的耐高温性能。

2. 炭气凝胶

炭气凝胶在惰性气体氛围中 2800℃能保持其介孔结构，2200℃下仍具有较低的热导率，但是在有氧环境下容易发生氧化。如何提高炭气凝胶在有氧环境下的高温抗氧化性能并保持其低热导率，是炭气凝胶应用研究的主要方向。美国 Ultramet 公司在炭泡沫复合炭气凝胶材料表面设计了抗氧化陶瓷复合材料壳层，美国空军研究实验室对该材料进行了耐温性能测试，结果表明，该材料在有氧环境下最高使用温度达到 2000℃左右[86]。另外，可在炭气凝胶表面涂覆耐高温抗氧化涂层，通过优化涂层配比、调控涂层与基底材料的结合程度等来提高炭气凝胶材料的高温抗氧化性能。

3. 碳化物

相对于炭气凝胶隔热材料，碳化物气凝胶具有更好的高温抗氧化性，因此，开发碳化物气凝胶材料是耐高温气凝胶材料的主要发展趋势。当前研究较多的碳化物材料主要有碳化钛、碳化钼以及碳化硅等，但国内外对于碳化物材料的研究主要集中在纳米颗粒[87, 88]、晶须[89-91]及多孔陶瓷[92, 93]上，对于完整块状的碳化物气凝胶的制备与研究较少，同济大学周斌教授等[94]制备的块状 SiC 气凝胶具有较好的孔隙率，比表面积达到 $232m^2/g$，南京工业大学沈晓东教授等[95]制备的纤维增强 SiC 块体材料孔隙率为 90.3%，有氧环境中热稳定温度为 850℃。

1.4.2 进一步提高气凝胶隔热材料的隔热效果

SiO_2 气凝胶的室温热导率为 0.013W/(m·K)[96]，在真空下，其热导率还可以降低一个数量级，因此，降低气凝胶气体热导率是进一步提高气凝胶材料隔热效果的主要手段之一。图 1-5 为氮杂化石墨烯气凝胶在不同气压下热导率随氧化石墨烯浓度的变化，可以看出，氧化石墨烯的浓度增大，气态热导率迅速降低，在氧化石墨烯的浓度为 15mg/mL 时（密度仅 $0.035g/cm^3$），气态热导率已降至 0.0116W/(m·K)，说明石墨烯特有的二维结构能够更为有效地抑制气态热导，并且通过提高气凝胶的密度可望进一步抑制气态热传导。因此，在气凝胶中如果能设计新的微观结构，阻止其气体传热，有可能进一步提高气凝胶材料的隔热效果。

另外，氧化物气凝胶材料在高温下对红外辐射透明，高温隔热效果有待提高。现有的大部分工艺是通过添加红外遮光剂粉体提高气凝胶的高温隔热效果（如微米级的氧化钛、碳化硅粉体等），微米级的遮光剂粉体一方面破坏了气凝胶的纳米结构，增加了固体传热；另一方面，微米级粉体添加到气凝胶材料中其工艺稳定性和材料微观结构均匀性难以控制。因此，通过设计气凝胶基体和增强体的配比，增强其红外遮光功能是降低气凝胶材料高温辐射热导率，提高其高温隔热效果的主要方法之一。

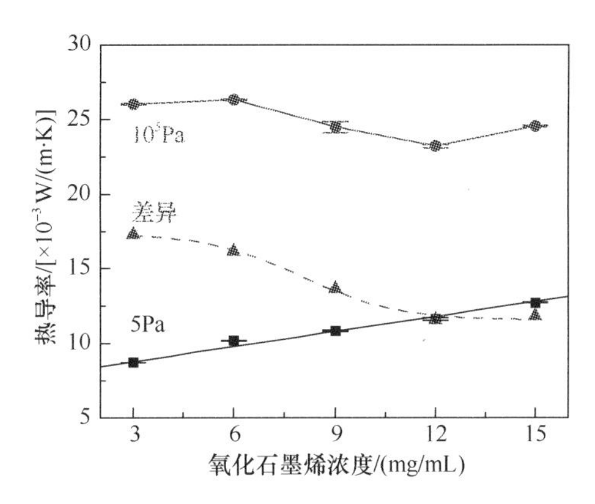

图 1-5　氮杂化石墨烯气凝胶在不同气压下的热导率

1.4.3　极端环境下气凝胶隔热材料的性能与评估研究

气凝胶隔热材料已经在航空航天和民用上取得了应用，但是在超高温、大热流、非线性气动加热环境和超低温、低压等极端环境中气凝胶材料隔热性能、力学性能的评估（测试）仍存在较大困难。针对新型航天飞行器和导弹的应用环境，北京航空航天大学吴大方教授等[97, 98]建立了高速飞行器瞬态气动热试验，高速飞行器高温热-振试验环境等模拟系统，对高速飞行器材料和结构进行高温静、动态的气动模拟试验与热强度试验。中航工业飞机强度研究所开展了高温热物性参数测试试验、高温力学性能测试试验，可进行部件/系统级的防隔热性能试验、热/振动联合试验、热疲劳试验、热冲击试验、静/热联合试验等；同时开展了瞬态低气压环境与瞬态热环境协同模拟条件下超低密度热防护材料隔热有效性试验方法研究。

为保证新型高速飞行器和导弹的安全，确认飞行器和导弹热防护系统所用材料和结构是否能经得起高速飞行时所产生的热冲击及高温热应力破坏，以及确保气凝胶隔热材料在超低温、低压环境中的应用性能，必须开展并完善气凝胶隔热材料在极端环境下性能与评估研究。

1.4.4　气凝胶隔热材料的低成本制备技术研究

目前，主要采用超临界干燥的方式来制备气凝胶材料，但超临界干燥在应用技术上存在缺点，耗能高且危险性大，设备复杂、难以实现连续性及规模化生产。

与超临界干燥相比，常压干燥所需设备简单、便宜，且只要技术成熟，就能进行连续性和规模化生产，因此常压干燥是气凝胶低成本技术未来的发展方向。

另外，选择或开发低成本的原材料种类代替现有昂贵的有机醇盐，是进一步降低气凝胶制备成本的主要方向之一。Hwang 等[99]采用水玻璃代替有机醇盐成功制备了块状硅气凝胶。

因此，如何降低原料成本，简化气凝胶材料的制备工艺过程是亟须解决的问题。

1.4.5 特种功能气凝胶隔热材料的研究

1. 高强度气凝胶隔热材料的研究

新型航天飞行器和导弹在大气层中以高马赫数长时间飞行，机身处于严重的气动加热、噪声振动和机动飞行过载冲击等恶劣环境中，机身大面积防隔热材料必须具有高强度、隔热性能优异、耐高温、轻质等特点。气凝胶隔热材料具有超低热导率，轻质等特点，但其低密度、高孔隙率导致其力学性能较差，因此提高气凝胶材料的力学性能，制备出高强度气凝胶隔热材料以满足新型航天飞行器和导弹将成为气凝胶隔热材料的主要研究方向之一。

2. 透波隔热一体化气凝胶材料的研究

随着航空航天技术的发展，越来越多的飞行器采用了高精度导引控制技术，为了保证飞行器中的雷达导引头天线在飞行器飞行过程中能正常工作，需对其进行保护。目前，主要依靠天线罩（窗）对其进行保护，但随着飞行器不断地向着高速度、长航时的方向发展，单纯依靠天线罩（窗）的防热性能已不能保证雷达导引头天线正常工作时的温度环境，其原因主要是现有天线罩（窗）材料的热导率偏高。解决此问题有两种方式：一是降低天线罩（窗）材料的热导率，该方法目前比较难以实施；二是在天线罩（窗）内层再放入一层在高温下仍具有优异透波性能和隔热性能的高温透波隔热功能一体化材料，以弥补天线罩（窗）材料隔热性能不佳的缺点，同时又不影响雷达导引头天线的信号传输[100]。气凝胶隔热材料自身具有耐高温、低热导率、低介电等特点，具有透波隔热一体化功能，可为新型航天飞行器对高温透波隔热材料和结构的使用需求提供一种新的解决方法。

参考文献

[1] 陈龙武, 甘礼华. 气凝胶[J]. 化学通报, 1997, 8: 21-27.

[2] http://image.baidu.com.

[3] Li J H, Li T Y, Xie S Y, et al. Ultra-light, compressible and fire-resistant graphene aerogel as a highly efficient and recyclable absorbent for organic liquids [J]. Journal of Materials Chemistry

A, 2014, 2: 2934-2941.
[4] Pekala R W, Kong F M. Resorcinol-formaldehyde aerogels and their carbonized derivatives [J]. Polymeric Preprints, 1989, 30: 221-223.
[5] Wang X D, Sun D, Duan Y Y, et al. Radiative characteristics of opacifier-loaded silica aerogel composites [J]. Journal of Non-Crystalline Solids, 2013, 375: 31-39.
[6] Zu G Q, Shen J, Zou L P. Nanoengineering super heat-resistant, strong alumina aerogels [J]. Chemistry of Materials, 2013, 25(23): 4757-4764.
[7] Bi Y T, Ren H B, Zhang L. Synthesis of a low-density copper oxide monolithic aerogel using inorganic salt precursor[J]. Advances in Materials Research, 2011, 217:1165-1169.
[8] 吴晓栋, 崔升, 王玲, 等. 耐高温气凝胶隔热材料的研究进展[J]. 材料导报, 2015, 29(5): 102-107.
[9] Tan C, Fung M, Newman J K, et al. Organic aerogels with very high impact strength [J]. Journal of Advanced Materials, 2001, 13(9): 644-646.
[10] Fischer F, Rigacci A, Pirard R, et al. Cellulose-based aerogels [J]. Polymer, 2006, 47: 7636-7645.
[11] Meador M A B, Malow E J, Silva R, et al. Mechanically strong, flexible polyimide aerogels cross-linked with aromatic triamine [J]. ACS Applied Materials Interfaces, 2012, 4: 536-544.
[12] Rigacci A, Marechal J C, Repoux M, et al. Elaboretion of aerogels and xerogels of polyurethane for thermal insulation [J] . Journal of Non-Crystalline Solids, 2004, 35: 372-378.
[13] Nguyen M H, Dao L H. Effects of processing variable on melamine-formaldehyde aerogel formation [J]. Journal of Non-Crystalline Solids, 1998, 225(1): 51-57.
[14] Katti A, Shimpi N, Roy S, et al. Chemical, physical and mechanical characterization of isocyanate cross-linked amine modified silica aerogels [J]. Chemistry of Materials, 2006,18: 285-296.
[15] Nguyen B N, Meador M A B, Tousley M E, et al. Tailoring elastic properties of silica aerogels cross-linked with polystyrene [J]. ACS Applied Materials Interfaces, 2009, 1: 621-630.
[16] Rao A V, Bhagat S D, Hirashima H, et al. Synthesis of flexible silica aerogels using methyltrimethoxysilane (MTMS) precursor [J]. Journal of Colloid and Interface Science, 2006, 300: 279-285.
[17] Ayers M R, Hunt A J. Synthesis and properties of chitosan-silica hybrid aerogels [J]. Journal of Non-Crystalline Solids, 2001, 285: 123-127.
[18] Chen K, Bao Z H, Du A, et al. One-pot synthesis, characterization and properties of acid-catalyzed resorcinol/formaldehyde cross-linked silica aerogels and their conversion to hierarchical porous carbon monoliths [J]. Journal of Sol-Gel Science and Technology, 2012, 62(3): 294-303.
[19] Kong Y, Zhong Y, Shen X D, et al. Facile synthesis of resorcinol-formaldehyde/silica composite aerogels and their transformation to monolithic carbon/silica and carbon/silicon carbide composite aerogels [J]. Journal of Non-Crystalline Solids, 2012, 358(23): 3150-3155.
[20] Biedunkiewicz A, Figiel P, Krawczyk M, et al. Simultaneous synthesis of molybdenum carbides and titanium carbides by sol-gel method [J]. Journal of Thermal Analysis and Calorimetry, 2013, 113(1): 253-258.
[21] Liu H J, Wang J, Wang C X, et al. Ordered hierarchical mesoporous/microporous carbon derived from mesoporous titanium-carbide/carbon composites and its electro-chemical performance in supercapacitor [J]. Advanced Energy Materials, 2011, 1(6):1101-1108.

[22] Li C, Shi G C. Functional gels based on chemically modified graphenes[J]. Advanced Materials, 2014, 26: 3992-4012.

[23] Aravind P R, Mukundan P, Krishna P, et al. Mesoporous silica-alumina aerogels with high thermal pore stability through hybrid sol-gel route followed by subcritical drying [J]. Microporous and Mesoporous Materials, 2006, 96(1): 14-20.

[24] Kong Y, Zhong Y, Shen X D, et al. Synthesis and characterization of monolithic carbon/silicon carbide composite aerogels [J]. Journal of Porous Materials, 2013, 20(4): 845-849.

[25] Worsley M A, Kuntz J D, Satcher J H, et al. Synthesis and characterization of monolithic, high surface area SiO_2/C and SiC/C composites [J]. Chemistry of Materials, 2010, 20(23): 4840-4844.

[26] Zhong Y, Kong Y, Shen X D, et al. Synthesis of a novel porous material comprising carbon/alumina composite aerogels monoliths with high compressive strength [J]. Microporous and Mesoporous Materials, 2013, 172: 182-189.

[27] 沈登雄, 房光强, 刘金刚, 等. 聚酰亚胺气凝胶的研究与应用进展[C]. 中国宇航学会深空探测技术专业委员会第十届学术年会论文集, 2013: 142-147.

[28] 黄剑锋. 溶胶-凝胶原理与技术[M]. 北京: 化学工业出版社, 2005.

[29] 彭英利, 马承愚. 超临界流体技术应用手册[M]. 北京: 化学工业出版社, 2005.

[30] 陈龙武, 甘礼华, 岳天仪, 等. 超临界干燥法制备 SiO_2 气凝胶的研究[J]. 高等学校化学学报, 1995, 16: 840-843.

[31] Cheng C P. Non-aged inorganic oxide-containing aerogels and their preparation: US Patent, 4619908 [P]. 1986-10-28.

[32] 胡慧康, 甘礼华, 李光明, 等. 超临界干燥技术[J]. 实验室研究与探索, 2000, 2: 33-35.

[33] 李伟, 王霞瑜, 张平, 等. 快速溶胶-凝胶法制备 SiO_2 气凝胶的研究[J]. 湘潭大学自然科学学报, 2002, 3(24): 64-67.

[34] Jima A N, Hashimoto K, Watanabe T. Recent studies on super-hyrophobic films [J]. Monatshefte fur Chemie, 2001, 132: 31-34.

[35] Hua D W, Anderson J, Gregorio J D, et al. Structural analysis of silica aerogels [J]. Journal of Non-Crystalline Solids, 1995, 186: 142-148.

[36] Kirkbir F, Murata H, Meyers D, et al. Drying of aerogels in different solvents between atmospheric and supercritical pressures [J]. Journal of Non-Crystalline Solids, 1998, 225: 14-18.

[37] Tamon H, Ishizaka H, Yamamoto T. Preparation of mesoporous carbon by freeze drying [J]. Carbon, 1999, 37: 2049-2055.

[38] Mathie B, Blacher S, Pirard R, et al. Freeze-dried resorcinol-formaldehyde gels[J]. Journal of Non-Crystalline Solids, 1997, 212: 250-261.

[39] Amato G, Brunetto N, Parisini A. Characterization of freeze-dried porous silicon [J]. Thin Solid Films, 1997, 297: 73-78.

[40] Rao A P, Rao A V, Pajonk G M. Hydrophobic and physical properties of silica aerogels with sodium silicate precursor using various surface modification agents[J]. Applied Surface Science, 2007, 253: 6032-6040.

[41] Rao A V, Wagh P B, Haranath D, et al. Influence of temperature on the physical properties of TEOS silica xerogels [J]. Ceramics International, 1999, 25: 505-509.

[42] 王英滨. 常压干燥溶胶-凝胶法制备SiO_2气凝胶及其性能的实验研究 [D]. 北京: 中国地质大学, 2003.

[43] Smith D M, Scherer G W, Anderson J M. Shrinkage during drying of silica gel [J]. Journal of Non-Crystalline Solids, 1995, 188: 191-206.
[44] 陈龙武, 张宇星, 甘礼华, 等. 气凝胶的非超临界干燥制备技术[J]. 实验室研究与探索, 2001, 20(6): 54-57.
[45] 王小东. 纳米多孔 SiO_2 气凝胶隔热复合材料应用基础研究 [D]. 长沙: 国防科学技术大学, 2006.
[46] 葛存旺. SiC 晶须的分散与涂覆工艺的研究[J]. 江苏理工大学学报, 2000, 21(2): 52-54.
[47] Zhang G H, Dass A, Rawashdeh A-M M, et al. Isocyanate-crosslinked silica aerogel monoliths: preparation and characterization [J]. Journal of Non-Crystalline Solids, 2004, 350: 152-164.
[48] 冷映丽, 沈晓冬, 崔升, 等.不同制备方法对 SiO_2-TiO_2 复合气凝胶结构的影响[J]. 化工新型材料, 2008, 36(8): 56-57.
[49] 孙夺, 王晓东, 段远源, 等. 气凝胶-遮光剂复合材料中遮光剂的辐射特性[J]. 应用基础与工程科学学报, 2012, 20: 181-189.
[50] Feng J P, Chen D P, Ni W, et al. Study of IR absorption properties of fumed silica-opacifier composites [J]. Journal of Non-Crystalline Solids, 2010, 356: 480-483.
[51] 高庆福. 纳米多孔 SiO_2、Al_2O_3 气凝胶及其高效隔热复合材料研究[D]. 长沙: 国防科学技术大学, 2009.
[52] 赵南. Si—C—O 气凝胶及其隔热复合材料制备与性能研究[D]. 长沙: 国防科学技术大学, 2010.
[53] 武纬. Al_2O_3-SiO_2 气凝胶及其隔热复合材料的制备与性能研究[D]. 长沙: 国防科学技术大学, 2008.
[54] Hanzawa Y, Hatori H, Yoshizawa N, et al. Structural changes in carbon aerogels with high temperature treatment [J].Carbon, 2002, 40: 575-581.
[55] Woignier T, Phalippou J. Mechanical strength of silica aerogels [J]. Journal of Non-Crystalline Solids, 1988, 100: 404-408.
[56] Fricke J. Internatioles symposium uber aerogele [J]. Physikalische blatter, 1986, 42(2): 60-60.
[57] Scherer G W. Characterization of aerogels [J]. Advances in Colloid and Interface Science, 1998, 76-77: 321-339.
[58] Hrubesh L W, Keene L E, Latorre V R. Dielectric properties of aerogels [J]. Journal of Materials Research, 1993, 8(7): 1736-1741.
[59] 王娟, 陈玲, 徐建国, 等. SiO_2 气凝胶薄膜的介电性能 [J]. 新技术新工艺, 2008, 6: 91-93.
[60] Pierre A C, Pajonk G M. Chemistry of aerogels and their application [J]. Chemical Reviews, 2004, 102(11): 4243-4265.
[61] Forest L, Gibiat V, Hooley A. Impedance matching and acoustic absorption in granular layers of silica aerogels [J]. Journal of Non-Crystalline Solids, 2001, 285: 230-235.
[62] 邓蔚, 钱立军. 纳米孔硅质绝热材料 [J]. 宇航材料工艺, 2002, 1: 1-7.
[63] Fricke J, Emmerling A. Aerogels recent progress in production techniques and novel applications [J]. Journal of Sol-Gel Science and Technology, 1998, 13: 299-303.
[64] White S, Rask D. Lightweight supper insulating aerogel/tile composite have potential industrial use [J]. Material Technology, 1999, 14(1): 13-17.
[65] Lee K P. Aerogels for retrofitted increases in aircraft survivability [J]. 43rd AIAA, Denver, Colorado, 2002: 1497-1502.

[66] 兰伟, 刘效疆. 长寿命热电池保温材料的研究[J]. 电源技术, 2005, 29(3): 167-169.
[67] Fricke J, Schwab H, Heinemann U. Vacuum insulation panels-exciting thermal properties and most challenging applications [J]. International Journal of Thermophysics, 2006, 27(4): 1123-1139.
[68] 刘朝辉, 苏勋家, 侯根良, 等. 超级绝热材料SiO_2气凝胶的制备及应用 [J]. 化工新型材料, 2005, 33(12): 21-23.
[69] Novak Z, Kotnik P, Knez Z. Preparation of WO_3 aerogel catalysts using supercritical CO_2 drying [J]. Journal of Non-Crystalline Solids, 2004, 350: 308-313.
[70] 刘源, 王晓燕, 白雪. 氧化铈气凝胶担载的铜催化剂对氢气中一氧化碳选择氧化的催化性能 [J]. 中国稀土学报, 2004, 22(4): 543-546.
[71] 邓忠生, 王珏, 陈玲燕. 气凝胶研究进展[J]. 材料导报, 1999, 13(6): 47-49.
[72] 韩维屏. 催化化学导论 [M]. 北京: 科学出版社, 2003.
[73] Pajonk G M. Aerogel catalysts [J]. Applied Catalysis, 1991, 72(2): 217-266.
[74] Li W C, Probstie H , Fricke J. Electrochemical behavior of mixed CmRF based carbon aerogels as electrode materials for supercapacitors [J]. Journal of Non-Crystalline Solids, 2003, 325(1-3): 1-5.
[75] 董文辉. SiO_2纳米孔超级绝热材料[J]. 中国非金属工业导刊, 2006, 2: 10-13.
[76] 肖轶群. 纳米多孔二氧化硅减反膜的制备、改性及应用研究 [D]. 上海: 同济大学, 2007.
[77] 蒋亚娴, 陈晓红, 宋怀河. 炭气凝胶的制备及应用进展 [J]. 炭素技术, 2007, 1(26): 28-33.
[78] 倪星元, 周斌, 吴广明, 等. 溶胶-凝胶法制备惯性约束聚变靶材料研究 [J]. 原子能科学技术, 2002, 36: 301-304.
[79] 许琐, 赖东显, 李双贵, 等. 辐射在填充介质管中输运的理论[J]. 中国科学(G辑), 2004, 34: 525-539.
[80] Schmidt M, Schwertfeger F. Applications for silica aerogel products [J]. Journal of Non-Crystalline Solids, 1998, 225: 364-368.
[81] Lobmann P, Glaubitt W, Gels S, et al. Chemistry of aerogel and their applications[J]. Journal of Sol-Gel Science and Technology, 1999, 16: 169-173.
[82] Pekala R W, Farmer J C, Alviso C T. Carbon aerogels for electrochemical applications [J]. Journal of Non-Crystalline Solids, 1998, 225: 74-80.
[83] Heller A, Fournier K. Lightweight target generates bright, energetic X rays [J]. Science and Technology Review, 2005, 10: 19-22.
[84] Zu G Q, Shen J, Zou L P, et al. Nanoengineering super heat-Resistant, strong alumina Aerogels [J]. Chemistry of Materials, 2013, 25: 4757-4764.
[85] Xiong R, Li X L, Ji H M, et al. Thermal stability of ZrO_2-SiO_2 aerogel modified by Fe(III) ion [J]. Journal of Sol-Gel Science and Technology, 2014, 72: 496-501.
[86] http://www.ultramet.com.
[87] Won J Y, Kim S R B, Lee Y J, et al. Effect offect of temperature and carbon contents on the synthesis of β-SiC powder [J]. Journal of Nano Research, 2013, 21: 83-87.
[88] Slawomir D, Malgorzata N, Marek P, et al. A simple method of synthesis and surface purification of titanium carbide powder [J]. International Journal of Refractory Metals and Hard Materials, 2013, 38: 87-91.
[89] Li X D, Chen X D, Song H H. Preparation of silicon carbide nanowires via a rapid heating process[J]. Materials Science and Engineering B, 2011, 176(1): 87-91.

[90] Xin L P, Shi Q, Chen J J, et al. Morphological evolution of one-dimensional SiC nanomaterials controlled by sol-gel carbothermal reduction [J]. Materials Characterization, 2012, 65: 55-61.
[91] Yuan X Y, Cheng L F, Kong L, et al. Preparation of titanium carbide nanowires for application in electromagnetic wave absorption [J]. Journal of Alloys and Compounds, 2014, 596: 132-139.
[92] Omid E, Charles D, Jamal C. Fabrication of mullite-bonded porous SiC ceramics via a sol-gel assisted in situ reaction bonding [J]. Journal of the European Ceramic Society, 2014, 34(2): 237-247.
[93] Wei K, Cheng X G, He R J, et al. Heat transfer mechanism of the C/SiC ceramics pyramidal lattice composite [J]. Composites Part B Engineering, 2014, 63(5): 8-14.
[94] Chen K, Bao Z H, Du A, et al. Synthesis of resorcinol–formaldehyde/silica composite aerogels and their low-temperature conversion to mesoporous silicon carbide [J]. Microporous and Mesoporous Materials, 2012, 149: 16-24.
[95] Kong Y, Zhong Y, Shen X D, et al. Preparationof fiber reinforced porous silicon carbide monoliths [J]. Materials Letters, 2013, 110: 141-143.
[96] Prakash S S, Brinker C J and Hurd A J. Silica aerogel films at ambient pressure [J]. Journal of Non-Crystalline Solids, 1995, 190: 264-275.
[97] 吴大方, 房元鹏, 张敏. 高速飞行器瞬态气动热试验模拟系统[J]. 航空计测技术, 2003(1): 9-14.
[98] 吴大方, 潘兵, 高镇同, 等. 超高温、大热流、非线性气动环境试验模拟及测试技术研究[J]. 实验力学, 2012, 27(3): 255-271.
[99] Hwang S W, Kim T Y, Hyun S H. Effect of surface modification conditions on the synthesis of mesoporous crack-free silica aerogel monoliths from waterglass via ambient drying[J]. Microporous and Mesoporous Materials, 2010, 130: 295-302.
[100]王亮, 冯坚, 姜勇刚, 等. 高温透波隔热功能一体化材料的研究进展[J]. 材料导报, 2012, 26(10): 1-4.

第 2 章　纤维增强 SiO_2 气凝胶高效隔热复合材料

SiO_2 气凝胶是目前研究较为成熟的一类气凝胶，具有连续无规则的网络结构，胶体颗粒和孔隙结构均为纳米量级，胶体粒子之间由 Si—O—Si 化学键连接形成网络骨架，骨架孔隙充满气体分散介质。表 2-1 给出了 SiO_2 气凝胶的一些物理性质[1]，可见，SiO_2 气凝胶独特的纳米多孔网络结构赋予其特殊热学、力学、电学、声学、光学等性质，在催化剂和催化剂载体[2-4]、气体过滤材料[5]、大规模集成电路绝缘衬底材料[6, 7]、高效隔热材料[8-10]等众多领域具有广泛应用前景，日益受到学术界和工程界的关注。

表 2-1　SiO_2 气凝胶的物理性质[96]

性质	数值
表观密度	0.003～0.35g/cm^3
比表面积	600～1000m^2/g
平均孔径	～20nm
平均粒径	2～5nm
孔隙率	85%～99.8%
热导率	～0.013W/(m·K)
热膨胀系数	(2.0～4.0)×10^{-6}
杨氏模量	1～10MPa
抗拉强度	16kPa（ρ=0.1g/cm^3）
断裂韧度	～0.8kPa·m$^{1/2}$（ρ=0.1g/cm^3）
低折射系数	1.008～1.4
介电常数	～1.1（ρ=0.1g/cm^3）
声音传播速率	100m/s（ρ=0.07g/cm^3）

从表 2-1 中数据可知，SiO_2 气凝胶常温热导率为 0.013W/(m·K)，低于空气的热导率［常温 0.025W/(m·K)］，可以作为一种超级隔热材料来使用。由于 SiO_2 气凝胶密度较低，其力学性能较差，拉伸强度只有 16kPa，断裂韧度只有 0.8kPa·m$^{1/2}$。此外，SiO_2 气凝胶对高温红外辐射传热透明，高温热导率较高，高温隔热性能差，研制兼具高强韧和高温低热导率特点的高性能气凝胶复合材料是国内外广大学者一直致力解决的技术难题，以满足军用和民用对高性能隔热材料的需求。

要实现 SiO_2 气凝胶在隔热保温领域大规模的应用，必须提高其力学和高温隔热性能。研究表明，通过改变制备工艺参数，调控气凝胶的颗粒和孔径大小，可改善 SiO_2 气凝胶的结构强度。通过采用晶须、短纤维、长纤维、硬硅钙石二次粒子等作为增强相[11, 12]，可提高 SiO_2 气凝胶隔热复合材料力学性能；通过添加炭黑、TiO_2、SiC 等红外遮光剂[13-15]增强 SiO_2 气凝胶红外遮挡作用，可提高其高温隔热性能。本章主要介绍 SiO_2 气凝胶及纤维增强 SiO_2 气凝胶高效隔热复合材料的制备工艺、结构和性能。

2.1　SiO_2 气凝胶

SiO_2 气凝胶的制备过程主要由溶胶制备、凝胶老化和超临界干燥三部分组成。一般的工艺过程为：将硅质原料溶解到适量的溶剂中，在一定量的水和催化剂的作用下，硅源经水解、缩聚反应生成以硅氧键为主体的聚合物并形成具有空间网络结构的湿凝胶，然后将湿凝胶经过老化和干燥过程除去水和溶剂，得到具有纳米孔径的 SiO_2 气凝胶。制备过程中通过改变反应体系中各物质的组分以及催化剂的种类、干燥条件等方式，可得到具有不同结构和性能的 SiO_2 气凝胶。SiO_2 气凝胶的制备工艺流程如图 2-1 所示。

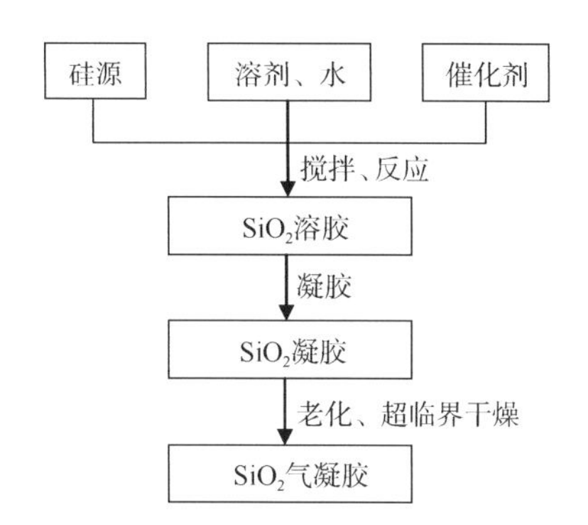

图 2-1　SiO_2 气凝胶的制备工艺流程

2.1.1　SiO_2 溶胶-凝胶的反应过程

水解和缩聚反应是 SiO_2 溶胶-凝胶过程的主要反应。由于水解反应和缩聚反应是一对同时进行的竞争反应，溶胶-凝胶过程较为复杂，其主要步骤包括胶体粒子成核、粒子生长、粒子间团聚形成团簇以及团簇间的交联。其中，成核速率、粒子生长和交联速率影响凝胶的最终结构；凝胶之前粒子的大小和交联程度以及凝胶时建立的胶体微观结构决定了凝胶网络结构和物理特性。硅源水解与缩聚反应的相对速率决定了 SiO_2 粒子的数量和大小，进而决定了网络的微观结构。

一般来说，采用有机硅醇盐为原料，SiO_2溶胶-凝胶过程反应如下：

水解反应：

$$Si(OR)_4 + 4H_2O \longrightarrow Si(OH)_4 + 4ROH \tag{2-1}$$

缩聚反应，包括脱水反应和脱醇反应：

脱水反应：

$$(HO)_3Si{-}OH + HO{-}Si(OH)_3 \longrightarrow (HO)_3Si{-}O{-}Si(OH)_3 + H_2O \tag{2-2}$$

脱醇反应：

$$(HO)_3Si{-}OH + RO{-}Si(OR)_3 \longrightarrow (HO)_3Si{-}O{-}Si(OR)_3 + ROH \tag{2-3}$$

其中，— OR 为烷氧基。

在溶胶-凝胶过程中，由于形成的 Si—OH 单体以及由硅氧键（Si—O—Si）结合形成的 SiO_2 胶体小颗粒表面存在大量的自由硅羟基（Si—OH）或烷氧基（Si—OR），会不断地聚集成大的粒子。随着水解和缩聚反应的进一步进行，越来越多的 Si—OH 单体之间以及 Si—OH 单体与胶体小颗粒之间相互连接，形成一个个纳米量级的团簇，团簇之间再进一步相连，最终形成纳米级网络骨架结构的凝胶体，凝胶形成过程如图 2-2 所示。

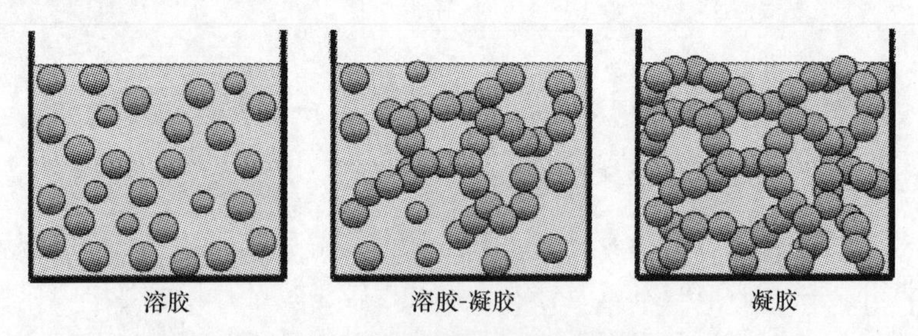

图 2-2　SiO_2溶胶-凝胶过程示意图

2.1.2　SiO_2气凝胶的制备工艺

在 SiO_2气凝胶制备过程中，工艺参数如硅源、催化剂、水含量以及溶剂等对气凝胶结构和性能有着重要的影响。因此，为得到具有一定强度、纳米级孔径的 SiO_2 气凝胶，需要对各影响因素进行分析，确定 SiO_2 气凝胶的制备工艺参数。

1. 硅源

硅源种类对 SiO_2 气凝胶的结构和性能具有较大的影响。在众多的硅源中，硅醇盐易溶解于普通有机溶剂，能够获得高纯度、高分散和高均匀性的溶胶，而且易实现化学组成配比，反应温度低，可避免不必要的副产物生成，是目前制备 SiO_2 气凝胶的首选材料。其中，正硅酸甲酯（TMOS）的硅含量较高，水解速率较快，早期多以 TMOS 为硅源制备 SiO_2 气凝胶，其孔径较窄，且分布较为均匀，但 TMOS 水解产生的甲醇具有一定毒性[16, 17]。正硅酸乙酯（TEOS）是目前使用最多的硅源，制备的 SiO_2 气凝胶性能较好，工艺较为稳定。以甲基三乙氧基硅烷（MTES）、甲基三甲氧基硅烷（MTMS）为硅源制备的气凝胶，由于其结构中含有的烷氧基团（Si—OR）相对较少，水解后形成的网络结构中只有一小部分相互连接，得到的 SiO_2 气凝胶孔径较大，往往具有一定的柔性[18]。以水玻璃、多聚硅氧烷和稻壳为硅源制备的 SiO_2 气凝胶性能还有待进一步提高[19]。

图 2-3 为两种不同硅源制备的 SiO_2 气凝胶微观结构形貌。可以看出，采用 TEOS 为硅源得到的 SiO_2 气凝胶网络骨架结构较为纤细，孔径较小；采用 MTMS 为硅源制备的 SiO_2 气凝胶结构较为疏松，网络结构不太完整，孔径分布较宽孔径较大，不利于抑制气态热传导。

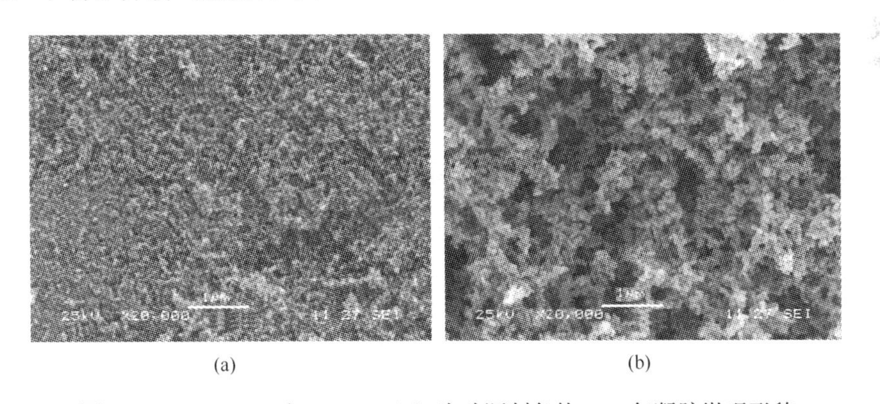

(a)　(b)

图 2-3　TEOS（a）和 MTMS（b）为硅源制备的 SiO_2 气凝胶微观形貌

2. 催化剂

催化剂的作用在于促进硅源的水解和缩聚反应，主要包括酸催化、碱催化以及酸-碱两步法催化。不同的催化类型其机理不同，得到的 SiO_2 气凝胶结构和性能也有所不同，其影响作用如下：

1）酸催化

酸催化剂主要有 HF、HCl、HNO_3、H_2SO_4、CH_3COOH、$C_2H_2O_4$ 等。其中 HF 由于 F^-半径较小，能够直接攻击硅原子核，水解速率较快，但 HF 腐蚀性较强；CH_3COOH、$C_2H_2O_4$ 酸性较弱，容易造成硅源水解不够充分；比较常用的主要有 HCl 和 HNO_3。下面以 HCl 为例介绍其催化反应机理。

在 HCl 催化条件下硅源水解反应机理如下：H^+首先进攻硅源分子中的一个—OR 基团并使之质子化，造成电子云向该—OR 基团偏移，导致硅原子核的另一侧表面空隙加大并呈亲电性；电负性较强的 Cl^-进攻硅原子，使硅源发生水解，具体反应如式（2-4）和式（2-5）所示[20]。

$$H^+ + Cl^- + RO-\underset{OR}{\overset{OR}{\mid}}{Si}-OR \rightleftharpoons Cl\cdots\underset{OR}{\overset{\overset{ROOR}{\delta^-\backslash/\delta^+}}{Si}}-OR \rightleftharpoons Cl-\underset{OR}{\overset{OR}{\mid}}{Si}-OR + ROH \quad (2\text{-}4)$$

$$H_2O + Cl-\underset{OR}{\overset{OR}{\mid}}{Si}-OR \rightleftharpoons Cl-\underset{\overset{H\cdots O\cdots OR}{H}}{\overset{OR}{Si}}-OR \rightleftharpoons HO-\underset{OR}{\overset{OR}{\mid}}{Si}-OR + HCl \quad (2\text{-}5)$$

根据硅源的亲电水解机理，随着水解的进行，部分 Si—OR 被 Si—OH 取代，由于其吸电子效应导致中心硅原子和 Si—OR 的氧原子的负电荷越来越少，正电荷越来越多，而 H^+也带有正电荷，同种电荷间的相斥作用使得 H^+与硅原子很难接近，导致反应活性降低，水解速率减慢，进一步发生 Si—OH 取代反应的难度加大。由于可供缩聚反应的 Si—OH 较少，而且当分子间发生缩聚反应后，受空间位阻效应的影响，发生水解及进一步缩聚反应更加困难。因此，在酸性条件下，SiO_2 气凝胶缩聚产物交联程度低，易于形成一维的链状结构，如图 2-4 所示，孔径较小，但收缩率较大[21]。

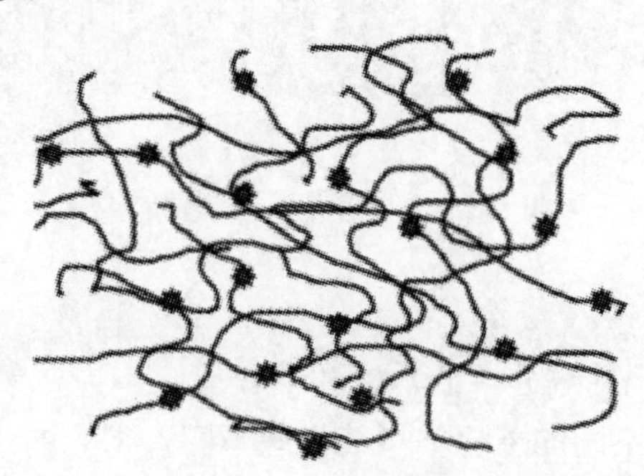

图 2-4　酸催化制备 SiO_2 气凝胶微观结构示意图

实验发现，采用 HCl 催化制备的 SiO_2 溶胶的凝胶时间较长，其网络结构不太完整，交联程度较低，超临界干燥后 SiO_2 气凝胶易收缩，收缩率可达 70%左右，气凝胶密度较大，难以发挥气凝胶的高效隔热性能。

2）碱催化

以氨水（$NH_3 \cdot H_2O$）为例分析溶胶-凝胶碱催化反应机理。由于 OH^- 半径较小，带负电荷，因而 OH^- 能够直接进攻硅原子，发生亲核反应[22]。其反应过程如式(2-6)所示：

$$\mathrm{RO{-}\underset{OR}{\overset{OR}{Si}}{-}OR + OH^- \longrightarrow RO{-}\underset{RO\quad OR}{\overset{OR}{Si^-}}\cdots OH \longrightarrow RO{-}\underset{RO\quad OR}{\overset{OH^-}{Si}}\cdots OR \xrightarrow{+H_2O} HO{-}\underset{OR}{\overset{OH}{Si}}{-}OR + ROH + OH^-} \quad (2\text{-}6)$$

根据亲核反应机理，在碱催化条件下，硅原子核在中间过程中要获得负电荷，因此在硅原子核周围如果存在易吸引电子的—OH 或—OSi 等受主基团，则有利于硅源的水解；而如果存在—OR 基团，因为其位阻效应则不利于水解。因此，在 TEOS 硅源水解反应初期，因硅原子周围都是—OR 基团，水解速率较慢；当第一个 Si—OR 被 Si—OH 取代，将促进第二、第三甚至第四个 OH^- 的进攻，反应活性提高，水解产物发生缩聚速率加快。由于硅源水解较为完全，因此缩聚反应容易在三维方向上进行，单体间形成一种短链交联结构，如图 2-5 所示，而短链与短链之间连接相对较弱，SiO_2 气凝胶网络骨架强度较低，孔径较大[21]。

图 2-5　碱催化制备的 SiO_2 气凝胶微观结构示意图

图 2-6 为直接进行碱催化制备的 SiO_2 气凝胶微观形貌。可见，SiO_2 气凝胶由许多细小颗粒连接形成多孔结构，但孔径较大，结构较为疏松，超临界干燥后 SiO_2 气凝胶容易产生粉末状颗粒，不利于提高气凝胶复合材料的力学性能和隔热性能。

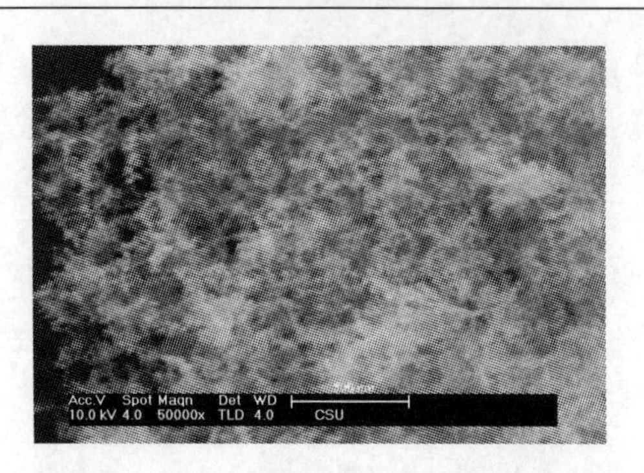

图 2-6 碱催化制备的 SiO_2 气凝胶微观形貌

3）酸-碱两步法催化

通过前面分析可知，在酸催化条件下，硅源的水解反应速率大于缩聚反应速率，有利于成核反应，产生许多溶胶单体，最终形成小孔径、低交联结构，气凝胶收缩较大，容易开裂，密度较高。在碱性条件下，硅源的缩聚反应速率大于水解反应速率，则有利于溶胶单体的团簇、长大和交联，易产生大孔径、短链交联网络结构，气凝胶强度较低。因此，采用酸或碱一步催化法难以制备出具有长链交联结构、骨架结构强度高的 SiO_2 气凝胶，难以有效发挥气凝胶的高效隔热优势。

针对硅源在不同催化条件下水解和缩聚反应相对速率存在的较大差异，参照图 2-7 中硅源水解和缩聚反应相对速率与 pH 的关系曲线[23]，如果使溶胶-凝胶过程中水解和缩聚反应分别在酸性和弱碱性催化条件下发生，则可综合酸、碱催化的优点，使得硅源的水解和缩聚反应相对速率都较大，这样就有利于气凝胶微观结构的控制，从而可得到低密度、纳米孔径、网络骨架结构强度较高的 SiO_2 气凝胶。

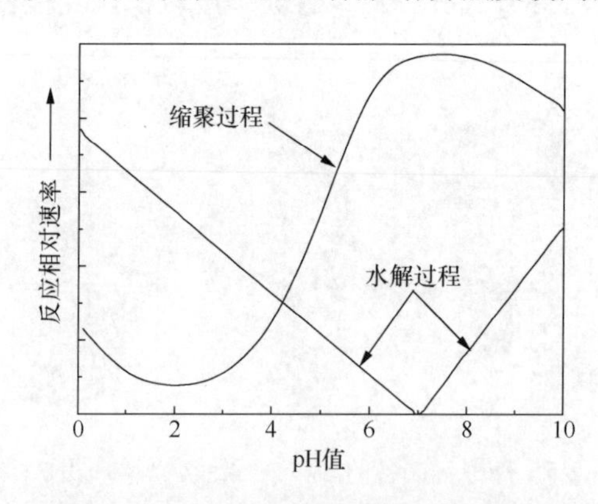

图 2-7 pH 值与反应相对速率关系曲线

在酸催化条件下，硅源的水解反应速率高于缩聚反应速率，产生许多低聚体和多聚物，然后在碱催化条件下进一步发生水解反应。由于在碱性条件下，多聚物发生水解和缩聚反应速率比低聚体要快，导致多聚物的链状继续向各个方向生长，最终胶体状的团簇颗粒相互交联形成凝胶网络结构。这样，在酸-碱催化的 SiO_2 溶胶中，网络结构含有线型的多聚物以及胶体颗粒，其微观结构介于酸催化和碱催化的结构之间，得到的 SiO_2 气凝胶孔径较小，交联程度高、网络骨架强度大。同时，通过调节酸、碱两步催化的时间间隔可有效地控制 SiO_2 溶胶-凝胶的反应时间。

因此，在溶胶的制备过程中，以 TEOS 为例，选择 HCl 为酸催化剂，初选 HCl/TEOS 物质的量比为 1.8×10^{-3}，此时溶胶的 pH 值为 2 左右时，聚合反应速率相对较低，有利于水解反应。

图 2-8 为氨水浓度对 pH 值的影响，随着氨水浓度的增大，pH 值逐渐增大，缩聚反应速率增大（图 2-7），当氨水浓度过高，pH 值较大时，溶胶迅速凝胶，甚至生成沉淀；而当 pH 值在 7 左右时，水解反应速率较低，缩聚反应速率较高，有利于溶胶的缩聚反应。

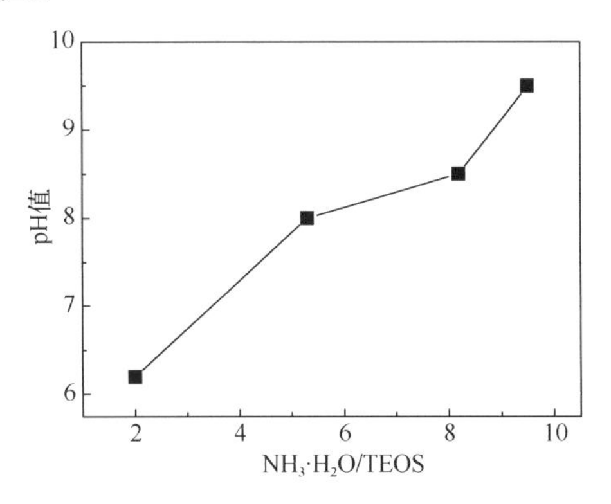

图 2-8　$NH_3\cdot H_2O$/TEOS 物质的量比对 pH 值的影响

图 2-9 为酸（HCl）-碱（$NH_3\cdot H_2O$）两步催化制备的 SiO_2 气凝胶宏观形貌和微观形貌，可以看出，SiO_2 气凝胶成块性较好，密度较低，强度较高，具有纤细的纳米多孔网络结构，孔径较小且分布较为均匀，同时骨架颗粒之间连接较为完整。

(a)　　(b)

图 2-9　酸-碱两步法制备的 SiO_2 气凝胶宏观形貌（a）和微观形貌（b）

3. 溶剂

溶剂的加入可以使水和硅源混合更加均匀，目前制备 SiO_2 溶胶应用最多的为醇溶剂，如甲醇（MeOH）、乙醇（EtOH）、异丙醇（IPA）以及丁醇（BuOH）等，不同的醇溶剂对溶胶稳定性及气凝胶结构和性能有较大的影响。根据理论介绍[24]，硅源的水解速率受到烷氧基（—OR）结构的影响，烷氧基结构链越长，结构越复杂，其空间位阻效应越强，水解速率越低。

此外，醇溶剂的烷氧基结构链长大于硅醇盐的烷氧基结构链长时，会发生如式（2-7）所示的酯交换反应，这样会增加空间位阻，不利于水解和缩聚反应的进行。

$$\mathrm{RO{-}\overset{\displaystyle OR}{\underset{\displaystyle OR}{\overset{|}{\underset{|}{Si}}}}{-}OR} + \mathrm{R'OH} \longrightarrow \mathrm{RO{-}\overset{\displaystyle OR}{\underset{\displaystyle OR}{\overset{|}{\underset{|}{Si}}}}{-}OR'} + \mathrm{ROH} \qquad (2\text{-}7)$$

因此，醇溶剂的结构链越短，结构越简单，空间位阻效应越小，就越有利于水解和缩聚反应，得到的气凝胶网络结构交联程度越好，强度越高，孔径也越小。烷氧基的结构链长度由小到大的顺序为 $OCH_3 < OC_2H_5 < OC_3H_7 < OC_4H_9$，因此，若采用甲醇为溶剂则气凝胶结构和性能较好，但是甲醇具有一定的毒性，而 EtOH 则相对安全，结构链也相对较为简单，同时与硅源不发生酯交换反应，因此选用乙醇为溶剂。

EtOH 含量对 SiO_2 气凝胶的网络骨架结构有着重要的影响。溶剂含量的增加，降低了硅源以及酸催化剂的浓度，导致水解产物的硅含量减少，反应速率减慢，单位体积内所含的 Si—OH 单体数量越少，使得单体间的碰撞概率降低，阻碍了 Si—O—Si 网络结构链的发展。此外，过量的 EtOH 还会发生酯化反应，减少了溶胶中的 Si—OH 单体的形成，而且 EtOH 也作为硅源水解产物的存在抑制水解和缩聚反应，阻碍 Si—O—Si 键的产生。因此 EtOH 含量过高，硅源水解不够充分，气凝胶的网络骨架强度较低，容易形成大孔结构。Hegde 等[25]通过 TEM 观察到醇含量较高时，凝胶中网络结构较疏松，孔径较大，而大孔的存在不利于抑制气体分子热传导。

4. 水

水既是硅源水解反应的反应物，又是缩聚反应的生成物，水含量对 SiO_2 气凝胶的结构性能具有重要的影响。当水含量较少时（水/硅源的物质的量比小于 3），由于硅源水解不够充分，凝胶中存在较多的有机基团，因此降低了网络的交联程度，导致气凝胶孔径较大，密度较高，且易开裂。当水含量较大时（水/硅源的物质的量比大于 6），过量水的存在导致水解反应大于缩聚反应，容易引起凝胶颗粒团聚，导致气凝胶密度增大，而且水含量较高还不利于超临界干燥（水的临界温度和临界压力分别为 375℃、22MPa)。当水含量适中时（3<H_2O/硅源<6），制备的 SiO_2 气凝胶密度较低，网络骨架结构较好。

5. 老化

刚形成的 SiO_2 湿凝胶网络结构交联程度低，需要加入醇溶剂进行老化，促进凝胶的进一步交联，增强凝胶的骨架强度，减小气凝胶在随后干燥过程中的收缩和开裂。老化可看作是凝胶化过程的继续，在老化过程中将发生缩合、粗化，凝胶中依然存在的 Si—OH 和 Si—OC_2H_5 基团继续缩合形成 Si—O—Si，凝胶体积收缩，网络逐渐变粗，凝胶强度增大。由于在 SiO_2 湿凝胶的孔洞中充满了水和醇的混合物，而水的表面张力较大，在干燥过程中产生的较大毛细管力容易造成气凝胶的收缩和开裂，湿凝胶需要在溶剂中进行老化，置换湿凝胶孔洞中的水，减小气凝胶在干燥过程中的收缩程度。但老化时间不能太长，否则会导致凝胶收缩过大，一般认为老化时间为 1～3 天即可。

6. 超临界干燥

经过老化的 SiO_2 湿凝胶需通过超临界干燥工艺去除孔隙中的溶剂才能得到气凝胶。控制超临界干燥温度、压力等工艺参数可制备出低密度、纳米孔径、网络骨架结构强度较好的 SiO_2 气凝胶。

2.1.3　SiO_2 气凝胶的性质和微观结构控制

SiO_2 气凝胶的性质和微观结构如密度、收缩率、孔结构等对气凝胶及其复合材料的力学性能和隔热性能有着重要的影响。通过改变 SiO_2 气凝胶的制备工艺条件，调控 SiO_2 气凝胶的性质和微观结构，可获得良好力学性能和高效隔热效果的气凝胶复合材料。在影响气凝胶性质和微观结构的诸多因素中，溶剂含量的变化较为重要。表 2-2 为不同 EtOH/TEOS（*E*）物质的量比制备的 SiO_2 气凝胶基本性质。

表 2-2　不同 EtOH/TEOS（*E*）物质的量比制备的 SiO_2 气凝胶基本性质

EtOH/TEOS（*E*）（物质的量比）	ρ_{prac}/(g/cm^3)	V_s/%	V/(cm^3/g)	D_{avera}/nm	D_{micro}/nm
2	0.245±0.006	40.5	3.594	23.3	1.51
4	0.192±0.006	40.2	4.390	30.3	1.49
8	0.129±0.007	38.6	5.234	38.5	1.50
12	0.096±0.004	37.7	8.051	53.1	1.51
20	0.054±0.003	24.5	5.219	—	1.51

注：V_s 为体积收缩率，$V_s(\%)=(\frac{V_{alcogel}-V_{aerogel}}{V_{alcogel}})\times 100\%$，其中：$V_{alcogel}$ 为醇凝胶体积；$V_{aerogel}$ 为气凝胶体积；V 为气凝胶的孔体积；D_{avera} 为气凝胶的平均孔径；D_{micro} 表示由气凝胶初级粒子间构成的微孔孔径。此外，EtOH/TEOS(*E*)物质的量比为 20 的气凝胶由于氮吸附法测不出其大孔，因而其真实的孔体积 V 应高于 5.219cm^3/g。

1. SiO_2气凝胶密度及收缩率的控制

从理论上来说，超临界干燥能够消除SiO_2湿凝胶孔结构中溶剂与孔壁的毛细管张力，抑制气凝胶的收缩。但在实际的制备过程中，由于SiO_2溶胶凝胶后，水解和缩聚反应还将继续进行，湿凝胶的SiO_2骨架中仍包含有未反应完全的醇盐基团，SiO_2溶胶粒子和小的凝胶团簇还会继续聚集，特别是凝胶体表面存在的羟基会不断发生脱醇缩聚反应，形成新的硅氧键，扩展到整个凝胶网络，导致气凝胶的收缩率和密度改变。

由表2-2以及图2-10 EtOH含量对SiO_2气凝胶密度和收缩率的影响可知，SiO_2气凝胶的实际密度和体积收缩率均随 EtOH 含量的增大而逐渐减小。当EtOH/TEOS（E）物质的量比从2增加到20时，气凝胶实际密度从0.245g/cm^{3}降低到0.054g/cm^3，这是由于EtOH溶剂含量的增加，单位体积中硅含量降低，从而导致气凝胶密度的降低；随着EtOH量的增加，气凝胶体积收缩率由40.5%下降为24.5%，这是由于EtOH含量较大时，TEOS水解产生的Si—OH单体相对较少，SiO_2溶胶中团簇与团簇之间的距离较远，羟基之间的距离较大，彼此之间发生缩聚反应的概率较小，因此气凝胶体积收缩率相对较小。

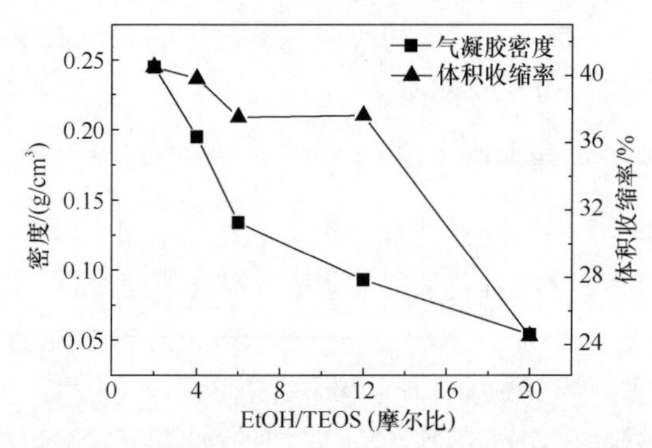

图2-10 EtOH/TEOS（E）物质的量比对SiO_2气凝胶密度和体积收缩率的影响

2. SiO_2气凝胶孔结构的控制

EtOH溶剂含量的变化对SiO_2气凝胶孔结构有着重要的影响。图2-11为不同EtOH含量制备的SiO_2气凝胶在相对压力（P/P_0）为0.80～1范围内的吸附-脱附等温线。参照国际理论和应用化学联合会（IUPAC）的分类方法可知[26]，EtOH/TEOS（E）摩尔比为2、4、8的气凝胶氮吸附等温线属于第Ⅳ类，即体现的是介孔（2nm≤孔径≤50nm）材料的吸附；EtOH/TEOS（E）摩尔比为20的气凝胶属于第Ⅱ类，体现的是大孔（孔径＞50nm）材料的吸附；而EtOH/TEOS（E）摩尔比为12的气凝胶吸附曲线介于第Ⅱ类和第Ⅳ类之间。由图2-11可知，SiO_2气凝胶孔体积随着 EtOH 含量的增大呈现先增加后减小的趋势。当 EtOH/TEOS 物质的量比从 2 增加到 12 时，SiO_2 气凝胶的吸附量依次增大，说明其孔体积依次增加，而当 EtOH/TEOS（E）物质的量比为 20 时，其吸附量降低，孔体积减少，这主要是由于其所含有的大孔数量较多的缘故。另外，发现随着 EtOH 含量的增大，吸附量发生急剧变化时的相对压力值逐渐向右移，表明 SiO_2 气凝胶的孔径随着溶胶中 EtOH 含量的增加而逐渐增大[27]。

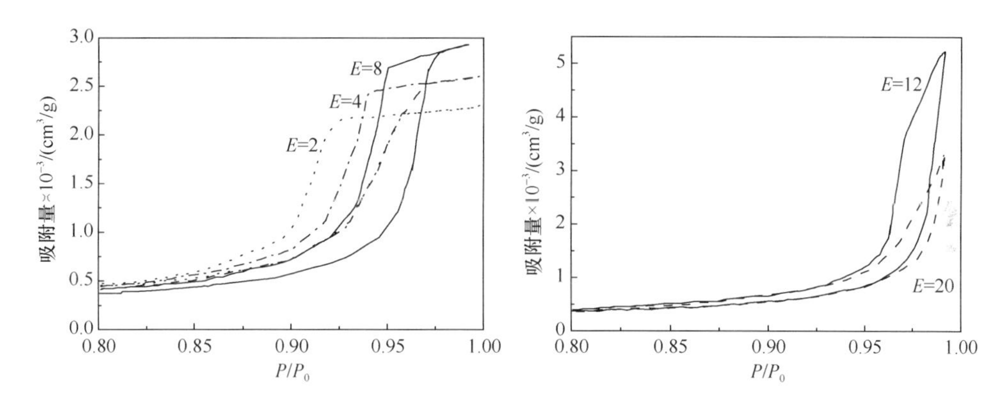

图 2-11　EtOH/TEOS（E）物质的量比对 SiO_2 气凝胶吸附-脱附曲线的影响

图 2-12 为不同 EtOH 物质的量制备的 SiO_2 气凝胶孔径分布曲线，随着 EtOH/TEOS（E）增加（2→12），气凝胶的孔径分布曲线逐渐向大孔径方向移动，表明气凝胶的孔径逐渐增大。当 EtOH/TEOS（E）物质的量比为 20 时，SiO_2 气凝胶孔径分布曲线的形状与其余 4 条曲线差异较大，这是由于 SiO_2 气凝胶存在更大的孔由氮吸附法无法测出，因此曲线没有出现明显的峰值，也没有闭合于 x 轴。另外，SiO_2 气凝胶平均孔径 D_{avera} 随着 EtOH 含量的增加依次增大（表 2-2），从 23.3nm［EtOH/TEOS（E）物质的量比为 2］增大至 53.1nm［EtOH/TEOS（E）物质的量比为 12］，均小于空气分子的平均自由程（69nm），能够有效地抑制气凝胶的气体传热。而 EtOH/TEOS（E）为 20 的气凝胶由于氮吸附法测不出其大孔，其平均孔径真实值应比 EtOH/TEOS（E）为 12 的气凝胶样品大。由于 EtOH 含量的增大对 SiO_2 溶胶中起到稀释作用，使得 Si—OH 单体之间的距离更远，阻碍了 Si—O—Si 网络结构交联的进程，导致胶体团簇的分离，阻碍了凝胶网络结构骨架颗粒的生长，从而导致超临界干燥后 SiO_2 气凝胶的孔径增大，而当孔径大于空气分子的平均自由程时，则不利于降低气态热导率。

3. SiO_2 气凝胶微观结构的控制

图 2-13 为不同 EtOH 含量制备的 SiO_2 气凝胶微观形貌，可见，SiO_2 气凝胶均

为纳米多孔网络结构，其骨架结构均由 SiO_2 团簇颗粒相互连接形成，而且每个 SiO_2 团簇颗粒又由一些更小的颗粒单体聚集而成，SiO_2 气凝胶骨架颗粒均由尺寸更小的初级粒子构成，其内部存在较多的微孔，微孔孔径随着 EtOH 含量的改变无显著变化。从表 2-2 可知，SiO_2 气凝胶的微孔孔径为 1.49～1.51nm。

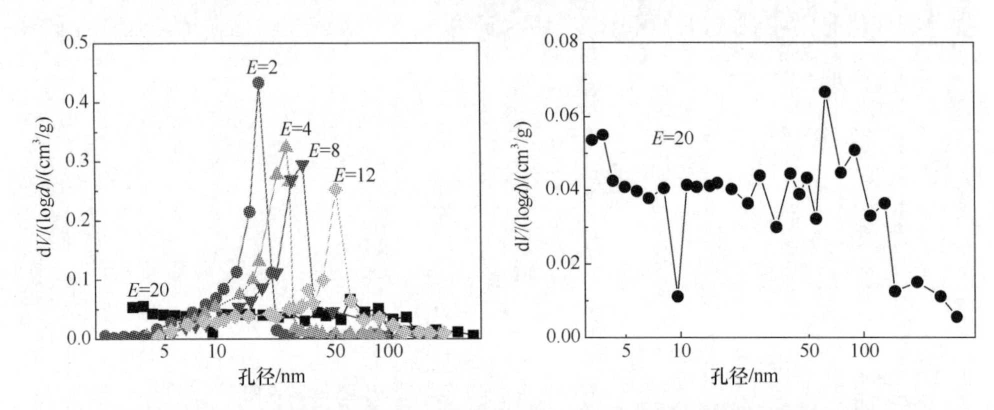

图 2-12　EtOH/TEOS（E）物质的量比对 SiO_2 气凝胶孔径分布的影响

(a) E=2　(b) E=12　(c) E=20

图 2-13　EtOH/TEOS（E）物质的量比对 SiO_2 气凝胶微观结构的影响

另外，从图 2-13 可以看出，随着 EtOH 含量增加，SiO_2 气凝胶单位体积的固体含量减少，孔隙率增大；EtOH/TEOS（E）物质的量比为 2 的 SiO_2 气凝胶结构比较致密，气凝胶网络骨架结合较紧，很少有连孔和大孔，孔径较小；当 EtOH 含量增大时，气凝胶网络骨架结构变得疏松，强度减弱，同时存在更多的由于颗粒间未能相互连接而产生的连孔、大孔，气凝胶平均孔径增大。这主要是由于 EtOH 溶剂含量的增大，阻碍了 Si—OH 单体聚集，从而形成的团簇二级粒子尺寸较小，而且团簇与团簇之间距离较远，不易发生 Si—O—Si 网络结构交联，故孔洞较大，网络结合较弱。因此，EtOH 含量太大时，SiO_2 气凝胶中大孔的数量太多，不利于抑制气凝胶的气相分子热传导。

综上所述，通过改变 EtOH 溶剂的含量可控制 SiO_2 气凝胶的密度、收缩率、孔径大小和分布等性质和微观结构。随着 EtOH 含量的增大，SiO_2 气凝胶密度和体积收缩率逐渐降低，平均孔径增大，气凝胶中含有的大孔、连孔数量增多，网络骨架结构强度逐渐降低。

2.1.4　SiO_2 气凝胶的耐温性

1. SiO_2 气凝胶烧结机理

气凝胶具有分级结构，气凝胶内部的初级粒子相互连接构成次级粒子，次级粒子之间相互交联形成枝状团簇体。气凝胶具有高的比表面积、高的孔隙率，使其具有高的本征表面能驱动力。升高温度时，为达到稳定状态，气凝胶通过降低其比表面积使得表面自由能最小化，因此气凝胶材料在高温下会发生孔洞的收缩和颗粒的长大。烧结时，在相互接触的初级粒子直接接触的颈部出现颈缩，如图 2-14 所示[28]。

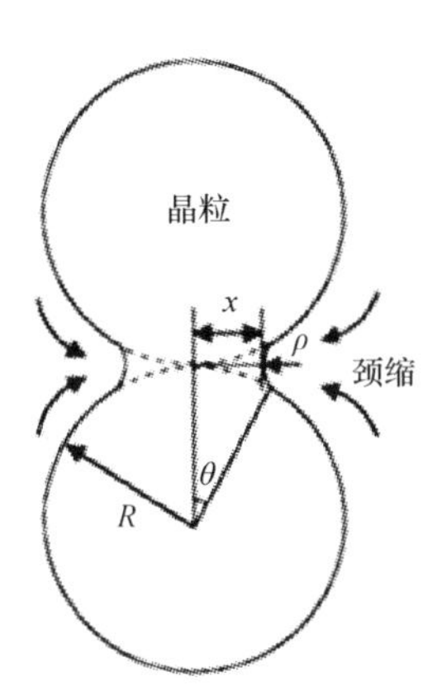

图 2-14　双球烧结模型[28]

颗粒表面具有正的曲率半径，经过热处理后两颗粒相接触的部分形成颈缩，具有负的曲率半径，化学势分别如下表示：

$$\mu_1 = \mu_0 + 2\Omega\gamma / \rho \tag{2-8}$$

$$\mu_2 = \mu_0 - 2\Omega\gamma / \rho \tag{2-9}$$

式中，μ_1 为颗粒凸表面化学势；μ_2 为颈部凹表面化学势；Ω 为原子量；γ 为表面自由能；ρ为表面曲率；μ_0 为平面化学势。由于 $\mu_1>\mu_0>\mu_2$，烧结时，原子从化学势高的颗粒表面向化学势低的颈部区域迁移导致颗粒烧结，出现比表面积下降的现象。

此外，在烧结过程的开始阶段，曲率半径不同的两颗粒相互接触时存在着势能差：

$$\Delta\mu = 2\Omega\gamma\left(1/\rho_1 + 1/\rho_2\right) \qquad (2\text{-}10)$$

式中，ρ_1为较小颗粒界面曲率；ρ_2为较大颗粒界面曲率。

从上式可以看出，较大的颗粒具有更高的界面稳定性，因此原子从较小的颗粒迁移到较大的颗粒表面上。Phalippou[29]指出，热处理造成的材料收缩是由黏性流动引起的。物质从簇最细小的固体分支流向固体密度最高的地方，造成收缩并团簇，最终孔尺寸减小，造成试样收缩。气凝胶烧结过程如图 2-15 所示。

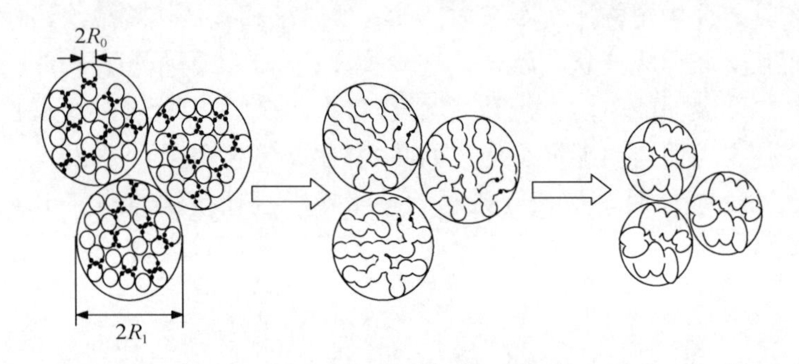

图 2-15 气凝胶烧结过程示意图[29]

R_0—初级粒子半径；R_1—次级粒子半径

高温下气凝胶内部相邻颗粒间出现颈缩，原子从化学势高的颗粒表面向化学势低的颈部区域迁移导致颗粒烧结，纳米孔结构破坏，引起材料比表面积下降、隔热性能下降，极端条件下导致材料失效。

2. 高温环境对 SiO_2 气凝胶结构与组成的影响

为了保证 SiO_2 气凝胶热处理时受热均匀，热处理前将块状的 SiO_2 气凝胶加工成小块（2cm×2cm×1cm），平铺于平底坩埚底部，采用马弗炉模拟高温环境对 SiO_2 气凝胶进行高温热处理，待炉内温度升至设定热处理温度时，将气凝胶样品迅速放入炉内，保温至预定热处理时间（1500s）后，将气凝胶样品取出、空冷，完成气凝胶的热处理。

1）SiO_2 气凝胶的热分析表征

为了更好地研究 SiO_2 气凝胶在高温下结构与组成变化，首先对 SiO_2 气凝胶进行 TG-DSC 分析，测试温度为从室温到 1000℃。

图 2-16 为 SiO_2 气凝胶在空气气氛中的 TG-DSC 扫描曲线。可以看出，DSC 曲线存在一个明显的放热峰，温度升至 359.4℃时开始出现放热，在 380.0℃时达到峰值，这是由于 SiO_2 气凝胶结构中硅甲基—$Si(CH_3)_3$ 与空气中的氧发生氧化，形成硅羟基（Si—OH）放出热量，具体反应如式（2-11）所示[30]。

$$—Si(CH_3)_{3(s)} + 6O_{2(g)} \longrightarrow —Si(OH)_{3(s)} + 3CO_{2(g)} + 3H_2O_{(g)} \tag{2-11}$$

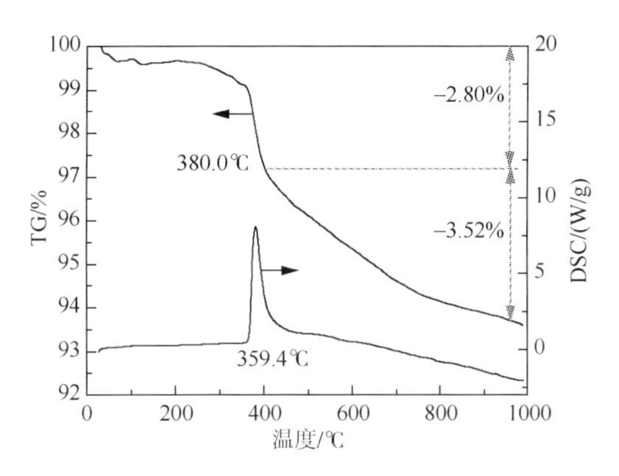

图 2-16　SiO_2 气凝胶的 TG-DSC 曲线

从 TG 曲线可以看出，SiO_2 气凝胶从室温到 1000℃的升温过程中存在两次较为明显的失重：第 1 次失重为从室温到 380℃，失重率为 2.80%，主要是 SiO_2 气凝胶硅甲基断裂；第 2 次失重发生在 380～1000℃之间，失重率为 3.52%，在该阶段，DSC 曲线上没有明显的吸、放热峰。当温度高于 800℃时，TG 曲线下降缓慢，硅羟基（Si—OH）之间发生了缩聚反应生成 Si—O—Si 键，具体反应如式（2-12）所示。

$$\equiv Si—OH_{(s)} + \equiv Si—OH_{(s)} \longrightarrow \equiv Si—O—Si\equiv_{(s)} + H_2O_{(g)} \tag{2-12}$$

2）SiO_2 气凝胶红外光谱（FT-IR）分析

图 2-17 为不同温度热处理前后 SiO_2 气凝胶的红外光谱（FT-IR）曲线，$3450cm^{-1}$、$1635cm^{-1}$ 附近的吸收峰分别代表—OH 的伸缩振动和弯曲振动，在 $1085cm^{-1}$、$800cm^{-1}$ 和 $465cm^{-1}$ 附近出现的吸收峰分别为 Si—O—Si 的不对称伸缩振动、对称伸缩振动、弯曲振动，此外在 $960cm^{-1}$ 附近处的吸收峰代表 Si—OH 伸缩振动[31]。25℃未处理的 SiO_2 气凝胶在 $2980cm^{-1}$ 和 $850cm^{-1}$ 处存在 C—H 反对称伸缩振动吸收峰[32, 33]，在 $758cm^{-1}$ 附近的微弱吸收峰为 $Si—CH_3$ 中的 Si—C 吸收峰[34]。随着热处理温度的升高，气凝胶中羟基数量开始减少，Si—O—Si 振动峰增强。

SiO_2 气凝胶经 600℃热处理后，$2980cm^{-1}$ 和 $850cm^{-1}$ 处的 C—H 吸收峰以及 $758cm^{-1}$ 处的 Si—C 吸收峰已经基本消失，说明经 600℃热处理后样品中的烷氧基和 Si—C 键发生了断裂，与前期 TG-DSC 分析结果一致。

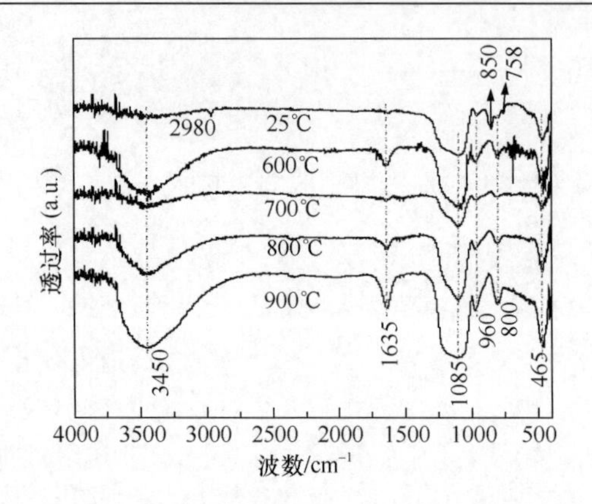

图 2-17　不同温度热处理前后 SiO_2 气凝胶 FT-IR 曲线

3）SiO_2 气凝胶 XRD 分析

图 2-18 为不同温度热处理前后的 SiO_2 气凝胶 XRD 谱图，可以看出，经过不同温度热处理后的 SiO_2 气凝胶仍为无定形结构，不存在明显的晶态特征峰，只有一个较宽的衍射峰，表明热处理只是通过 SiO_2 粒子的空间重排增加致密度，并没有改变气凝胶的无定形态结构[35]。

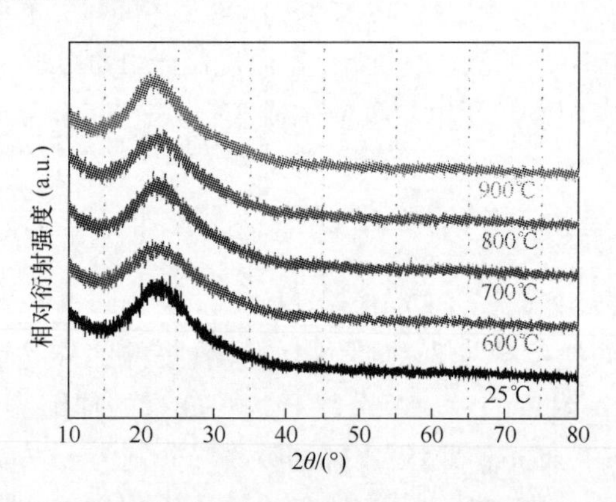

图 2-18　不同温度热处理前后 SiO_2 气凝胶的 XRD 谱图

4）SiO_2 气凝胶比表面积分析

图 2-19 为不同温度热处理后 SiO_2 气凝胶的比表面积，可以看出，热处理温度从 500℃升到 700℃（$498m^2/g$）气凝胶比表面积几乎没有发生改变。这可能是一方面由于 SiO_2 气凝胶表面残余的有机基团（Si—OC_2H_5）氧化转变为新的硅羟基（Si—OH），相连的羟基随后发生缩聚反应形成新的硅氧键（Si—O—Si），构成了新的多孔网络结构，另一方面，高温处理引起一部分的多孔结构发生收缩或坍塌，因此，两者共同作用导致 SiO_2 气凝胶的比表面积变化不大[36]。从 800℃开

始，SiO_2 气凝胶比表面积发生显著降低，到 1000℃时气凝胶的比表面积急剧下降，仅为 $23m^2/g$。

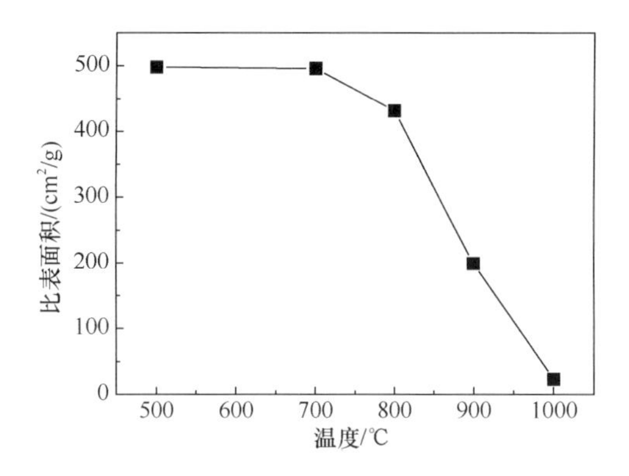

图 2-19　不同温度热处理后 SiO_2 气凝胶的比表面积

5）SiO_2 气凝胶微观形貌分析

图 2-20 为 900℃热处理前后 SiO_2 气凝胶的微观形貌，可以看出，未热处理的 SiO_2 气凝胶的多孔结构清晰可见，且颗粒大小比较均匀，孔洞分布较为均匀；900℃热处理后的 SiO_2 气凝胶仍然具有多孔结构，但出现了部分团簇及颗粒收缩，部分孔结构出现坍塌现象，这也是 SiO_2 气凝胶 900℃热处理后比表面积降低的原因。

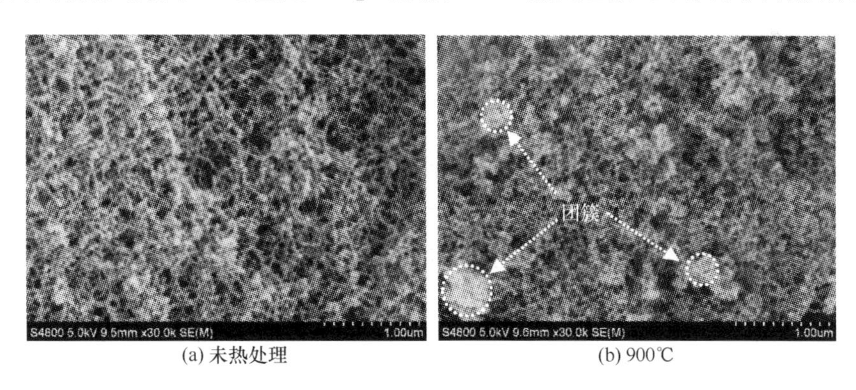

(a) 未热处理　　(b) 900℃

图 2-20　热处理前后 SiO_2 气凝胶的微观形貌

2.2　SiO_2 气凝胶高效隔热复合材料

单纯的 SiO_2 气凝胶存在强度低、脆性大的问题，大大限制了 SiO_2 气凝胶作为高效隔热材料的应用范围。需要通过与纤维增强相复合，得到具有一定机械强度的 SiO_2 气凝胶复合材料，以达到实际应用的要求。本节主要介绍纤维增强 SiO_2

气凝胶高效隔热复合材料的制备工艺、结构和性能。

2.2.1　SiO_2气凝胶高效隔热复合材料的制备工艺

图 2-21 为纤维增强 SiO_2 气凝胶高效隔热复合材料的制备工艺流程，首先将无机纤维与 SiO_2 溶胶混合，然后经过凝胶、老化、超临界干燥得到纤维增强 SiO_2 气凝胶高效隔热复合材料。

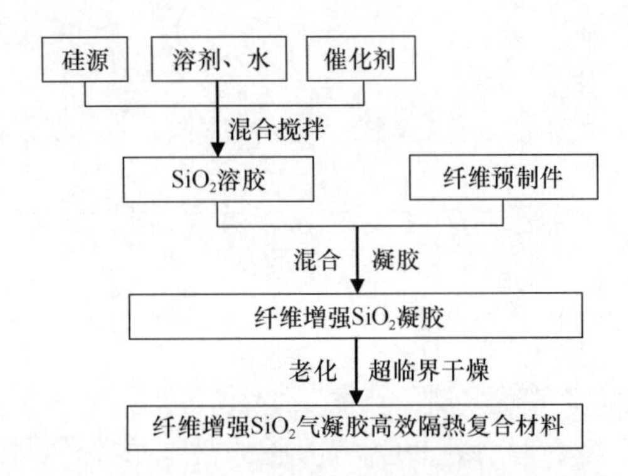

图 2-21　纤维增强 SiO_2 气凝胶高效隔热复合材料的制备工艺流程

纤维与 SiO_2 溶胶复合前，纤维与纤维之间存在大量的孔隙，这些孔隙的存在为 SiO_2 溶胶的渗入提供了空间。当纤维与 SiO_2 溶胶混合后，SiO_2 溶胶能够充分地浸润纤维，渗透到纤维彼此之间的孔洞中。待混合体经凝胶、老化和超临界干燥后，纤维与纤维之间的孔隙则被 SiO_2 气凝胶所填充。图 2-22 为 SiO_2 气凝胶复合材料的微观形貌，可以看出，大量的 SiO_2 气凝胶完全充满了纤维彼此间的孔隙，纤维被有效地分散开来，同时纤维的表面被 SiO_2 气凝胶所包裹，这样就尽可能地避免了纤维与纤维之间的搭接，SiO_2 气凝胶与纤维之间形成较好的界面结合。因此，气凝胶复合材料具有较好的隔热和力学性能。

图 2-22　SiO_2 气凝胶高效隔热复合材料微观形貌

纤维增强 SiO_2 气凝胶复合材料制备的关键在于把 SiO_2 气凝胶与增强纤维有效地混合均匀，使得纤维与纤维之间的孔隙被 SiO_2 气凝胶所填充，消除纤维相互接触。因为纤维彼此间的接触不仅会降低 SiO_2 气凝胶在复合材料中的分散性，影响气凝胶与纤维之间的结合能力，降低材料的力学性能，而且纤维彼此间接触会产生热桥效应，增加纤维的固相热传导，降低材料的隔热性能。

2.2.2　SiO_2 气凝胶高效隔热复合材料的隔热性能

本节在分析 SiO_2 气凝胶及其隔热复合材料传热特征的基础上，讨论了纤维种类、纤维体积密度和溶胶配比对 SiO_2 气凝胶高效隔热复合材料隔热性能的影响规律。

1. 传热原理分析

1）气凝胶传热分析

大部分隔热材料传热主要由 4 个部分构成：①固体传热；②气体分子传热；③气体对流传热；④红外辐射传热。气凝胶具有特殊的纳米孔结构，在固体、气体、对流和红外辐射传热各方面都有其特殊的性质。

（1）固体传热

固体传热的机理是分子、原子之间相互碰撞但又无明显位移的动能交换。固体中由于组成晶体的质点都处在一定位置，因而固体中的传热主要是晶格振动和自由电子来实现。在非金属材料中，自由电子很少，所以晶格振动是主要的传热机制。晶格振动的传热机制分为声子传热（热传导）和光子传热（热辐射）两类[37]。

声子传热：在固体中原子运动的自由度是有限的，仅能在其固体位置上振动，其振幅大小取决于各个声子的能量（温度），许多单一运动形成的波可看成一种弹性波（格波），当存在温差时格波与格波间振动的剧烈程度不同，发生相互作用实现能量传递，类似于声子的传递，这种传热机理叫声子传热。

光子传热：固体中分子、原子和电子的振动、转动等会辐射频率较高的电磁波，同时也将吸收这种电磁波。当存在温度差时，这种电磁波作用使部分热能从高温处传到低温处，这种传热机理即为光子传热。光子传热在低温下较弱，在高温下效果十分明显。

声子（光子）传热与其平均自由程相关，声子（光子）平均自由程越小，声子（光子）传热越小。固体中各种缺陷、杂质和界面都会引起格波散射，减少声子平均自由程，导致声子传热系数下降。SiO_2 气凝胶中纳米级的 SiO_2 颗粒间存在许多接触界面，会引起格波的散射和电磁波的反射和折射，对声子平均自由程和光子平均自由程都具有限制作用。

表 2-3 为不同溶胶配比制备 SiO_2 气凝胶的密度和孔隙率，可以看出，气凝胶密度较低，孔隙率较高（＞90%）。

表 2-3　不同密度气凝胶的孔隙率

溶胶配比	样品编号	密度 ρ/(g/cm^3)	孔隙率 (α)/%
	1#	0.119	94.76
A	2#	0.129	94.32
	3#	0.13	94.27
	1#	0.191	91.59
B	2#	0.194	91.45
	3#	0.195	91.41

注：A 溶胶：溶剂含量高，水含量少；B 溶胶：溶剂含量少，水含量多。

SiO_2 气凝胶的理想骨架结构如图 2-23（a）所示，每个气凝胶粒子作为相邻两个孔的孔壁。按 SiO_2 气凝胶的理想骨架结构计算，孔隙率（α）与孔壁厚（δ）的关系见式（2-13）：

$$d/(d+\delta)=\alpha^{1/3} \tag{2-13}$$

因此孔壁厚（δ）为：

$$\delta=d(1-\alpha^{1/3})/\alpha^{1/3} \tag{2-14}$$

式中，α 为孔隙率；d 为气孔直径；δ 为孔壁厚度，按平均孔径 60nm 计算，以 90% 的孔隙率计算，SiO_2 气凝胶中的纳米 SiO_2 骨架约 2nm 厚。

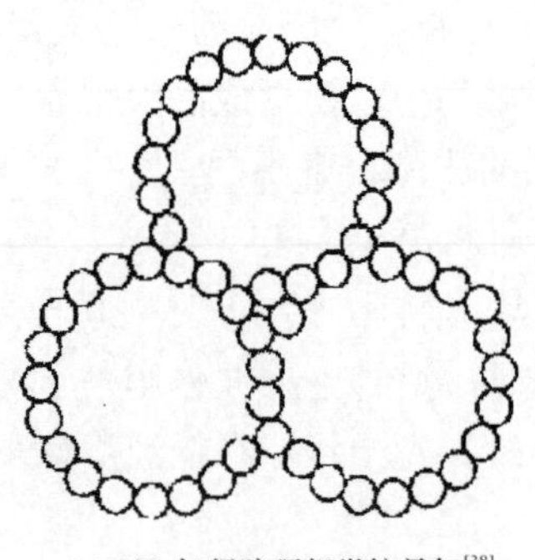

(a) SiO_2 气凝胶理想微粒骨架[38]

(b) SiO_2 气凝胶微观形貌

图 2-23　SiO_2 气凝胶理想微粒骨架和微观形貌

SiO_2 气凝胶的高孔隙率和纤细的纳米固体骨架结构［如图 2-23（b）所示］增加了其内部界面，有利于限制声子平均自由程和光子平均自由程，降低固体热传导。从宏观上看，固态热传导 λ_s 与隔热材料的密度 ρ 有标度关系，一般近似认为，密度在 30～70kg/m^3 的气凝胶，固态传导率 $\lambda_s \propto \rho^{1.5}$[39]。由于气凝胶都具有较高的孔隙率，其表观密度均比较低，因此气凝胶的固态热导率很低。

（2）气体热传导

根据气体分子运动理论，气体热量的传递主要是通过高温区高速率的分子与低温区低速率分子相互碰撞，逐级传递能量。气体分子传递热量的能力用气体分子平均自由程来表征，它是指气体分子碰撞达到能量平衡时，两次碰撞之间的平均距离。理想气体的热导率 λ_g 可表达为：

$$\lambda_g = \frac{1}{3}cvL \tag{2-15}$$

式中，c 为气体的比热容；v 为气体分子的平均运动速率；L 为气体分子的平均自由程。由式（2-14）可知，气体热导率与气体分子的平均自由程成正比例关系。

一般来说，多孔隔热材料的气体热导率 λ_g 可由 Knudsen 表示[40]：

$$\lambda_g = (\lambda_{g0}\Pi)/(1+\beta Kn) \tag{2-16}$$

式中，Π 为材料的孔隙率；λ_{g0} 为自由空气的热导率；β 为气体分子与孔壁的换热系数，对空气而言，$\beta \approx 2$；Kn 为 Knudsen 数。其中，Knudsen 数 Kn 是一个重要的准则数，它可由式（2-16）所示：

$$Kn = L_g/\phi \tag{2-17}$$

式中，L_g 为气体分子的平均自由程；ϕ 为多孔材料的平均孔径。因此，多孔隔热材料的气体热导率 λ_g 又可表达为：

$$\lambda_g = \lambda_{g0}\Pi/(1+\beta L_g/\phi) \tag{2-18}$$

研究表明[41]：当 $Kn \gg 1$ 时，气体分子很难彼此碰撞，主要发生与孔隙壁的碰撞；当 $Kn \ll 1$ 时，气体分子则可像液体一样流动，彼此碰撞非常频繁。

在 SiO_2 气凝胶中，绝大多数的孔径尺寸都小于空气分子的平均自由程（常温下为 69nm），气体分子被束缚在狭小的空间中，它们之间相互碰撞的概率远小于气体分子与孔壁碰撞的概率，因此，气体分子将频繁与 SiO_2 气凝胶的骨架颗粒发生弹性碰撞而保留自己的速率与能量，此时，气体热导率不再取决于气体分子间能量交换情况，而是取决于气体分子与 SiO_2 气凝胶孔壁的能量交换情况。这样气体的热能转移到气凝胶的固体骨架结构上，因而 SiO_2 气凝胶具有很低的气体热导率。

（3）对流传热

在纳米级结构的 SiO_2 气凝胶中，气体往往被分隔或封闭在无数微小空间之内，因此对流传热量所占比例很小，研究表明：当气孔直径小于 4mm 时，气体对流传热量小到可以忽略不计[40]。

（4）辐射传热

物体通过电磁波来传递能量的方式称为辐射，因热的原因物体发出辐射能的现象称为热辐射。根据 Stefan-Boltzmann 定律的经验修正式，物体单位时间发出的辐射的热流量为：

$$\Phi = \varepsilon A \sigma T^4 \tag{2-19}$$

式中，Φ 为物体自身向外辐射的热流量，W；T 为物体的热力学温度，K；A 为辐射表面积，m^2；σ 为 Stefan-Boltzmann 常量，即黑体辐射常数，其值为 5.67×10^{-8}W/（$m^2\cdot K^4$）；ε 为物体的发射率，又称黑度，无量纲量，其值总小于 1，与物体的种类及表面状态有关。由式（2-19）可知，辐射传热与热力学温度的四次方成正比，随温度升高，辐射传热增加很快，所以高温环境下辐射传热为主要的传热方式。

假定一束辐射强度为 I 的辐射能，当此光束在介质中传播了一段路程 ds，由于介质的局部吸收和散射作用而使该光束的辐射强度被衰减为 dI，则该衰减能可以表达为：

$$\mathrm{d}I = -\beta I \mathrm{d}s \tag{2-20}$$

式中，β 为消光系数。而消光系数的定义为：

$$\beta = \kappa + \gamma \tag{2-21}$$

式中，κ 为介质的吸收系数；γ 为介质的散射系数。由此可知，比消光系数代表了因吸收和散射作用而导致的辐射能量衰减程度，对于多孔隔热材料而言是一个非常重要的参数。对于 SiO_2 气凝胶，波长为 630nm 可见光的比消光系数为 $0.1m^2/kg$[42]，对波长为 8～25μm 的中红外光的比消光系数为 $10m^2/kg$，可见红外光与可见光的消光系数之比可达 100 以上，SiO_2 气凝胶对光的折射率也接近于 1[43]。因此，在常温下，SiO_2 气凝胶具有较好的透光性，对中远红外光有较好的遮蔽作用，具有明显的透明隔热材料特点（透光而不透热）。但是，SiO_2 气凝胶对波长为 3～5μm 高温近红外热辐射具有透明性，为了降低材料的高温辐射传热，必须对其进行遮蔽红外辐射改性。

2）纤维增强 SiO_2 气凝胶高效隔热复合材料的传热机理分析

纤维增强 SiO_2 气凝胶高效隔热复合材料既充分发挥 SiO_2 气凝胶特殊纳米孔结构产生的优良的隔热性能，又克服了 SiO_2 气凝胶的强度低、脆性大、对近红外辐射阻挡作用小等不足，使 SiO_2 气凝胶高效隔热复合材料具有适合应用的力学性能。

（1）无机纤维隔热材料的传热过程

图 2-24 为无机纤维隔热材料的微观形貌及结构示意图，可以看出，无机纤维

隔热材料属于固相和气相均为连续相的混合型结构，其中固相以纤维状形式存在，构成连续的骨架，纤维与纤维之间存在着点或线接触；空气为连续相，分布在由纤维构成的连续网络的间隙中，形成大量细小的被纤维分割的气孔。

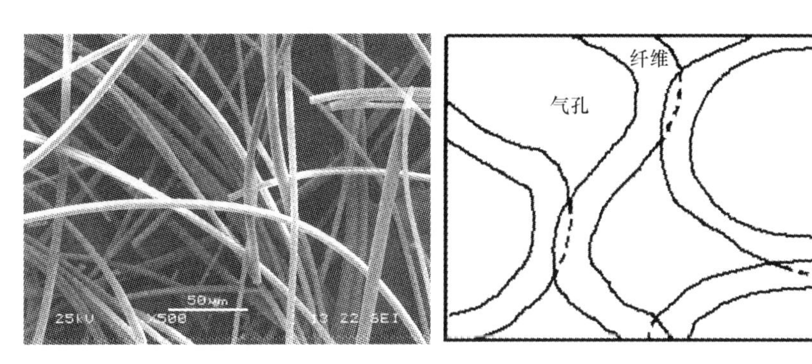

图 2-24　无机纤维隔热材料的微观形貌及结构示意图

无机纤维隔热材料的结构特点决定了其传热特性。在纤维隔热材料中，其传热方式主要有纤维本身的固体热传导、纤维与纤维之间接触产生的固体热传导、空气热传导以及辐射传热。由于纤维隔热材料中存在许多的纤维-纤维接触固体热传导，产生“热桥”效应，而且大量的微米级甚至毫米级孔洞的出现，加剧了空气自由气体分子热传导以及对流传热，从而影响了纤维隔热材料的隔热效果。

（2）SiO_2 气凝胶隔热复合材料的传热过程

当 SiO_2 气凝胶与无机纤维复合后，材料的传热方式发生了变化。图 2-25 为 SiO_2 气凝胶隔热复合材料的微观形貌及结构示意图。与图 2-24 相比，原本纤维材料中大量微米级甚至毫米级孔洞消失了，取而代之的是大量具有低热导率的 SiO_2 气凝胶，而且纤维的表面被 SiO_2 气凝胶所覆盖，将纤维与纤维有效地分散开，这样大大减少了纤维与纤维接触产生的固体热传导。因此在 SiO_2 气凝胶复合材料

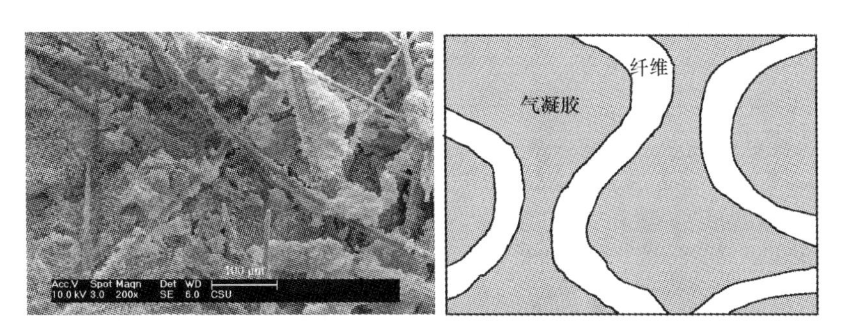

图 2-25　SiO_2 气凝胶隔热复合材料微观形貌及结构示意图

中，其传热方式主要有纤维本身固体热传导、气凝胶固体热传导、纤维-气凝胶固体热传导、气凝胶孔隙内的气体热传导以及辐射传热。正是由于传热方式的改变使得 SiO_2 气凝胶隔热复合材料具有很低的热导率。

首先对于固体热传导来说，由于 SiO_2 气凝胶填充到纤维间的孔隙后，气凝胶与纤维的复合大大减少了纤维与纤维接触产生的热传导，消除了因纤维间接触而产生的“热桥”效应。复合材料中固态热传导主要有纤维本身固体热传导、气凝胶固体热传导以及纤维-气凝胶固体热传导。由于复合材料中 SiO_2 气凝胶占据了绝大部分的空间（>90%以上），纤维所占的体积很少，大部分固体热传导通过 SiO_2 气凝胶进行传递。这样，利用 SiO_2 气凝胶纤细的纳米骨架降低了材料的固体热传导，因而材料的固体热导率较低。

其次，对于气体热传导而言，SiO_2 气凝胶的加入消除了纤维与纤维之间大量的微米级甚至毫米级孔洞，气体热传导转变为 SiO_2 气凝胶孔隙内空气热传导。这样，利用 SiO_2 气凝胶纳米级孔径减小了气体分子间的相互碰撞概率，显著降低了气态热传导，因而材料具有较低的气态热导率。

最后，对于辐射传热而言，由于无机纤维直径很小，只有几个微米，比表面积较大，一根根纤维的存在形成了遮挡板效应，对波长较短的红外辐射产生较为明显的散射和吸收作用，显著降低了 SiO_2 气凝胶复合材料的红外辐射传热，因而材料具有较低的辐射热导率。

因此，在纤维增强 SiO_2 气凝胶隔热复合材料中，充分利用 SiO_2 气凝胶纤细的纳米骨架颗粒降低了固态热传导，纳米级孔径抑制了气体热传导，同时又利用无机纤维对高温近红外辐射的遮挡，降低了辐射传热，从而使得 SiO_2 气凝胶复合材料在高温下仍具有极低的热导率。

实现完全的纤维-气凝胶-纤维接触方式可以通过几个因素达到：①选择与纤维基体相容气凝胶；②在纤维基体中充满溶胶，使得液态的溶胶包围每一根纤维，为气凝胶附着于纤维生长提供条件；③控制气凝胶的形成过程，最大限度地减少纤维-纤维接触的可能。此外，对纤维表面进行改性或添加红外辐射阻挡层，可以提高材料的隔热性能。

硅酸铝纤维增强 SiO_2 气凝胶高效隔热复合材料与硅酸铝纤维的隔热效果比较如图 2-26 所示。从图 2-26（a）中可以看出，在相同热面温度下，相同厚度的样品尺寸（100mm×100mm×10mm），硅酸铝纤维增强 SiO_2 气凝胶高效隔热复合材料比硅酸铝纤维的冷面温度低，隔热效果好。硅酸铝纤维中的微米或毫米级孔洞被气凝胶填充，气凝胶的纳米孔结构取代原来纤维中的微米和毫米孔，有效限制了气体传热，使得材料的隔热效果有较大改进。

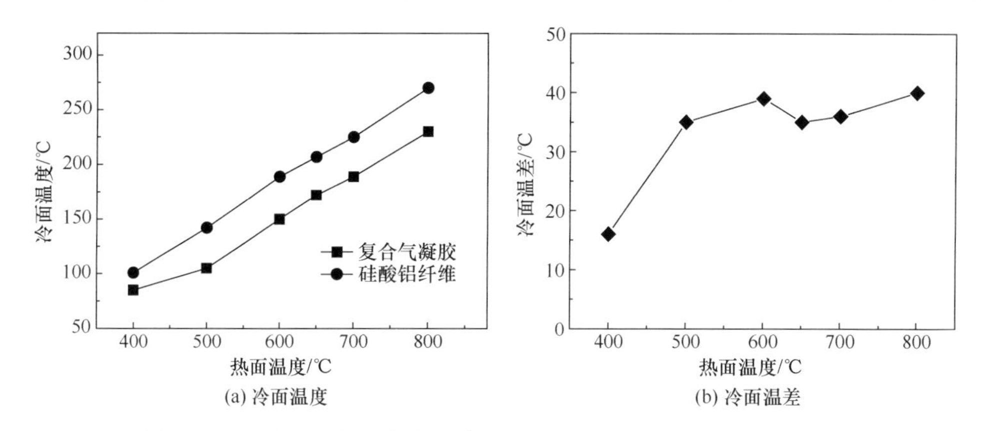

图 2-26　硅酸铝纤维与硅酸铝纤维增强气凝胶复合材料隔热效果比较

将硅酸铝纤维和硅酸铝纤维增强气凝胶隔热复合材料冷面温度之差对热面温度作图，如图 2-26（b）所示，冷面温差随着热面温度的升高而加大，表明随着热面温度的升高，硅酸铝纤维和硅酸铝纤维增强 SiO_2 气凝胶隔热复合材料的冷面温度差距越来越大，即硅酸铝纤维增强 SiO_2 气凝胶隔热复合材料的隔热优势在高温下更明显。

从 SiO_2 气凝胶的结构特点来解释：气凝胶中纳米级孔隙限制气体传热，同时硅酸铝纤维具有红外散射作用，使得气凝胶材料中气体对流和辐射传热随温度升高而上升幅度变小，所以随着热面温度的提高，纤维增强 SiO_2 气凝胶隔热复合材料的隔热优势更加明显。超细岩棉增强的 SiO_2 气凝胶隔热复合材料与硅酸铝纤维增强的 SiO_2 气凝胶隔热复合材料规律相同，如图 2-27（a）所示。只是超细岩棉增强的 SiO_2 气凝胶隔热复合材料在高温下隔热优势更明显，如图 2-27（b）所示。与硅酸铝纤维相比，超细岩棉纤维直径较细，在气凝胶复合材料中的固体导热低，而且超细岩棉对红外辐射的阻挡作用更强，超细岩棉增强 SiO_2 气凝胶隔热复合材料的隔热优势更明显。

通过对纤维增强 SiO_2 气凝胶隔热复合材料的隔热机理分析可知，气凝胶的纳米多孔结构抑制了固体传热和气体传热，增强纤维限制了辐射传热，使 SiO_2 气凝胶隔热复合材料的整体隔热性能，特别是高温隔热性能，有了较大的提高。

2. SiO_2 气凝胶高效隔热复合材料隔热性能的影响因素

通过对纤维增强 SiO_2 气凝胶高效隔热复合材料的隔热机理分析可知，气凝胶的纳米多孔结构抑制了固体传热和气体传热，增强纤维抑制了辐射传热，使 SiO_2 气凝胶高效隔热复合材料隔热性能提高。本节介绍了增强纤维种类、体积密度和溶胶配比对 SiO_2 气凝胶高效隔热复合材料隔热性能的影响规律。

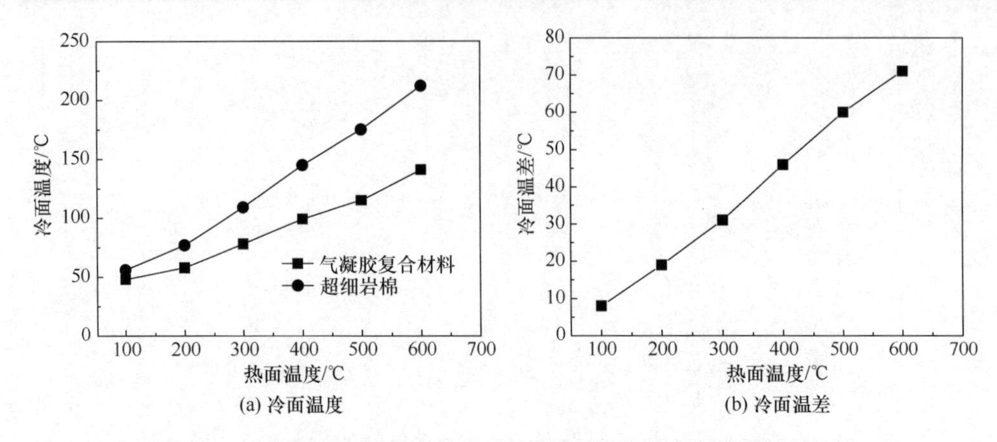

(a) 冷面温度　　(b) 冷面温差

图 2-27　超细岩棉与超细岩棉增强气凝胶隔热复合材料隔热效果比较

1）纤维种类对材料隔热性能的影响

无机陶瓷纤维材料具有高强度、易操作、较高的使用温度和很好的化学稳定性，广泛用作复合材料的增强体。无机陶瓷纤维作为气凝胶的增强材料，能明显改进气凝胶材料的力学性能，促进 SiO_2 气凝胶材料在隔热领域的应用。

根据复合材料的制备特点和应用需要，增强纤维的选择应遵循以下要求：①根据应用环境选择适合使用温度和强度范围的增强纤维；②增强纤维与气凝胶先驱体和其他反应物不发生化学反应；③增强纤维在超临界干燥过程中能维持其结构完整性；④增强纤维应具有较低的体积密度和红外辐射屏蔽作用。

根据使用温度、隔热效果、力学强度、特殊要求及经济性的原则选择了几种有代表性无机陶瓷纤维进行对比研究，并对隔热效果最好的超细岩棉增强 SiO_2 气凝胶高效隔热复合材料进行了系统的研究。所选增强纤维特点如表 2-4 所示，高硅氧纤维的纤维直径大、强度高；硅酸铝纤维含有红外反射物质 Al_2O_3、Fe_2O_3 等，对辐射具有一定的阻挡作用，但是其中含有少量渣球，影响隔热效果，硅酸铝纤维价格低；超细岩棉中不仅含有 TiO_2、Fe_2O_3、Al_2O_3 等红外反射物质，而且其纤维直径小，对纤维固体传热和红外辐射传热均具有很好的抑制作用；莫来石纤维由莫来石相组成，具有隔热效果好、耐高温的特点。

表 2-4　几种无机陶瓷纤维特点[44]

纤维种类	主要化学成分	纤维直径/μm	使用温度/℃	主要优势
高硅氧纤维	SiO_2、B_2O_3、Na_2O	7	～900	强度好
硅酸铝纤维	SiO_2、Al_2O_3、Fe_2O_3	2～3	～1050	价格低
超细岩棉	SiO_2、TiO_2、Fe_2O_3、Al_2O_3、CaO、MgO、R_2O	1～4	～700	阻挡红外辐射
莫来石纤维	SiO_2、Al_2O_3	2～7	～1350	耐高温

图 2-28 为硅酸铝纤维和不同纤维增强的 SiO_2 气凝胶高效隔热复合材料的隔热效果，相同热面温度下，硅酸铝纤维冷面温度最高；高硅氧纤维和硅酸铝纤维增强 SiO_2 气凝胶高效隔热复合材料冷面温度较低；超细岩棉和莫来石纤维增强 SiO_2 气凝胶高效隔热复合材料的冷面温度更低，其中，以超细岩棉增强 SiO_2 气凝胶高效隔热复合材料的冷面温度最低。

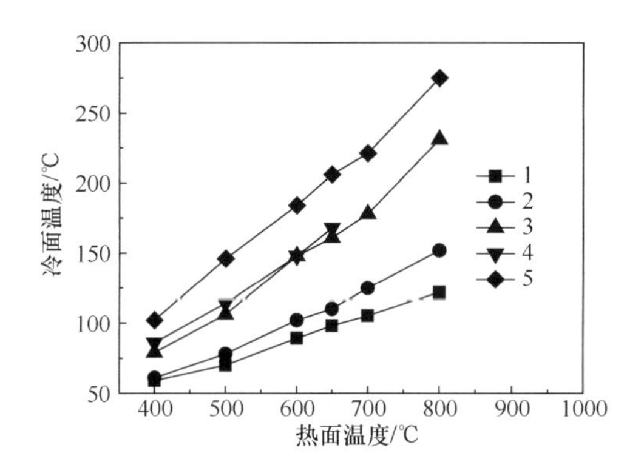

图 2-28　硅酸铝纤维和不同纤维增强的 SiO_2 气凝胶高效隔热复合材料的隔热效果

1—超细岩棉增强气凝胶；2—莫来石纤维增强气凝胶；3—硅酸铝纤维增强气凝胶；4—高硅氧纤维增强气凝胶；5—硅酸铝纤维

通过比较可知，超细岩棉增强 SiO_2 气凝胶高效隔热复合材料的隔热性能最好，特别是高温下，其隔热优势更明显，这与微观结构和化学组分相关。从表 2-4 可以看出，超细岩棉的平均直径比较小，具有比其他几种纤维更加纤细的固体网络，固态导热较低。同时，超细岩棉中含有较多 TiO_2、Fe_2O_3 等红外辐射阻挡剂，在辐射传热在总体传热中比例占优势时的中高温阶段，隔热优势就会更加明显，如图 2-28 所示，超细岩棉和莫来石纤维增强 SiO_2 气凝胶高效隔热复合材料比较，在热面 400℃时超细岩棉增强气凝胶复合材料冷面温度比莫来石纤维增强气凝胶复合材料低 2℃，在热面 600℃时，超细岩棉增强气凝胶复合材料冷面温度低 13℃，而在热面 800℃时，超细岩棉增强气凝胶复合材料冷面温度低 30℃。

从表 2-4 中还可以看出，莫来石纤维直径为 2～7μm，在限制固态导热上并没有优势，莫来石纤维增强气凝胶复合材料的隔热效果却很好，可以从纤维骨架特点和化学组分两方面解释。莫来石纤维的纤维直径较大，而且强度较好，所以可以用较少的纤维-纤维接触结构支撑纤维骨架，从而在莫来石纤维增强气凝胶复合材料中具有比其他纤维增强材料更少数量的纤维-纤维接触传热，把固态传热限制在一个可以接受的范围内。高强度的纤维骨架形成了比其他纤维制品更大的气体孔洞，在填充气凝胶后对气体对流和气体导热的限制更好。莫来石纤维化学成分是由 SiO_2、Al_2O_3 组成的莫来石相，对红外辐射具有比非晶成分更高的散射能力，这是莫来石纤维增强气凝胶复合材料隔热效果好的主要原因。

高硅氧纤维直径较大，纤维本身固体导热大，不利于隔热。高硅氧纤维的主要成分 SiO_2 对红外辐射的散射作用较小，因此，在辐射比例较大的高温阶段隔热优势不明显。纤维中渣球含量对材料的隔热性能影响也很大。渣球一般为实心球状或鳞片状杂质，固态热导率与致密 SiO_2 或 Al_2O_3 相当，在传热过程中起到“热桥”的作用，增大了固体热传导，对隔热极其不利。渣球含量用渣球率来衡量，对矿物棉纤维，热导率随渣球率的增加而急剧增加。渣球对体积密度低的无机陶瓷增强纤维的影响更为显著。虽然硅酸铝纤维直径不大，但由于其中渣球含量较高，硅酸铝纤维增强气凝胶隔热复合材料的隔热效果相对较差。

2）纤维体积密度对材料隔热性能的影响

纤维体积密度对材料隔热性能有较大影响，分别对固体传热、气体传热、辐射传热的影响情况各不相同。纤维体积密度对气体导热影响较小；随纤维体积密度增加，空隙减小，辐射传热和气体传热都有下降的趋势，而固体热传导却增大。因此，存在一个最佳纤维体积密度，平衡辐射传热和固体传热，使 SiO_2 气凝胶高效隔热复合材料的热导率达到最低。

通过以上分析，在所选纤维种类中，超细岩棉增强气凝胶复合材料的隔热效果最好，所以重点研究了超细岩棉纤维体积密度对气凝胶复合材料隔热性能的影响，在不同热面温度下，不同纤维体积密度的气凝胶复合材料隔热效果如图 2-29 所示。分别选取了两种配比的溶胶 A 和 B。其中溶胶 A 溶剂含量较高，水含量较少，所制备的 SiO_2 气凝胶高效隔热复合材料密度较低，孔隙率较高；溶胶 B 溶剂含量较低，水含量较多，所制备的 SiO_2 气凝胶高效隔热复合材料密度较高，孔隙率较低，网络骨架均匀。由图 2-29 可知，在较高温度下，随着纤维体积密度的增加，在相同热面温度下热平衡时冷面温度逐渐降低，表明材料的隔热性能随着纤维体积密度的增加而变好。

为了进一步说明纤维体积密度对冷面温度的影响，分别针对不同热面温度的情况进行分析。对溶胶 A，不同热面温度下，纤维体积密度对冷面温度的影响如图 2-30 所示。对溶胶 B，不同热面温度下，纤维体积密度对冷面温度的影响如图 2-31 所示。

由图 2-30［(a)～(e)］可以看出，热面温度为 200℃时，冷面温度随着纤维体积密度的增加而减小，到纤维体积密度增加到 $0.15g/cm^3$ 后，冷面温度就稳定在 58℃附近，几乎不变。考虑到制备难度及原材料成本，200℃时的最佳纤维体积密度为 $0.12～0.20g/cm^3$，如图 2-30（a）所示。

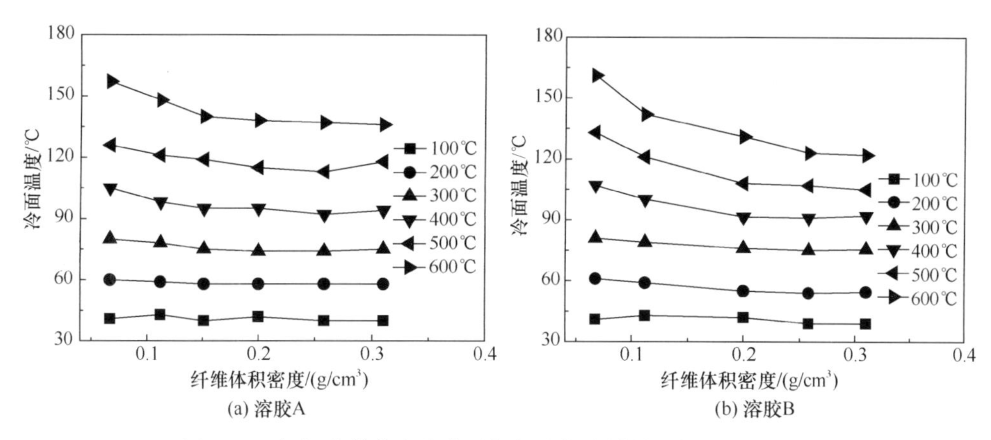

(a) 溶胶A (b) 溶胶B

图 2-29 超细岩棉体积密度对气凝胶复合材料隔热效果的影响

热面温度为 300℃时，冷面温度在纤维体积密度增加到 $0.20g/cm^3$ 后不再降低，当纤维体积密度超过 $0.25g/cm^3$ 后，冷面温度反而呈现上升的趋势。所以，300℃时的最佳纤维体积密度为 0.20～$0.25g/cm^3$，如图 2-30（b）所示。

热面温度为 400℃和 500℃时，随着纤维体积密度的增加，冷面温度呈现先降低，再升高的趋势。在纤维体积密度为 $0.25g/cm^3$ 时，冷面温度最低。所以，400℃和 500℃时，最佳纤维体积密度在 $0.25g/cm^3$ 附近，如图 2-30［（c）和（d）］所示。

热面温度为 600℃时，冷面温度随纤维体积密度增加一直降低。所以，600℃时的最佳纤维体积密度大于 $0.30g/cm^3$，如图 2-30（e）所示。

经过以上分析可知，采用溶胶 A 制备的 SiO_2 气凝胶隔热复合材料，存在一个最佳纤维体积密度，使复合材料具有最佳隔热效果；而且，随着使用温度的升高，最佳纤维体积密度也逐渐升高，在 200℃、300℃、400℃、500℃使用温度下的最佳纤维体积密度分别为 0.12～$0.20g/cm^3$、0.20～$0.25g/cm^3$、$0.25g/cm^3$、$0.25g/cm^3$、600℃下的最佳纤维体积密度大于 $0.30g/cm^3$。

由图 2-31 可知，采用溶胶 B 制备的 SiO_2 气凝胶隔热复合材料，也存在一个最佳纤维体积密度，使复合材料具有最佳隔热效果；热面温度为 200℃、300℃、400℃时，最佳纤维体积密度为 0.22～$0.30g/cm^3$。热面温度为 500℃、600℃时，最佳纤维体积密度大于 $0.30g/cm^3$。

图 2-32 为分别采用溶胶 A 和溶胶 B 制备的 SiO_2 气凝胶高效隔热复合材料的最佳纤维体积密度随热面温度的变化。从图中可以看出，随着热面温度的升高，材料的最佳纤维体积密度增大。溶胶 B 制备的复合材料的最佳纤维体积密度比溶胶 A 制备的复合材料要高些。

对于高硅氧纤维和硅酸铝纤维增强的 SiO_2 气凝胶隔热复合材料，不同热面温度下，纤维体积密度对复合材料隔热效果的影响如图 2-33 和图 2-34 所示。高硅氧纤维和硅酸铝纤维增强气凝胶具有相同的规律，即增强体体积密度越大，样品冷面温度越低，隔热效果越好。

3）溶胶配比对材料隔热性能的影响

气凝胶基体对复合材料隔热性能具有重要的影响，不同溶胶配比的 SiO_2 气凝胶复合材料具有不同的隔热性能，本节主要研究了溶胶配比对材料隔热性能的影响规律。

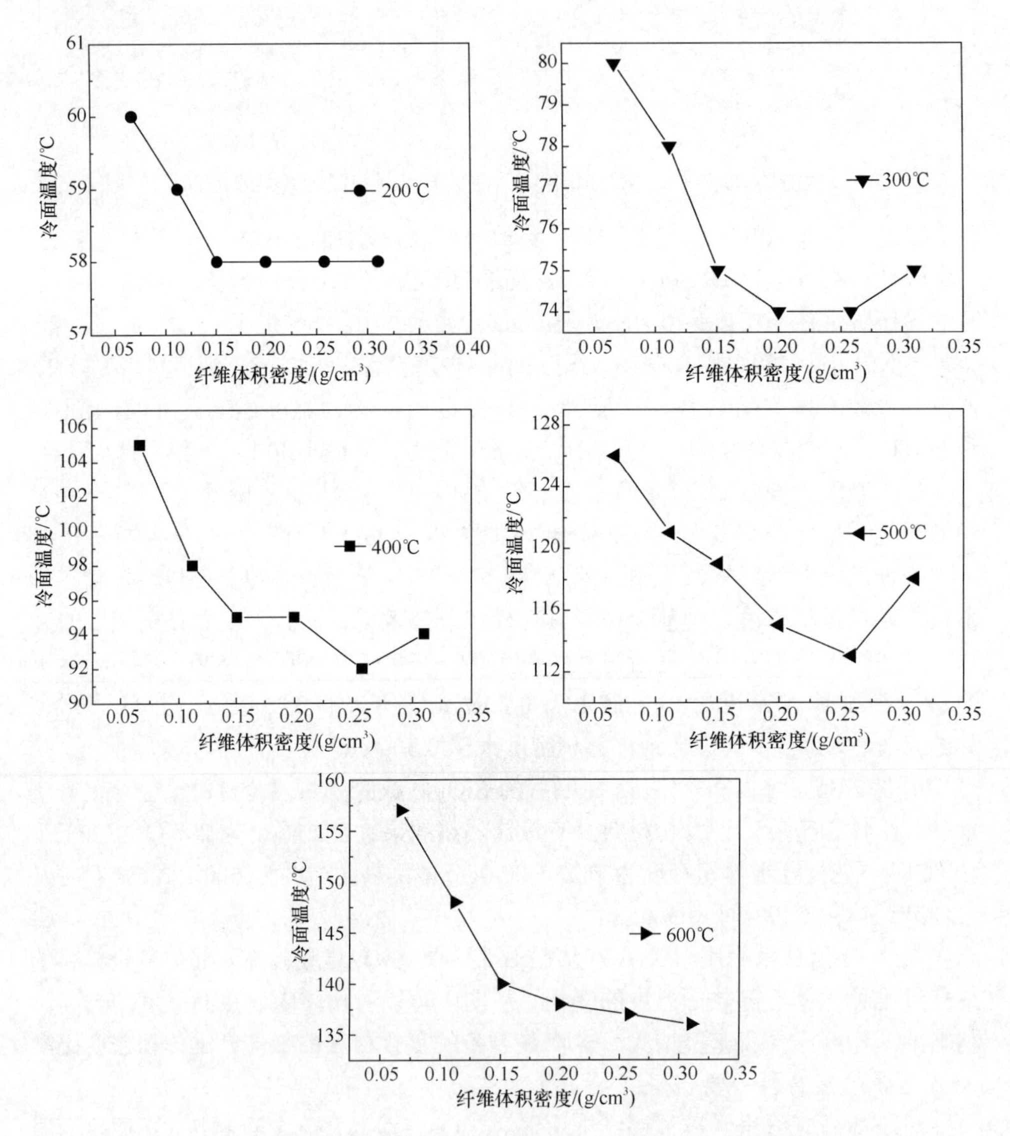

图 2-30　不同热面温度下纤维体积密度对冷面温度的影响（溶胶 A）

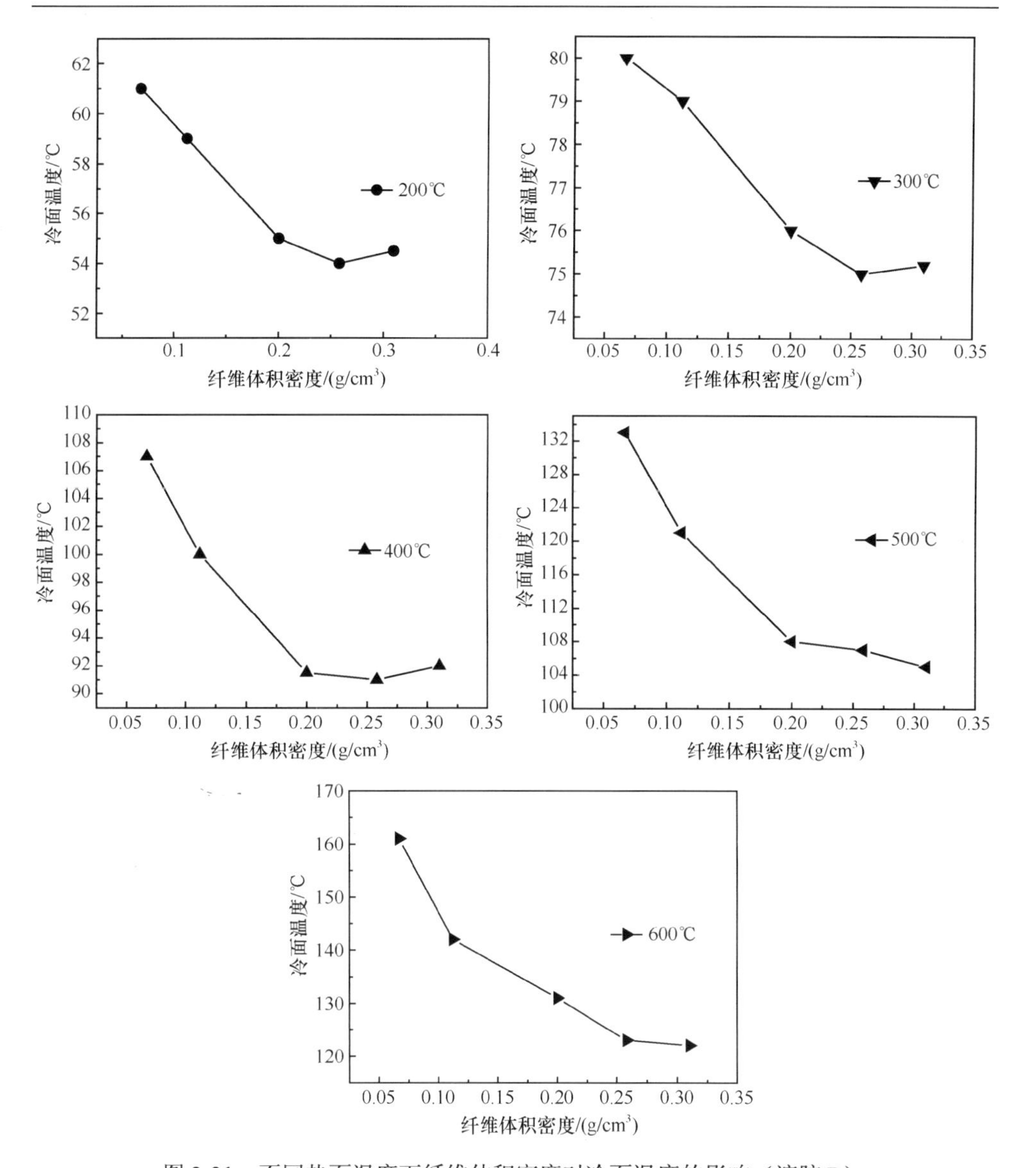

图 2-31　不同热面温度下纤维体积密度对冷面温度的影响（溶胶 B）

不同溶胶配比对高硅氧纤维增强的 SiO_2 气凝胶复合材料隔热效果的影响如图 2-35 所示，热面温度 100℃时溶胶 B 比溶胶 A 制备的气凝胶复合材料冷面温度低 1℃，热面温度 600℃时溶胶 B 比溶胶 A 制备的气凝胶复合材料冷面温度低 12℃，所以溶胶 B 制备的气凝胶复合材料的隔热性能稍好，且在高温下优势更明显。

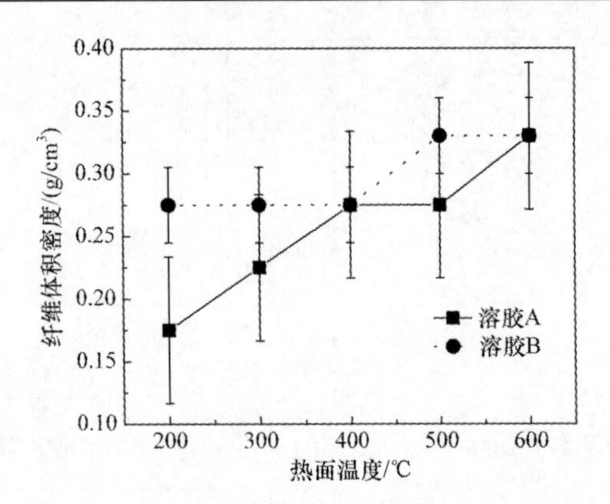

图 2-32 SiO_2气凝胶高效隔热复合材料的最佳纤维体积密度随热面温度的变化

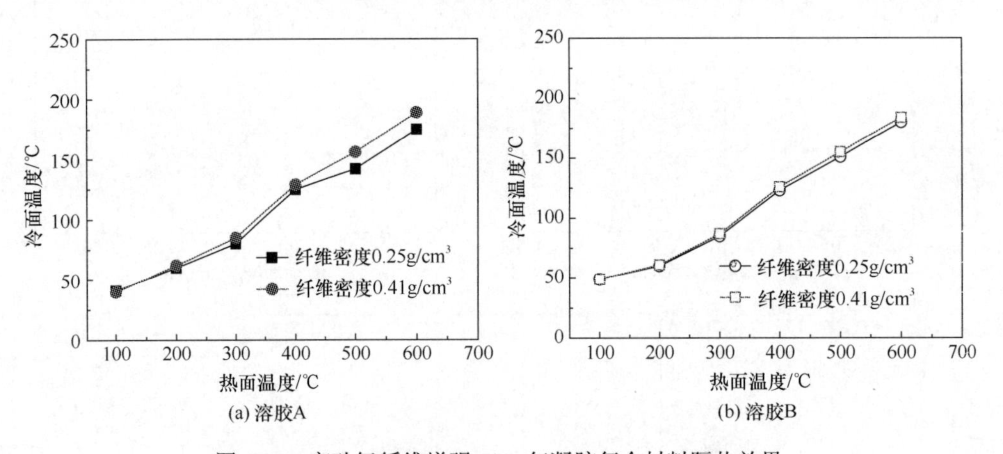

图 2-33 高硅氧纤维增强 SiO_2 气凝胶复合材料隔热效果

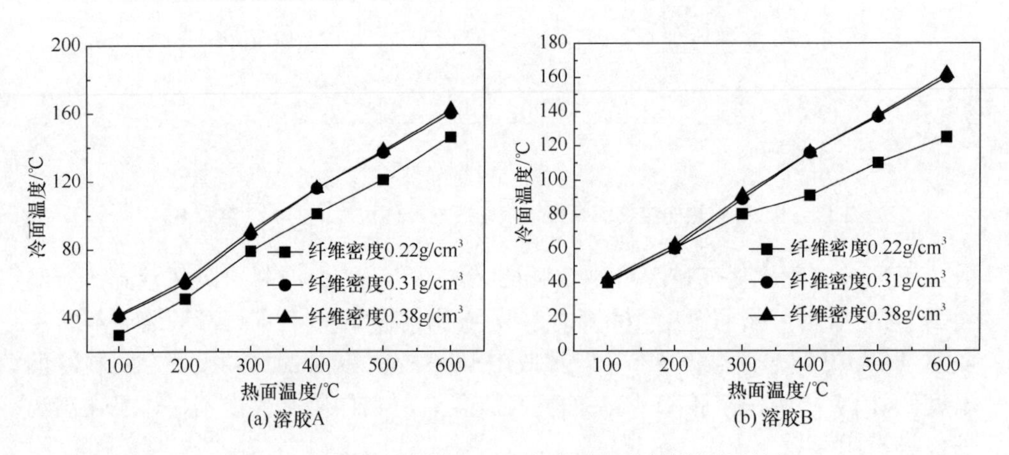

图 2-34 硅酸铝纤维增强 SiO_2 气凝胶复合材料隔热效果

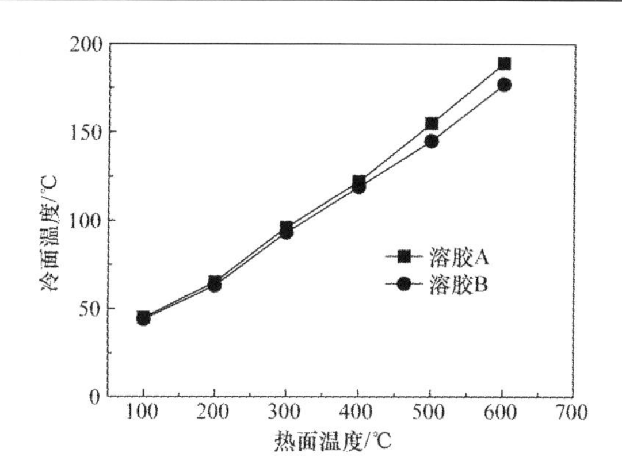

图 2-35　不同溶胶配比对 SiO_2 气凝胶复合材料隔热效果的影响

不同溶胶配比对超细岩棉增强 SiO_2 气凝胶复合材料隔热效果的影响如图 2-36 所示。由图可知，在纤维体积密度较低（$0.10g/cm^3$）时，在相同热面温度环境下，采用溶胶 A 和溶胶 B 制备的复合材料冷面温度差别很小，热面温度为 100～600℃，复合材料冷面温度差别小于 2℃，如图 2-36（a）所示；当纤维体积密度较高（$>0.20g/cm^3$）时，相同热面温度下，由溶胶 B 制备的复合材料冷面温度比溶胶 A 的稍低，当体积密度为 $0.30g/cm^3$，热面温度为 100～600℃，溶胶 A 和溶胶 B 制备的复合材料冷面温度差从 3℃增加到 9℃，如图 2-36（b）所示。这表明超细岩棉体积密度较低时，溶胶配比对材料的隔热性能影响很小；超细岩棉体积密度较高时，溶胶 B 复合材料的隔热性能稍好。

溶胶 B 含水量比溶胶 A 稍多，水解较为充分，发生缩聚反应形成分子量更大的多聚体，网络结构成长充分、结合较好、缺陷少，经超临界干燥后，气孔的孔径小，分布均匀，抑制气体传热的作用更大；溶胶 B 的溶剂含量比溶胶 A 少，在纤维种类和体积密度相同时，所得样品 SiO_2 气凝胶含量高，因而表现出更好的隔热效果。

通过本节的分析可知，在所选择的 4 种增强体中，采用超细岩棉增强时，SiO_2 气凝胶复合材料隔热效果最好，莫来石纤维次之，硅酸铝纤维和高硅氧纤维稍差，这是由纤维的化学组成和直径大小决定的，纤维组分中含红外散射性成分越多，纤维直径越小，复合材料的隔热效果越好。对超细岩棉增强的 SiO_2 气凝胶复合材料，对应不同的应用温度环境，存在一个最佳纤维体积密度，使得气凝胶复合材料隔热效果最佳，对溶胶 A 制备的复合材料，在 200℃、300℃、400℃、500℃使用温度下的最佳纤维体积密度分别为 0.12～$0.20g/cm^3$、0.20～$0.25g/cm^3$、$0.25g/cm^3$、$0.25g/cm^3$，600℃下的最佳纤维体积密度大于 $0.30g/cm^3$；对溶胶 B 制备的复合材料，在 200℃、300℃、400℃使用温度下，最佳纤维体积密度为 0.22～

0.30g/cm^3，在500℃、600℃使用温度下，最佳纤维体积密度大于0.30g/cm^3。采用溶胶B比溶胶A制备的气凝胶复合材料的隔热效果更好。

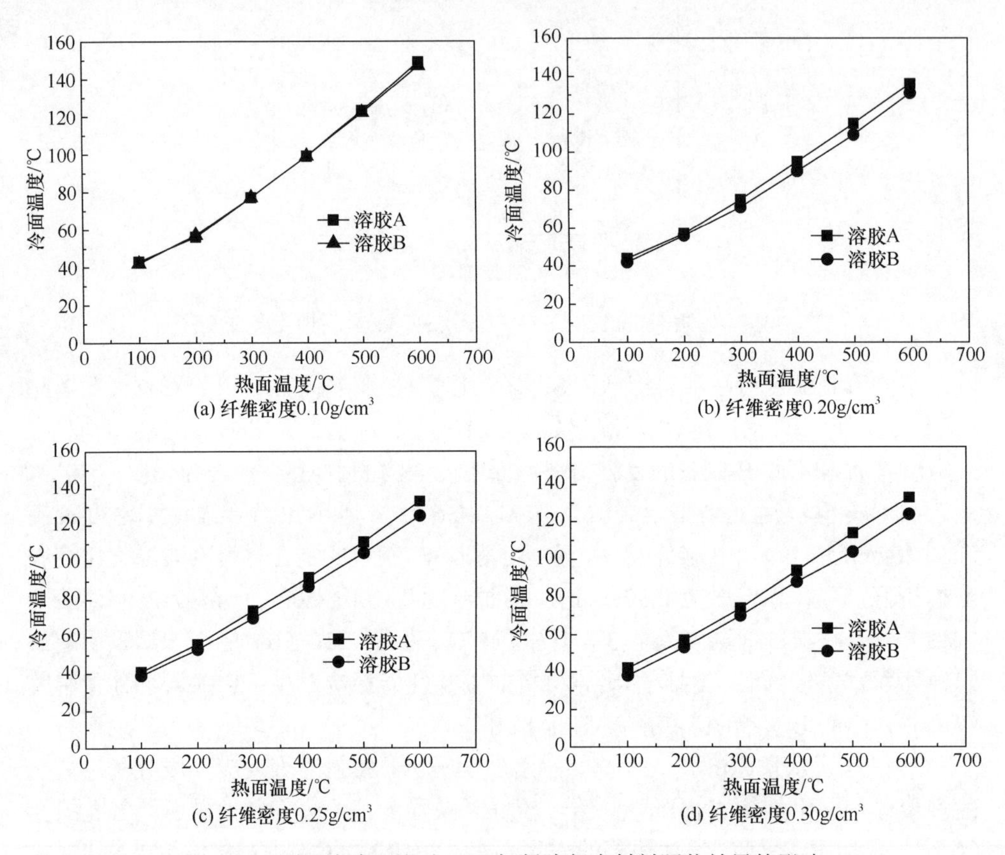

图 2-36　不同溶胶配比对 SiO_2 气凝胶复合材料隔热效果的影响

2.2.3　SiO_2 气凝胶高效隔热复合材料的力学性能

采用纤维增强能够大幅度提高气凝胶材料的力学性能。本节讨论了纤维增强 SiO_2 气凝胶高效隔热复合材料的力学增强机理，研究了纤维种类、纤维体积密度以及溶胶配比对 SiO_2 气凝胶高效隔热复合材料力学性能的影响规律。

1. 纤维增强机理

SiO_2 气凝胶高效隔热复合材料的压缩应力-应变曲线如图 2-37 所示，其压缩过程经历 3 个阶段：线弹性阶段（应变为 0～0.1）、塑性屈服阶段（应变为 0.1～0.3）、密实化阶段（应变为 0.3 以后）。第 1 阶段，应变较小，应力变化缓慢，可认为是线弹性变化，此时纤维没有起到承载的作用，真正起到承载应力作用的还是气凝胶孔壁的弯曲，所以 10%应变对应的压缩强度受增强纤维含量影响较小；第 2 阶段，随着应变的不断增大，样品被不断地压实，纤维增强气凝胶并没有呈现出脆性断裂特征，而是出现塑性屈服特点，可见在承受更大的压缩应力时，纤维起到了承载的作用，从而使整个样品呈现出塑性特征；第 3 个阶段，样品基本压实后应力-应变曲线急剧上升，是纤维继续压实和气凝胶压缩的结果。

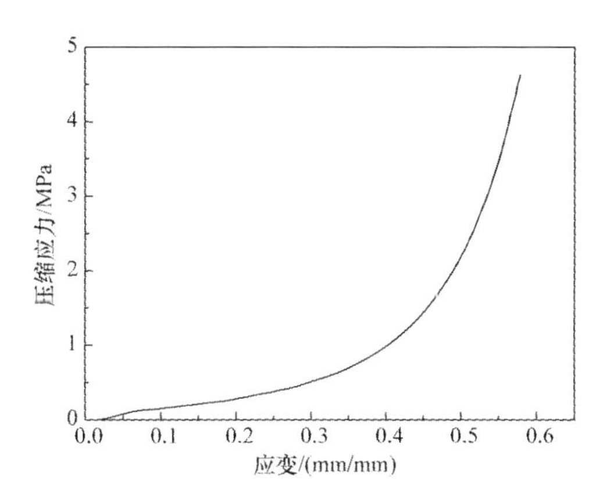

图 2-37　SiO_2 气凝胶高效隔热复合材料压缩应力-应变曲线

SiO_2 气凝胶高效隔热复合材料受弯曲载荷时的应力-位移曲线如图 2-38 所示。可见在应力出现最大值，材料开始屈服之后，随着位移的持续增加仍然保持一定应力值，表现出韧性断裂特征。

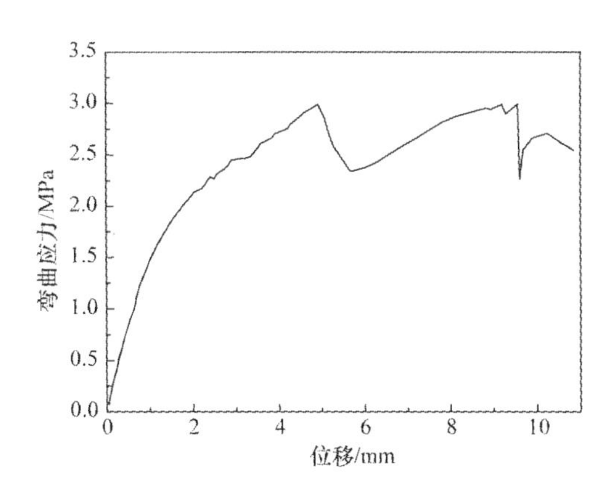

图 2-38　SiO_2 气凝胶高效隔热复合材料弯曲应力-位移曲线

图 2-39 是弯曲载荷作用下 SiO_2 气凝胶高效隔热复合材料断裂后样品照片，可见裂纹在压头与材料接触部位产生，然后沿横向和纵向两个方向扩展，直到材料断裂。对同一种增强纤维而言，气凝胶与增强纤维结合越强，材料的强度越好，

受弯曲载荷时越不容易分层，即裂纹沿纵向扩展表明气凝胶与增强纤维结合程度较好。

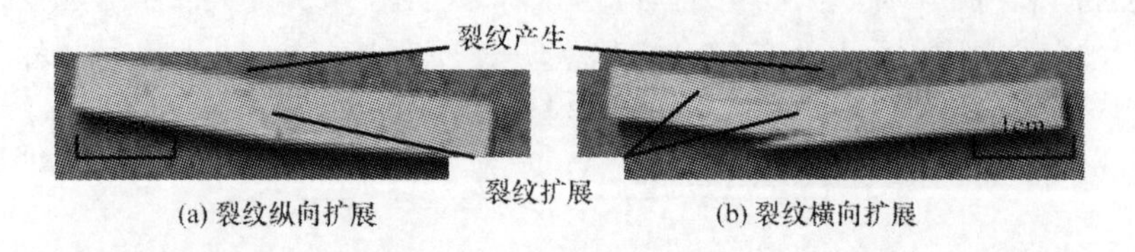

图 2-39 弯曲载荷作用下 SiO_2 气凝胶高效隔热复合材料断裂后样品照片

超细岩棉增强 SiO_2 气凝胶高效隔热复合材料的拉伸应力-位移曲线如图 2-40 所示，可见，随位移持续增大，应力逐渐增大，当位移增大到一定值后，才出现断裂现象。超细岩棉增强 SiO_2 气凝胶高效隔热复合材料的在拉伸载荷 F 作用下裂纹也呈现横向和纵向两种不同扩展方向，如图 2-41 所示。

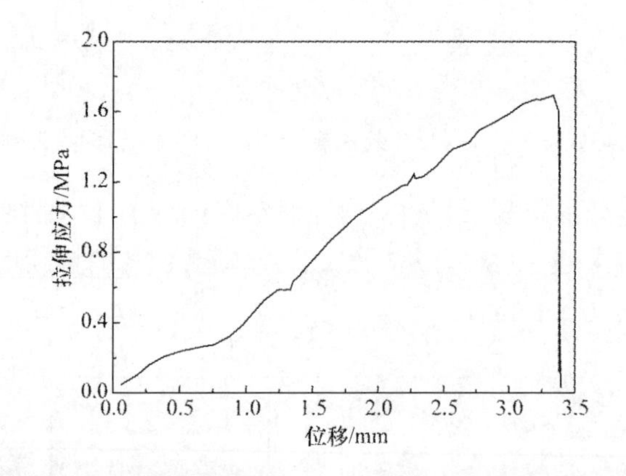

图 2-40 SiO_2 气凝胶高效隔热复合材料拉伸应力-位移曲线

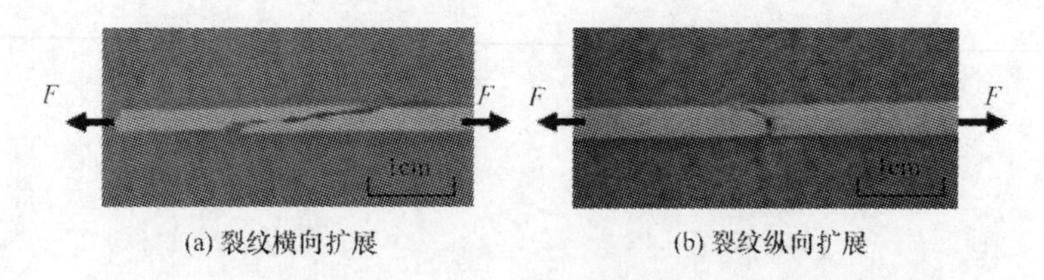

图 2-41 拉伸载荷作用下 SiO_2 气凝胶高效隔热复合材料断裂后样品照片

SiO_2 气凝胶从广义上讲也是一种脆性陶瓷。陶瓷的增韧有两个思路：一是在材料内设置能量消耗机制，使外载的能量不能集中于裂纹尖端；二是设法阻滞裂纹扩展，使裂纹转向、分叉以延缓或阻止裂纹扩展[45]。纤维对陶瓷增韧是一种常用的陶瓷增韧方法。连续纤维对陶瓷的增韧机理如图 2-42 所示，图 2-42（a）是初始状态；纤维被基体的摩擦力夹持，在陶瓷表面产生裂纹后，裂纹沿垂直加载方向扩展，裂纹尖端遇到纤维被阻滞［图 2-42（b）］；继续加载，纤维与基体间比较弱的界面脱黏，裂纹沿主裂纹方向扩展，而纤维桥连着裂纹［图 2-42（c）］；裂纹继续扩展，纤维受力在其某一薄弱点断裂［图 2-42（d）］；而后纤维由基体拔出，材料破坏［图 2-42（e）］。

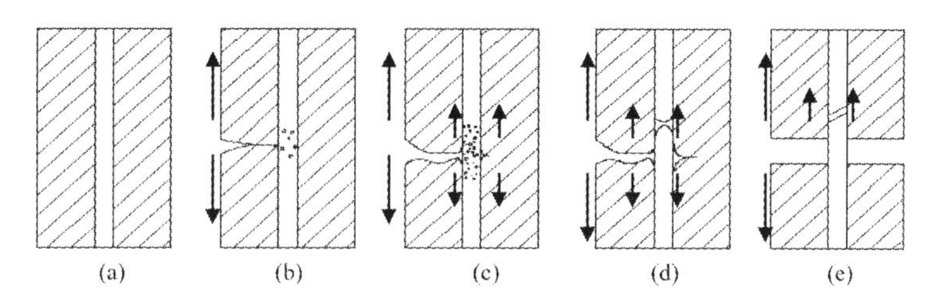

图 2-42　连续纤维增韧陶瓷的机理模式图

纤维增强复合材料的增韧吸收能量机制主要有：裂纹弯曲与偏转、纤维脱黏、纤维拔出和纤维桥接。由于气凝胶的脆性特点，裂纹容易产生于气凝胶基体中，在外载作用下，裂纹扩展到纤维，裂纹绕过纤维继续扩展的过程必然使得裂纹偏转，经过更长的路径，消耗更多的能量，具有增韧的作用；在外载荷作用下，气凝胶与纤维黏结的薄弱部分容易脱黏，产生新的界面，消耗能量，同样具有增韧的作用；裂纹继续扩展，纤维断裂，以及而后的纤维拔出过程都会吸收能量，具有增韧的作用。其中，纤维脱黏和纤维拔出过程消耗能量最多，对纤维增强 SiO_2 气凝胶高效隔热复合材料的增韧起到主要作用[46]。

2. 纤维种类对 SiO_2 气凝胶高效隔热复合材料力学性能的影响

高硅氧纤维和超细岩棉增强的气凝胶复合材料的拉伸、弯曲和压缩强度对比如图 2-43 所示，图中所示两类样品溶胶配比相同。高硅氧纤维增强 SiO_2 气凝胶高效隔热复合材料的拉伸、弯曲、压缩强度分别为 2.7MPa、3.4MPa、1.3MPa（10%ε）和 9.7MPa（50%ε），而超细岩棉增强 SiO_2 气凝胶高效隔热复合材料的拉伸、弯曲、压缩强度分别为 1.2MPa、1.4MPa、0.6MPa（10%ε）和 1.6MPa（50%ε）。不论是拉伸强度、弯曲强度还是压缩强度，纤维直径较大的高硅氧纤维增强 SiO_2 气凝胶高效隔热复合材料都比超细岩棉增强 SiO_2 气凝胶高效隔热复合材料高一倍以上。

压缩载荷作用于 SiO_2 气凝胶高效隔热复合材料，当应变较小（$\varepsilon<0.1$）时，主要起承载作用的是气凝胶孔壁的变形，而不是增强纤维；当应变较大（$\varepsilon>0.1$）时，由于纤维对气凝胶的增韧作用，使得 SiO_2 气凝胶高效隔热复合材料呈现塑性特征，SiO_2气凝胶和增强纤维被压实，应力急剧上升，所以当压缩应变为50%时，压缩强度受纤维种类的影响更大。

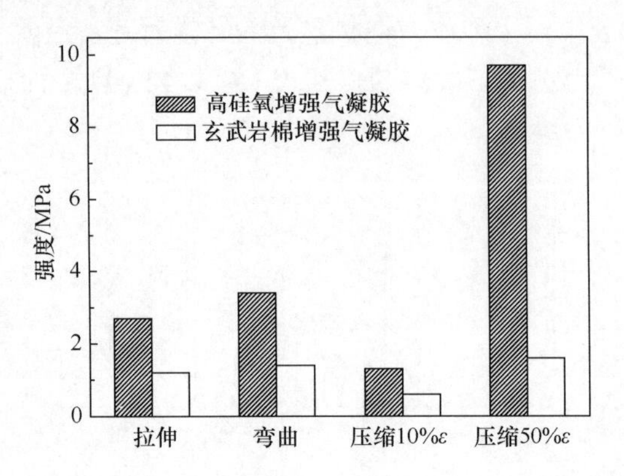

图2-43 纤维种类对SiO_2气凝胶高效隔热复合材料力学性能的影响

3. 纤维体积密度对SiO_2气凝胶高效隔热复合材料力学性能的影响

纤维体积密度对超细岩棉增强SiO_2气凝胶高效隔热复合材料拉伸强度、压缩强度的影响如图2-44所示，采用溶胶A制备的气凝胶复合材料的拉伸强度在纤维体积密度0.20g/cm^{3}附近出现峰值，最大拉伸强度1.1MPa，采用溶胶B制备的气凝胶复合材料的拉伸强度在试验范围内一直随纤维体积密度升高而提高，其峰值在纤维体积密度大于0.30g/cm^{3}的位置，如图2-44（a）所示。采用溶胶A制备的气凝胶复合材料随纤维体积密度的增加，压缩强度缓慢升高，在试验范围内未出现峰值，采用溶胶B制备的气凝胶复合材料在纤维体积密度0.20g/cm^{3}附近压缩强度出现峰值，最大为0.6MPa，如图2-44（b）所示。

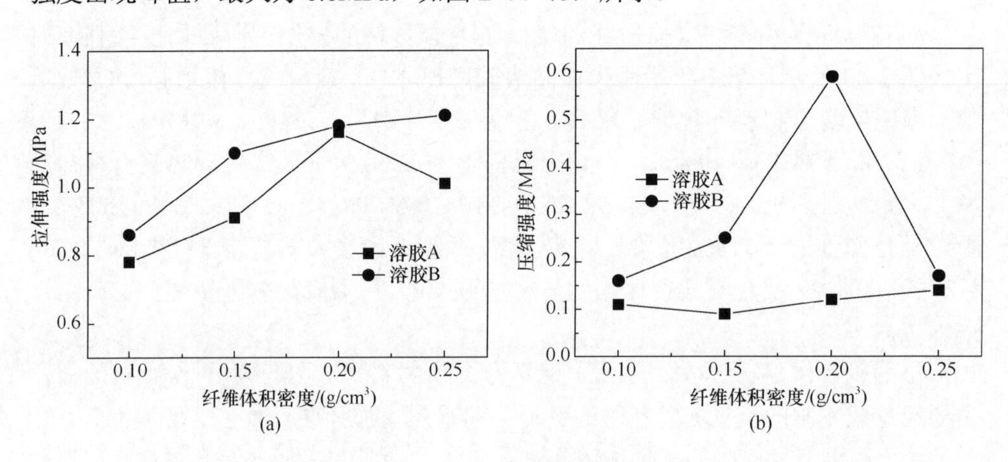

图2-44 纤维体积密度对SiO_2气凝胶高效隔热复合材料力学性能的影响

SiO_2 气凝胶高效隔热复合材料中，力学性能主要是由增强纤维提供，纤维含量对材料的力学性能有重要的影响。同时气凝胶具有黏结纤维的作用，在纤维体积密度较低时，气凝胶对纤维的黏结作用较强，纤维脱黏比较困难，导致纤维断裂，纤维拔出吸收能量较大，复合材料的力学性能较高；纤维体积密度过高时，气凝胶含量太少，对纤维的黏结作用降低，纤维脱黏导致材料断裂比较容易发生，纤维拔出吸收能量过小，复合材料力学性能较低。因此，随着纤维体积密度的增加，存在纤维承载能力逐渐加强和 SiO_2 气凝胶对纤维的黏结能力逐渐减弱两个对立的过程。对于一定溶胶配比的 SiO_2 气凝胶，理论上存在一个纤维体积密度点（或范围），以平衡纤维承载能力提高与气凝胶黏结能力降低的矛盾，使纤维对气凝胶具有最好的增强效果。

4. 溶胶配比对 SiO_2 气凝胶高效隔热复合材料力学性能的影响

气凝胶因工艺、成分等原因，SiO_2 颗粒骨架粗细可调。选择 SiO_2 含量较低，固体骨架结构较为疏松的溶胶 A 和 SiO_2 含量较高，固体骨架均匀，结构较好的溶胶 B 作对比，溶胶配比对超细岩棉增强 SiO_2 气凝胶高效隔热复合材料力学强度的影响如图 2-45 所示。溶胶 B 复合材料的拉伸强度和压缩强度（10%ε）均比溶胶 A 复合材料高，但程度有所不同，拉伸强度差别小，压缩强度（10%ε）差别大。

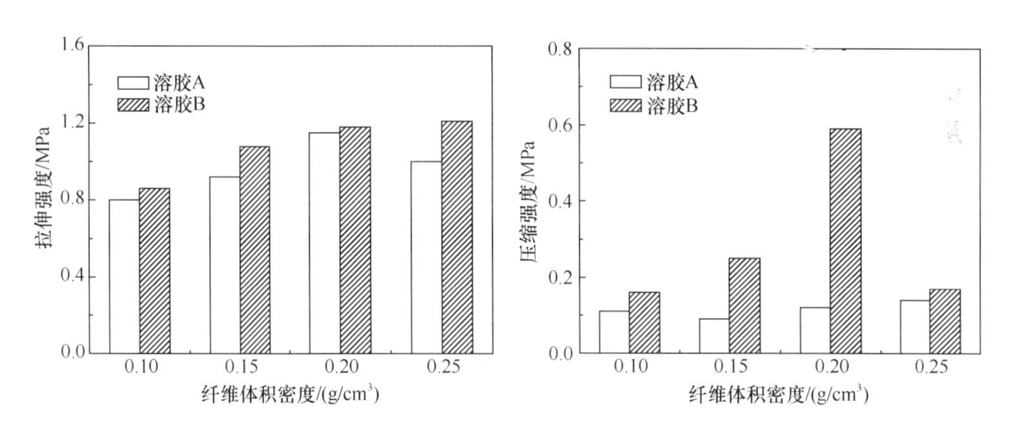

图 2-45　溶胶配比对超细岩棉增强气凝胶复合材料对力学性能的影响

SiO_2 气凝胶高效隔热复合材料受拉伸载荷时，增强纤维为主要承载相，SiO_2 气凝胶具有黏结纤维的作用。溶胶 B 气凝胶网络结构比溶胶 A 气凝胶完整、均匀，所以溶胶 B 气凝胶对纤维的黏结作用比溶胶 A 气凝胶强，溶胶 B 气凝胶复合材料的拉伸强度比溶胶 A 气凝胶复合材料的拉伸强度高。但由于气凝胶的脆性特征，使得拉伸载荷作用时裂纹在溶胶 A 气凝胶和溶胶 B 气凝胶中产生、扩展的程度差别不大，拉伸强度主要由纤维决定，所以纤维含量一致的溶胶 A 复合材料和溶胶 B 气凝胶复合材料拉伸强度差别不大，如图 2-45（a）所示。

SiO_2 气凝胶高效隔热复合材料受压缩载荷，在应变较小（ε<10%）时，应力主要是气凝胶孔壁的变形产生，而溶胶 B 气凝胶的孔径均匀、结构完整，孔壁变形产生的应力较大，所以溶胶 B 气凝胶复合材料的 10%ε 压缩强度比溶胶 A 气凝胶高，且二者的压缩强度差别比拉伸强度的差别大，如图 2-45（b）所示。

2.2.4　SiO_2 气凝胶高效隔热复合材料的耐温性能

本节分析了 SiO_2 气凝胶高效隔热复合材料经热处理前后结构和性能的变化规律，热处理温度为 600℃、700℃、800℃，热处理时间为 1500s。

1. 热处理温度对 SiO_2 气凝胶高效隔热复合材料尺寸和质量的影响

测试了复合材料在热处理前后的尺寸收缩率和质量损失率。样品的尺寸收缩率（H%）和质量损失率（m%）可表示为：

$$H\% = (H_0 - H_s)/H_0 \times 100\% \tag{2-22}$$

$$m\% = (m_0 - m_s)/m_0 \times 100\% \tag{2-23}$$

式中，H_0 为样品热处理前的厚度；H_s 为样品热处理后的厚度；m_0 为样品热处理前的质量，m_s 为样品热处理后的质量。

定义平行于纤维铺陈面的平面为 XY 平面，垂直于纤维铺陈面的方向为 Z 向，如图 2-46 所示。图 2-47 为 SiO_2 气凝胶高效隔热复合材料线收缩率、质量损失率和温度的关系。从图 2-47 可以看出，经过热处理后的试样，其 X、Y 方向尺寸变化很小，基本没有收缩，Z 方向产生了一定收缩，但收缩率较小（800℃为 4.3%），小于 5%。另外，随着热处理温度的升高，材料的质量损失率增加，但增幅很小。图 2-48 为 SiO_2 气凝胶高效隔热复合材料热处理前后的样品照片，可以看出，材料经过热处理后，样品无变形、无裂纹。

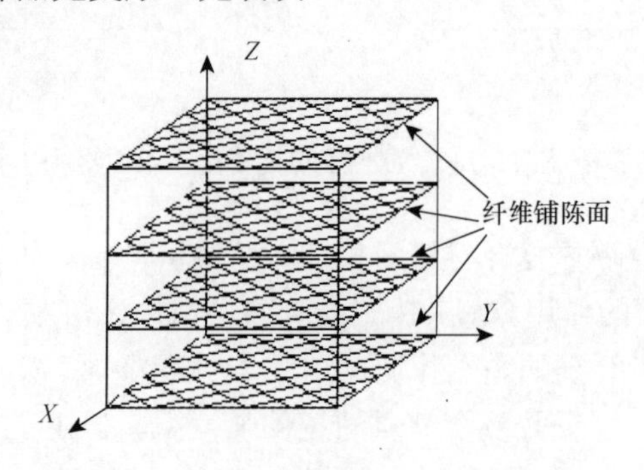

图 2-46　气凝胶高效隔热复合材料坐标图[47]

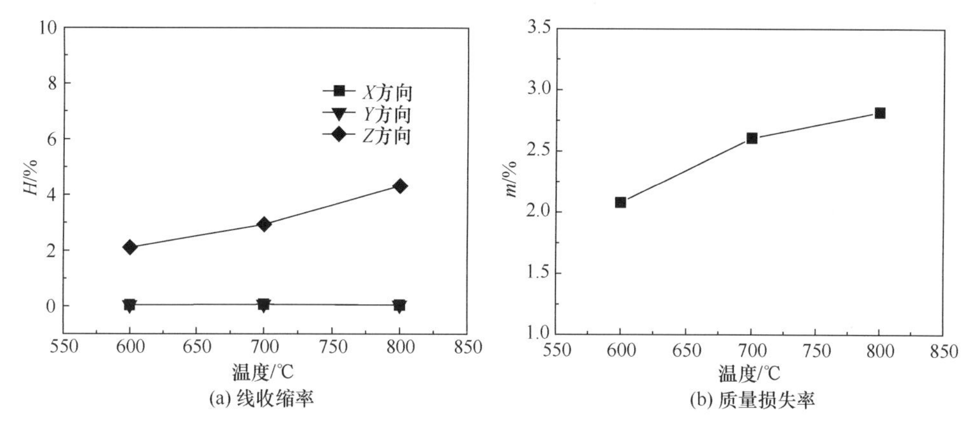

(a) 线收缩率　(b) 质量损失率

图 2-47　SiO_2 气凝胶复合材料线收缩率（a）、质量损失率（b）和温度的关系

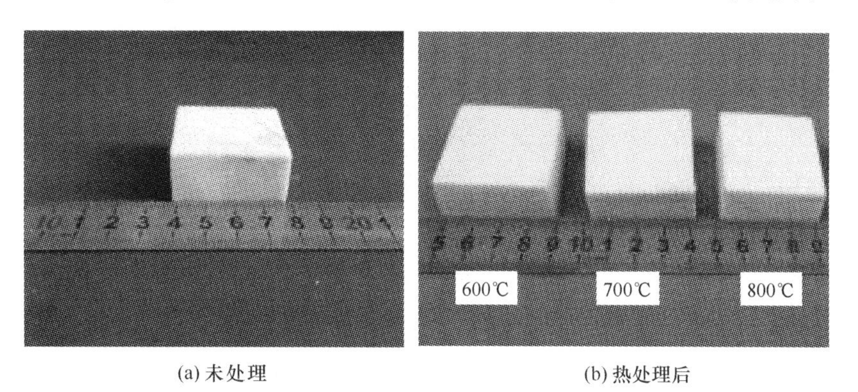

(a) 未处理　(b) 热处理后

图 2-48　SiO_2 气凝胶高效隔热复合材料热处理前后样品照片

2. 热处理温度对 SiO_2 气凝胶高效隔热复合材料隔热性能的影响

1）隔热性能表征方法

（1）常温热导率和高温热导率

热导率是衡量材料隔热性能优劣的一个重要物性指标，热导率的测试有瞬态法和稳态法两种方法。瞬态法包括热线法、平面热源法、激光闪烁法；稳态法包括平板法和护热平板法。

采用 Hot disk 导热系数仪（瞬态平面热源法）测定气凝胶高效隔热复合材料的常温热导率[48]。测试时，将探头置于两片样品中间，输入恒定的电流，记录探头两端测试过程中产生的电压降，探头的温度与电压成正比，由电压与时间的关系可计算得到样品的热导率，Hot disk 测试简图如图 2-49 所示。

常温热导率样品尺寸：60mm×60mm×20mm，每种样品每次测试需两块，测试探头型号：5501；测试时间：80s；输出功率：0.007W；测试温度：21℃，每种样品测量 3 组数据取平均值。

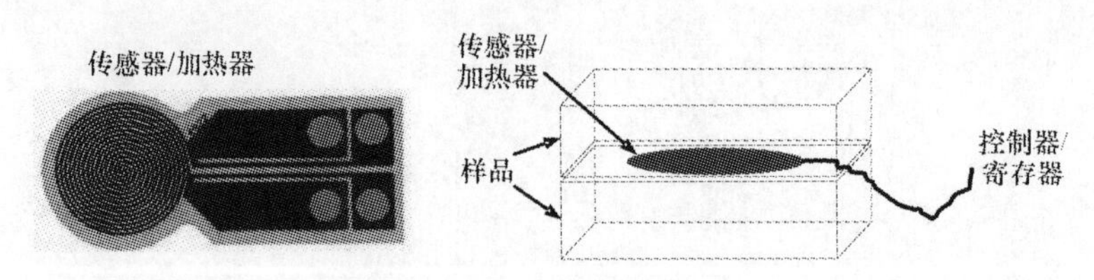

图 2-49 Hot disk 测试简图[48]

气凝胶复合材料的高温热导率采用 PBD-12-4Y/P 平板导热仪测定，测试方法：热平板法；样品尺寸：Φ180mm×20mm；仪器测试温度范围：200～1200℃；测试标准为：YB/T 4130—2005。

（2）隔热效果测试

采用石英灯红外辐射加热装置对气凝胶复合材料的隔热效果进行测试，测试装置如图 2-50 所示，测试原理如下：

对于稳态的隔热场合，以一维大平壁稳态导热为例，根据 Fourier 一维导热定律，热量沿一个方向传递时，热流密度与冷热面温差成正比，与样品厚度成反比，如下式：

$$q = \lambda \mathrm{d}T/\mathrm{d}x \tag{2-24}$$

式中，q 为热传递方向的热流密度，W/m^2；λ 为热导率，W/(m·℃)；dT/dx 为热传递方向的温度梯度，℃/m。在相同环境和相同厚度的情况下，控制热面温度不变，冷面温度可以反映样品的隔热性能，冷面温度越低，样品的隔热性能越好。

对于非稳态隔热场合，其工作时间较短（几分钟至几十分钟）。在该类场合应用的隔热材料其热面温度迅速升高，随着时间延长，热量逐渐向冷面扩散，这时的冷面温度与材料的热扩散系数和时间有关。

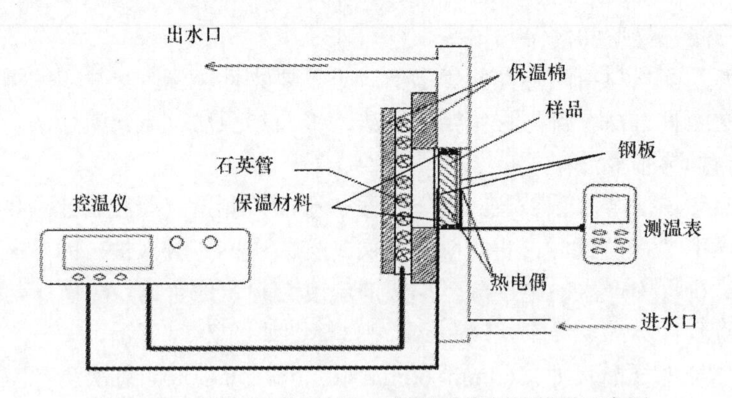

图 2-50 石英灯红外辐射加热隔热效果测试装置示意图

纤维增强 SiO_2 气凝胶高效隔热复合材料隔热效果的测试条件是：热面温度设置为 800℃；采用 200℃/min 的速率升温；热面温度保持 3000s；样品尺寸：220mm×220mm×20mm。

2）不同温度热处理后复合材料的隔热性能变化

对不同温度热处理后的 SiO_2 气凝胶高效隔热复合材料，采用瞬态平面热源法（Hot disk）和热平板法分别测试了其常温热导率和高温热导率。未热处理的 SiO_2 气凝胶高效隔热复合材料的常温热导率为 0.035W/(m·K)，经过 600℃、700℃、800℃处理后，复合材料的常温热导率分别 0.033W/(m·K)、0.034W/(m·K)、0.035W/ (m·K)，结果表明在 800℃范围内热处理后，气凝胶材料常温热导率基本不变。

SiO_2 气凝胶高效隔热复合材料经 600℃、700℃、800℃热处理后的高温热导率测试结果如图 2-51 所示，可以看出，SiO_2 气凝胶高效隔热复合材料的高温热导率随热处理温度的升高变化不大。

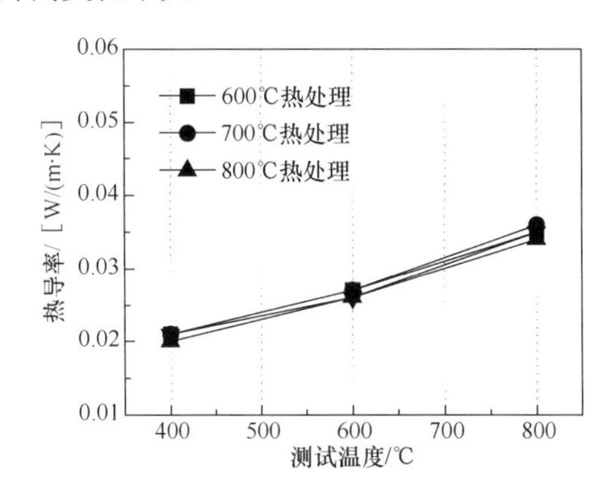

图 2-51　不同温度热处理后 SiO_2 气凝胶高效隔热复合材料的高温热导率

图 2-52 为不同温度热处理后 SiO_2 气凝胶高效隔热复合材料的隔热效果图，热面温度为 800℃，测试时间为 3000s。从图中可以看出，经过 600℃、700℃、800℃热处理过的 SiO_2 气凝胶高效隔热复合材料的冷面温升（冷面温升ΔT=冷面最终温度–冷面起始温度）分别为 206℃、199℃、202℃，随着温度的增加，冷面温差基本不变。

3. SiO_2 气凝胶高效隔热复合材料高温压缩强度测试

1）高温压缩强度表征方法

采用 WDW model 100 型万能试验机（长春机械厂）测试复合材料在室温和高温下的压缩强度，样品尺寸为 20mm×20mm×20mm。测试标准为 GB/T 1964—1996，样本数为 5。图 2-53 为压缩强度测试示意图，压缩方向垂直于纤维排列平面方向。

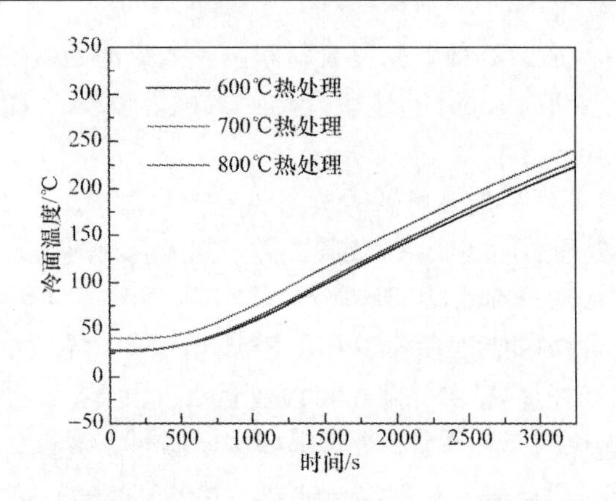

图 2-52 热处理温度对 SiO_2 气凝胶高效隔热复合材料隔热效果的影响

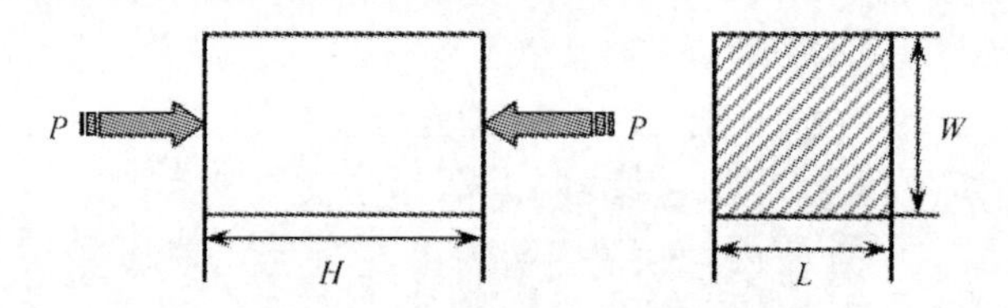

图 2-53 压缩强度测试示意图

高温压缩强度测试步骤如下：

（1）用游标卡尺测量试样尺寸；

（2）在试验机上安装压缩夹具，调整上下压头，保证压头平行及对中；

（3）放置试样至下压头，调整试样的位置，保证试样处于夹具正中心；

（4）采用高温炉将炉腔内温度升至预定试验温度，并保温 20min 左右，保证上下压头到达测试温度，升温和保温过程中应保证夹具上压头与试样间留有较大距离，防止因夹具受热膨胀而导致试样在试验前受载（室温环境下，跳过本步骤），达到保温时间后，开炉门，将样品放入；

（5）进入试验机控制软件，设定加载速率为 1mm/min，点击试验开始启动试验，将试样压至所需形变量后，试验结束；

（6）关闭试验机控制软件，关闭试验机和计算机；将设备和试样存放到相应位置，压缩试验结束。

由于 SiO_2 气凝胶高效隔热复合材料在压缩过程中不出现明显的屈服点，分别选取 3%、5%和 10%形变时对应的压缩应力作为压缩强度进行对比。

压缩强度计算公式为：

$$\sigma_\varepsilon = F_\varepsilon / S \tag{2-25}$$

式中，σ_ε 为压缩强度，MPa；S 为试样的受压面积，mm^2；F_ε 为某一应变量对应的载荷，N。

2）高温压缩强度测试

对 SiO_2 气凝胶高效隔热复合材料在室温、200℃、400℃、600℃、800℃下的压缩强度进行了测试。SiO_2 气凝胶高效隔热复合材料在不同温度下的压缩应力-应变曲线如图 2-54 所示，可以看出，在线性阶段（应变范围为 0～0.05），随着测试温度的升高，压缩曲线斜率降低，材料的压缩模量和强度降低，这是因为随着温度的升高，线性阶段起承载作用的气凝胶骨架颗粒结构出现了一定的坍塌、团聚，导致材料强度降低。

在屈服阶段（应变范围为 0.05～0.12），样品呈现出明显的塑性屈服特点，即随着压缩位移的增加，样品并没有呈现出脆性断裂特征，说明纤维起到了增韧的作用，从而使整个样品呈现出塑性特征。

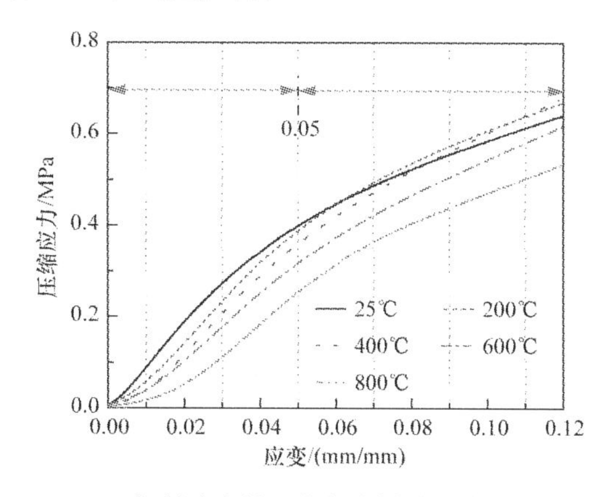

图 2-54　SiO_2 气凝胶高效隔热复合材料压缩应力-应变曲线

SiO_2 气凝胶高效隔热复合材料压缩强度与测试温度的关系如图 2-55 所示。可以看出，SiO_2 气凝胶高效隔热复合材料 3%ε、5%ε 时的压缩强度随着温度的升高而降低，室温时 3%ε、5%ε 对应的压缩强度为 0.24MPa、0.39MPa，800℃对应的压缩强度为 0.11MPa、0.25MPa，下降百分比分别为 54.1%和 38.4%；10%ε 对应的压缩强度在室温、200℃、400℃时变化不大，在 600℃、800℃测试时，材料的压缩强度随测试温度的升高而下降，但下降幅度不大。

SiO_2 气凝胶高效隔热复合材料压缩模量与测试温度的关系如图 2-56 所示，可以看出，200℃时材料的压缩模量与室温相比变化很小，随着温度升高，材料的压缩模量呈现出减小趋势，800℃时材料的压缩模量约为室温时的 1/3。这是因为：在压缩曲线的线性阶段，气凝胶骨架颗粒为承载主体，随着温度升高，SiO_2 气凝胶进入黏流态的趋势越大，材料软化程度越大，因此造成压缩模量下降。

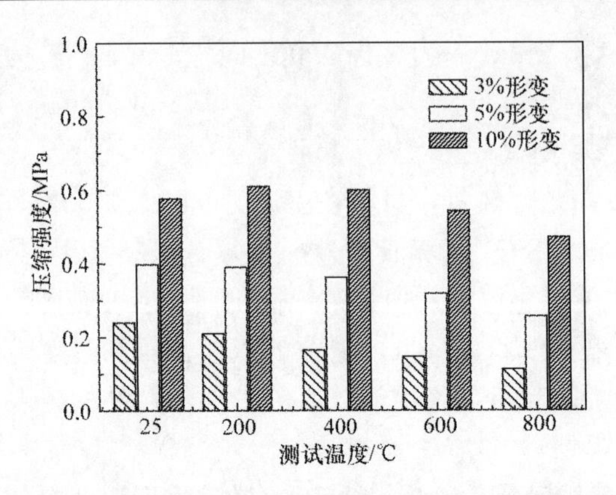

图 2-55　SiO_2 气凝胶高效隔热复合材料压缩强度与测试温度的关系

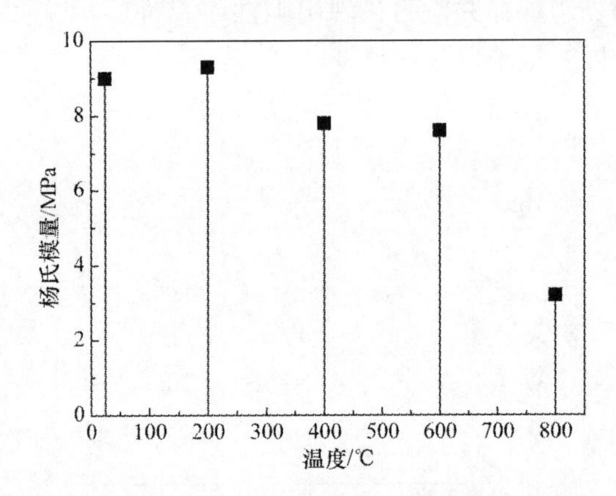

图 2-56　SiO_2 气凝胶高效隔热复合材料压缩模量与测试温度的关系

Phallippou 等[49]采用图 2-57 所示的模型描述了压缩过程中 SiO_2 气凝胶团簇的变化。如图 2-57 所示，在压缩过程中，气凝胶的颗粒单体尺寸并不发生变化，在压缩载荷的作用下团簇相互挤压，不同团簇之间的单体颗粒间的孔隙变小，最终多个小的团簇在载荷作用下构成较大的新团簇。图 2-58 为 SiO_2 气凝胶高效隔热复合材料未压缩试样和压缩试样的 SEM 图，从图中可以看出，经过压缩后，气凝胶内部出现了多个团簇颗粒。

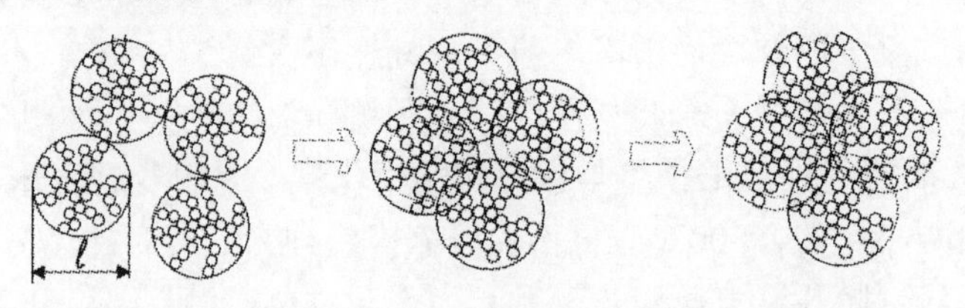

图 2-57　压缩时气凝胶团簇颗粒的变化示意图[49]

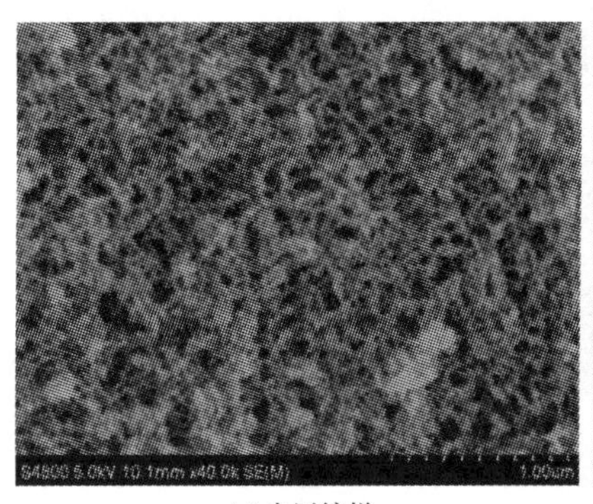

(a) 未压缩样

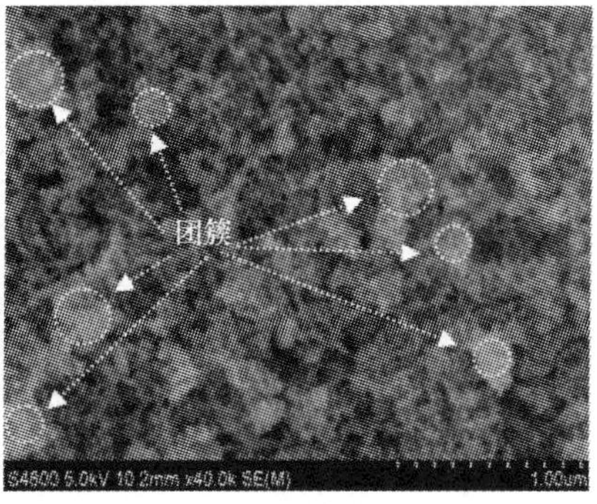

(b) 室温压缩样

图 2-58　SiO_2 气凝胶高效隔热复合材料压缩前后的 SEM 图

2.3　SiO_2 气凝胶高效隔热复合材料的疏水改性

超临界干燥制备出的 SiO_2 气凝胶由于其团簇结构表面具有 Si—O—C_2H_5 基团，具有一定的疏水性，但该基团不稳定，在潮湿环境下会逐渐水解，生成硅羟基 Si—OH 和 C_2H_5OH。在空气气氛下受热至约 250℃时该基团也会断裂生成硅羟基 Si—OH[50]，羟基—OH 中氧原子比氢原子电负性更强，负电子偏向于氧原子，这使羟基具有极性性质。极性基团—OH 的存在使气凝胶具有亲水性[51]，在潮湿环境中会吸附水蒸气，水在常温下热导率为 0.56W/(m·K) [52]，约是气凝胶的 40 倍，吸附水蒸气将使气凝胶热导率升高。若与液态水直接接触，液态水将浸入气凝胶的纳米孔结构中，产生极大的毛细管张力，导致纳米孔结构坍塌，整块气凝胶碎裂，失去应用价值。因此必须对气凝胶及其复合材料进行疏水处理。

液体与固体的浸润可通过表面铺展理论解释，当液体与固体表面的接触角 $\theta<90°$时，称为液滴对固体表面“浸润”；$\theta=0°$时称为“完全浸润”，即液体对固体表面“铺展”；当接触角 $\theta>90°$时，称为液滴对固体表面“不浸润”，即液体对固体表面“不铺展”。在铺展过程中，失去固-气界面，形成固-液界面和液-气界面，这样体系自由能变化为[53]：

$$dG=\left(\frac{\partial G}{\partial A_L}\right)dA_L+\left(\frac{\partial G}{\partial A_{LS}}\right)dA_{LS}+\left(\frac{\partial G}{\partial A_S}\right)dA_S \tag{2-26}$$

式中，dA 为面积变量，$dA_L=-dA_S=dA_{LS}$；$\frac{\partial G}{\partial A_L}=\sigma_L$；$\frac{\partial G}{\partial A_{LS}}=\gamma_{LS}$；$\frac{\partial G}{\partial A_S}=\sigma_S$，三者分别为液-气、液-固、固-气界面的表面张力。代入上式得：

$$\frac{dG}{dA_L}=\frac{\partial G}{\partial A_L}+\frac{\partial G}{\partial A_{LS}}-\frac{\partial G}{\partial A_S}=\sigma_L+\gamma_{LS}-\sigma_S \tag{2-27}$$

$S_{L/S}=-\dfrac{dG}{dA_L}$，$S_{L/S}$ 表示液体在固体表面上铺展而引起体系自由能的变化，称为液体在固体表面上的铺展系数。由此可得：

$$S_{L/S}=\sigma_S-\sigma_L-\gamma_{LS} \tag{2-28}$$

若铺展过程体系自由能降低，则 $S_{L/S}>0$，铺展过程可自发进行，即“浸润”；若铺展过程体系自由能增加，则 $S_{L/S}<0$，铺展不可自发进行，液体只能在固体表面上形成液滴。

为了使气凝胶与水不浸润，即铺展不可自发进行，应要求铺展系数 $S_{L/S}$ 越小越好，这可通过降低固体的表面张力 σ_S 获得。固体表面元素组成是决定表面张力的重要因素[54]。目前已知最难被液体润湿是含有—CF_3 的固体表面，其次是含有—CF_2—基团的，再次是—CH_3 基团、—CH_2—基团的。但氟代物的分解物进入大气层中会造成臭氧层的破坏，此外氟代有机硅化合物价格昂贵，因此从成本上说，氟代物也不适用于作为疏水改性剂[55]。

本节采用气相六甲基二硅胺烷（HMDS）为疏水改性剂，与亲水 SiO_2 气凝胶表面的—OH 进行反应生成—O—$Si(CH_3)_3$，使具有低表面能的—CH_3 基团取代气凝胶表面具有高表面能的—OH，降低气凝胶的表面张力，从而降低水在气凝胶表面的铺展系数，获得具有疏水性的气凝胶。

2.3.1 疏水改性的反应过程分析

图 2-59 是 HMDS 和各种气凝胶样品的红外光谱图，可看出超临界干燥后的 SiO_2 气凝胶在 2963cm^{-1} 和 2902cm^{-1} 附近有吸收峰，对应于烷氧基—O—C_2H_5 中 C—H 的伸缩振动[50]。500℃热处理过的气凝胶在 2963cm^{-1} 和 2902cm^{-1} 附近已无吸收峰，说明样品中的烷氧基在 500℃热处理时发生断裂[50]。由图 2-60（a）超临界干燥制备的气凝胶的 DSC-TGA 分析可知加热至 231.5℃时开始出现放热，在 265.0℃时达到峰值，在 500℃时样品失重率为 5.4%，此过程对应于气凝胶骨架表面烷氧基—O—C_2H_5 的断裂，生成羟基—OH，反应如式（2-29）所示。

$$\equiv Si-OC_2H_{5(g)}+3O_{2(g)}\longrightarrow \equiv Si-OH_{(s)}+2CO_{2(g)}+2H_2O_{(g)} \tag{2-29}$$

—O—C_2H_5 变成—OH 使气凝胶从疏水变成亲水，由以上分析可知超临界干燥后的气凝胶疏水性耐温度为 231.5～265.0℃。亲水气凝胶与气相 HMDS 反应后，在 2963cm^{-1}、2902cm^{-1}、847cm^{-1} 和 867cm^{-1}、758cm^{-1} 处出现了新的吸收峰，其分别归属于 Si—CH_3 中的 C—H[50, 56]和 Si—C[56, 57]，同时在 974cm^{-1} 附近对应 Si—OH 的伸缩振动[50, 58]吸收峰减弱，可知疏水处理使亲水气凝胶表面的—OH 与 HMDS 反应生成—O—$Si(CH_3)_3$。同时说明表面—OH 与 HMDS 具有很高的反应活性[59]，常温下就可以进行。该反应还生成氨气，逐级反应如式（2-30）、式（2-31）所示[60, 61]。

$$\equiv Si—OH_{(s)}+(H_3C)_3Si—\overset{H}{N}—Si(CH_3)_{3(g)} \longrightarrow \equiv Si—O—Si(CH_3)_{3(s)}+H_2N—Si(CH_3)_{3(g)} \quad (2\text{-}30)$$

$$\equiv Si—OH_{(s)}+H_2N—Si(CH_3)_{3(g)} \longrightarrow \equiv Si—O—Si(CH_3)_{3(s)}+NH_{3(g)} \quad (2\text{-}31)$$

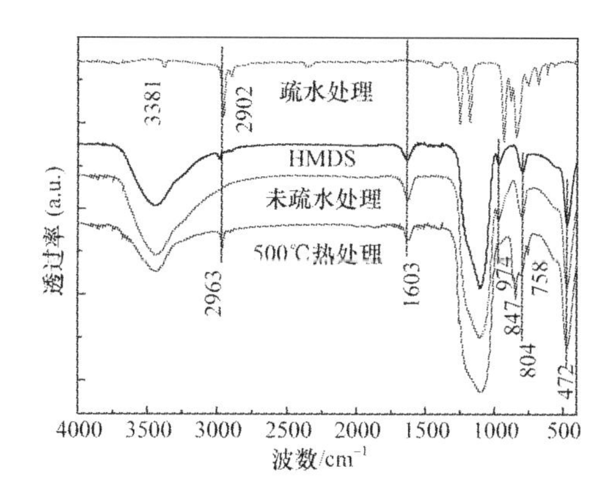

图 2-59　SiO_2 气凝胶的红外光谱

疏水处理一次后气凝胶的差热分析曲线如图 2-60（b）所示。由 DSC 曲线可见温度升至 361.5℃时开始出现放热，在 395.5℃时达到峰值，500℃时样品失重率为 3.0%，此过程对应于气凝胶团簇结构表面的硅甲基（TMS）—$Si(CH_3)_3$ 与空气中的氧发生反应生成羟基—OH[62]，—OH（分子量 17）置换—CH_3（分子量 15），理论上气凝胶应该有微量的增重，但实验结果显示有 3.0%的失重［图 2-60（b）］，这说明在此温度范围内还发生了羟基之间的脱水缩合反应[56]。

疏水处理 12 次后的差热分析如图 2-60（c）所示。温度升至 37.31℃时开始放热，在 392.4℃时达到峰值，500℃时样品的失重率为 1.7%。此过程中发生的反应与疏水处理一次后气凝胶失重的反应相似，由于经过多次疏水处理，气凝胶表面生成的—OH 减少，发生脱水缩合反应减少，失重率减少。

2.3.2　疏水处理的反应增重率

疏水处理过程是以—Si—$(CH_3)_3$ 取代气凝胶表面的 Si—OH 上的 H，使质量增加，反应增重率 m_{incre}（%）是指气凝胶进行疏水处理后质量增加的百分比，如式（2-32）所示：

$$m_{incre}\% = \frac{m_{after} - m_{before}}{m_{before}} \times 100\% \quad (2\text{-}32)$$

式中，m_{before} 为疏水处理前气凝胶的质量；m_{after} 为疏水处理后气凝胶的质量。由于气凝胶具有高比表面积，因此反应的增重率较大。从最大增重率可计算最佳的HMDS用量，并可通过测试增重率得出疏水处理所需的时间。

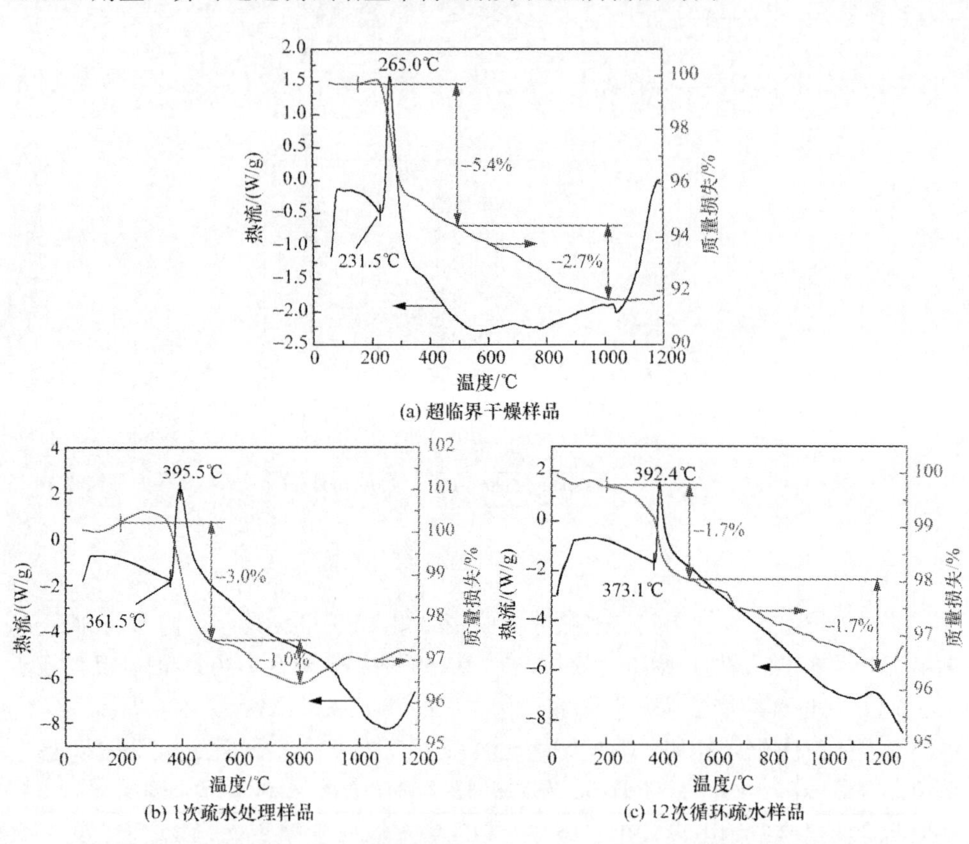

图 2-60　气凝胶的差示扫描量热-热重分析曲线

1. 反应增重率与 HMDS 用量的关系

图 2-61 是第 1 次疏水处理的反应增重率与 HMDS 用量比的关系，处理时间 3d，可见当质量比 $1/W$（$W=m_{\text{HMDS}}:m_{\text{aerogel}}$）小于 4 时，反应增重率维持在 10%左右，表明反应达到过饱和状态。通过增重率和比表面积可以计算出疏水处理后气凝胶表面硅甲基（TMS）的覆盖率 C_{TMS}（个/nm^2），如式（2-33）所示：

$$C_{\text{TMS}}=\frac{N_{\text{A}}m_{\text{incre}}}{72S_{\text{M}}} \tag{2-33}$$

式中，N_{A} 为阿伏伽德罗常数，$6.022\times10^{23}\text{mol}^{-1}$；$S_{\text{M}}$ 为质量比表面积（m^2/g）；由于硅甲基分子量 73，其取代一个氢原子，故式（2-33）中分母为 72。由反应增重

率 10.5%和气凝胶的比表面积 575.1m^2/g 可计算出硅甲基（TMS）在气凝胶团簇表面的覆盖率 C_{TMS} 为 1.5 个/nm^2，与文献[59]相符。

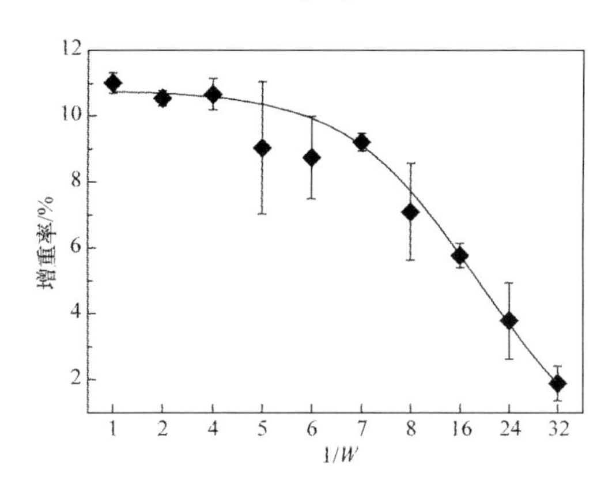

图 2-61　反应增重率与烷硅质量比（W）的关系

$W=m_{HMDS}$：$m_{aerogel}$

2. 反应增重率与疏水处理时间的关系

图 2-62 是反应增重率与疏水处理时间的关系。可见当处理时间小于 24h 时，气凝胶的增重率都没有达到饱和，该段时间内增重率随时间增加而增加，至 24h 之后，增重率达到饱和，因此，疏水处理时间应不小于 24h。

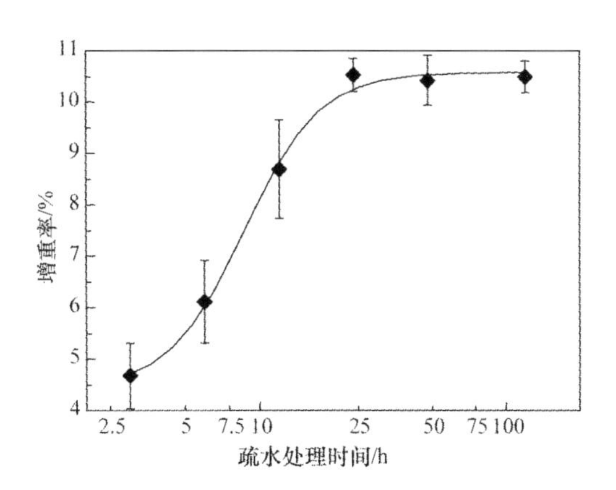

图 2-62　疏水反应增重率与处理时间的关系

3. 反应增重率与再疏水处理次数的关系

为探索疏水处理的可重复性，对气凝胶进行了多次再疏水处理，方法为 500℃、2h 热处理疏水气凝胶或疏水气凝胶复合材料，再与 1/3 气凝胶质量的 HMDS 按上述方法放入密闭容器中反应，烘干称重。

图 2-63 为 SiO_2 气凝胶的相对质量与疏水处理次数 *n* 的关系，每次再疏水处理反应增重率为 5.5%～8.9%，当疏水处理次数达到 20 次时，气凝胶的相对质量增加到了 303%，即由气相 HMDS 反应生成的 SiO_2 质量是气凝胶原有团簇状结构 SiO_2 的 2 倍。

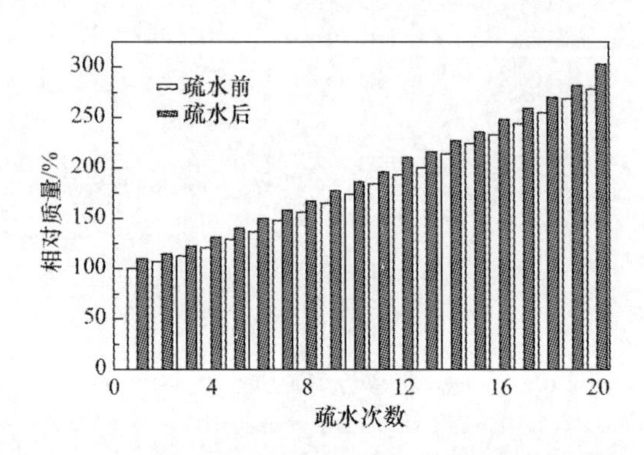

图 2-63　SiO_2 气凝胶的相对质量与疏水处理次数 *n* 的关系

2.3.3　疏水处理对 SiO_2 气凝胶结构的影响

1. 疏水处理次数对 SiO_2 气凝胶孔径和比表面积的影响

表 2-5 是气凝胶的比表面积和孔径与疏水处理次数 *n* 的关系，由表可知气凝胶的质量比表面积 S_M 随着疏水处理次数增加而减小。第 1 次疏水处理时气凝胶的体积比表面积由 63.3m^2/cm^3 减小至 53.4m^2/cm^3，原因是新生成的—$Si(CH_3)_3$ 原子层覆盖了气凝胶中较小的孔隙，形成部分闭孔结构[60]，此闭孔结构无法由氮吸附测出。这也是第 1 次疏水处理质量增重率较大而再疏水处理时增重率较小的原因。之后的多次疏水处理其体积比表面积基本保持不变。原因是 HMDS 与羟基是气相与固相反应，反应过程不会破坏原有固相的结构[62]，又因新生成的 O—Si 层厚度极小，所以疏水处理前后样品的体积比表面积 S_V 基本不变，该实验结果也表明每次疏水处理新生成的 O—Si 原子层是致密结构，因为若该生成原子层为多孔结构，其体积比表面会随疏水处理次数的增加而增加。由致密 SiO_2 密度 2.1g/cm^3[59] 与样品的体积比表面积均值 54m^2/cm^3 和总增重率 203%（303%-1）可计算出疏水处理 20 次后由 HMDS 与羟基—OH 反应生成的致密 SiO_2 层厚度为 1.9nm，即平均每次疏水处理增加的厚度约为 0.1nm，此值比 O—Si 键的键长（0.15nm）小，原因是硅甲基基团体积较大，产生空间位阻效应，阻止临近的羟基—OH 与 HMDS 反应[60]，每次疏水处理形成的是不完整的 O—Si 原子层。

表 2-5　SiO_2 气凝胶的比表面积和孔径与疏水处理次数 n 的关系

n	$S_M/(m^2/g^1)$	$S_V/(m^2/cm^3)$	$V/(cm^3/g^1)$	D_{avera}/nm
0	575.1	63.3	8.29	56.0
1	441.4	53.4	1.66	15.0
5	338.7	52.2	—	—
10	262.5	53.7	—	—
20	160.3	58.2	0.74	13.4

注：S_M 表示质量比表面积；S_V 为体积比表面积，$S_V=\rho S_M$；V 为孔体积；D_{avera} 表示几种方法计算出的孔心的平均值。

图 2-64（a）、（b）、（c）分别是 500℃处理后未进行疏水处理、1 次疏水处理、20 次疏水处理的气凝胶的氮吸附等温线。可见 3 条吸附等温线都属于 IUPAC 分类方法中的第Ⅳ类。未疏水处理（n=0）的 SiO_2 气凝胶氮吸附量较大，吸附回线属于 A 类，反映两端开放的管状毛细孔，经过 1 次疏水处理（n=1）后，其吸附量大幅下降，20 次疏水处理（n=20）后气凝胶的氮吸附量进一步降低。由于疏

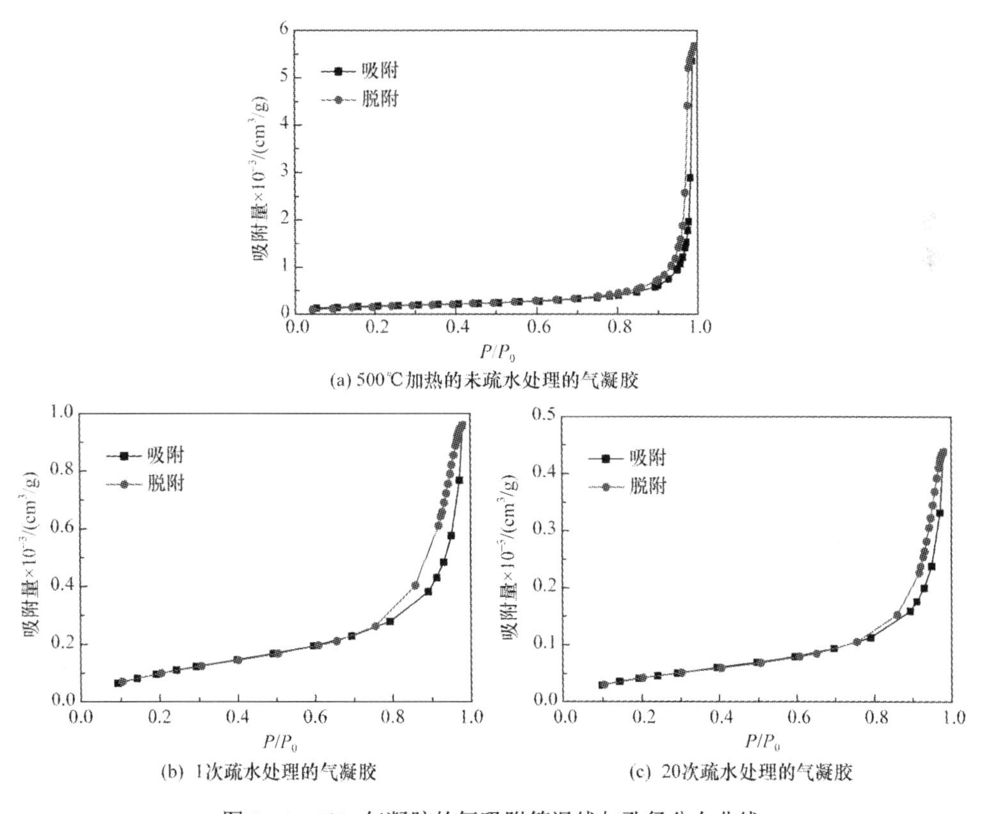

图 2-64　SiO_2 气凝胶的氮吸附等温线与孔径分布曲线

水处理在气凝胶团簇结构表面形成硅甲基—$Si(CH_3)_3$，会覆盖较小的孔洞或者填充细颈[60]，故会形成具有细颈或墨水瓶状的结构（E 类），可认为吸附等温线 n=1、20 是 A 类和 E 类的复合型。

图 2-65 是由氮吸附等温线计算出的 3 种样品的孔径分布曲线，可见疏水处理前（n=0）气凝胶孔径较大，分布较集中，疏水处理 1 次后孔径分布曲线无明显的峰，孔径平均值也比未疏水处理气凝胶小很多，疏水处理 20 次后孔径分布范围也较宽，平均孔径更小。原因是每次疏水处理增加的 O—Si 原子层使孔壁增厚而使孔径变小[63]，但由于吸附等温线 n=1、20（图 2-65）反映的是复合型的孔结构，由 BJH 方法计算出的是 1 种平均结果，所以测得的平均孔径与新生成的致密 SiO_2 层厚度没有直接的对应关系。

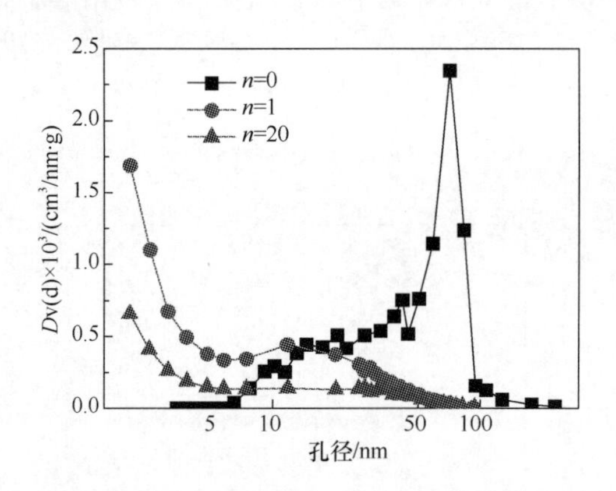

图 2-65　疏水处理前后 SiO_2 气凝胶的孔径分布曲线

2. 疏水处理次数对 SiO_2 气凝胶微观表面形貌的影响

图 2-66 是经不同疏水处理次数的样品扫描电子显微镜照片。可见疏水处理 20 次后，气凝胶团簇颗粒之间的界限变得模糊，这可能是由于疏水处理过程中生成薄层致密 SiO_2。但气凝胶团簇结构内部并未致密化，原因是团簇结构外表生成的硅甲基有空间位阻效应，气态 HMDS 无法进入团簇结构内部结构与其内的—OH 反应，因此气凝胶团簇结构内部并没有生成薄层 SiO_2，将产生闭孔结构。

3. 疏水处理次数对 SiO_2 气凝胶复合材料力学性能的影响

图 2-67 是超细岩棉增强 SiO_2 气凝胶复合材料经过不同疏水处理次数后的压缩应力- 应变曲线，每组样品 4 个，对应 4 条应力-应变曲线。可见随着疏水处理次数增加，其压缩强度依次增大。

(a) n=0

(b) n=1

(c) n=20

图 2-66　疏水处理不同次数的 SiO_2 气凝胶的 SEM 照片

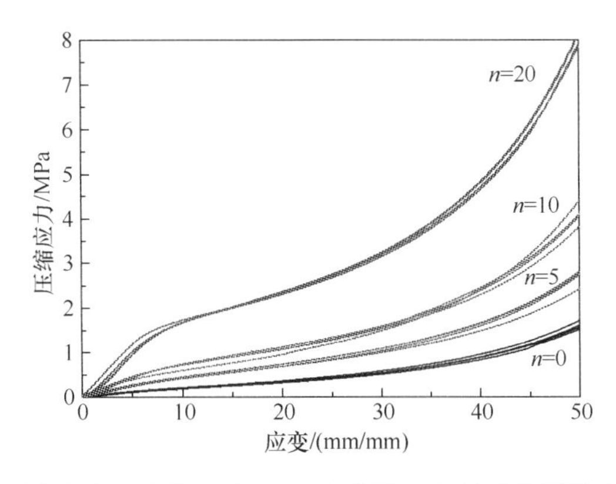

图 2-67　不同疏水处理次数（n）SiO_2 气凝胶复合材料的压缩应力-应变曲线

表 2-6 为 SiO_2 气凝胶隔热复合材料压缩应变为 10%ε、25%ε 的应力与疏水处理次数 n 的关系，可见，随着疏水处理次数增加，复合材料的压缩强度增加，20 次疏水处理后复合材料压缩强度达到 1.69MPa（10%ε），约为未疏水处理样品压缩强度（0.20MPa，10%ε）的 8 倍。

表 2-6　SiO_2 气凝胶隔热复合材料 10%ε、25%ε 的压缩应力与疏水处理次数 n 的关系

n	$\sigma_{0.1}$/MPa	$\sigma_{0.25}$/MPa
0	0.20±0.01	0.43±0.02
5	0.43±0.02	0.87±0.04
10	0.69±0.06	1.28±0.06
20	1.69±0.03	2.72±0.03

2.3.4　SiO_2 气凝胶及其复合材料的疏水性表征

1. SiO_2 气凝胶及其复合材料的吸湿率与接触角

按国标 GB/T 5480.7—2004 测量气凝胶的质量吸湿率[64]。图 2-68 是不同的 HMDS 用量下制备样品的质量吸湿率，当烷硅质量比 W＞1/4（1/W＜4 时），气凝胶的吸湿率为 0.9%，与未疏水处理气凝胶（20.5%，见表 2-7）相比，疏水性有很大提高。当 W＜1/4 时，W 越小吸湿率越大，其原因是 HMDS 用量不足，气凝胶内部未能完全与 HMDS 反应，仍有部分亲水。从表 2-7 可知，隔热复合材料的质量吸湿率从疏水处理前的 10.7%降低到了疏水处理后的 0.5%。由公式（2-34）计算的疏水气凝胶与水接触角为（120±1）°，表明有较好的疏水性，如图 2-69 所示。

$$\tan(\theta/2) = h/r \qquad (2\text{-}34)$$

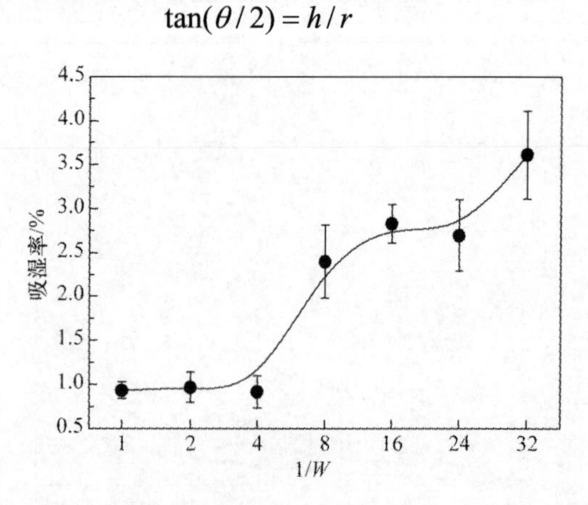

图 2-68　气凝胶的吸湿率与烷硅质量比（W）的关系

W=m_{HMDS}：$m_{aerogel}$

表 2-7　疏水处理前后 SiO_2 气凝胶及其复合材料的质量吸湿率

样品	疏水前/%	疏水后/%
SiO_2 气凝胶	20.5	0.9
SiO_2 气凝胶复合材料	10.7	0.5

(a) SiO_2 气凝胶

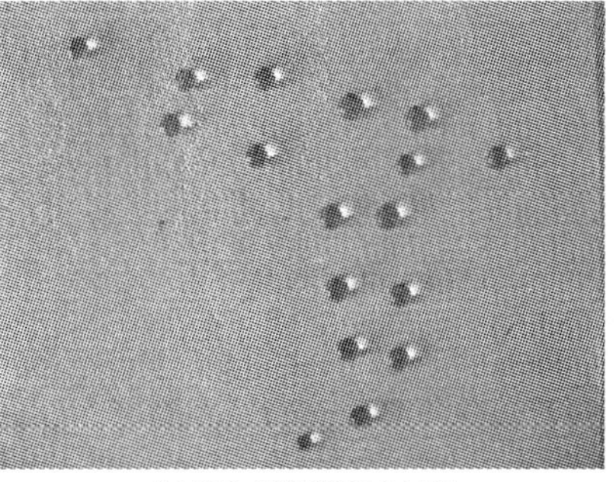

(b) SiO_2 气凝胶复合材料

图 2-69　SiO_2 气凝胶及其隔热复合材料的疏水效果

2. SiO_2 气凝胶疏水性的耐热度

为表征气凝胶疏水性的耐热度，将气凝胶放入马弗炉中，分别以不同温度加热，保温 10h。用美国 LECO 公司的 CS-444 型碳/硫分析仪测试样品的碳含量，结果如表 2-8 所示。超临界干燥的气凝胶 500℃热处理后仍有 0.13%的含碳量，原因是气凝胶团簇的封闭结构内部仍有少量的在溶胶-凝胶过程中未水解的烷氧基—O—C_2H_5，由于与空气完全隔绝，而没有被氧化。疏水气凝胶在 500℃热处理后残存 0.12%的含碳量，一般认为是其团簇结构内部的烷氧基—O—C_2H_5 所致，此时表面的甲基已完全氧化。由表 2-6 可见当热处理温度达到 350℃时，气凝胶的含碳量大幅降低，故可认为疏水性的长期耐热度为 300℃。

表 2-8　SiO_2 气凝胶的含碳量与热处理温度的关系

温度/℃	含碳量/%	
	超临界干燥气凝胶	疏水气凝胶
200	8.92	6.63
300	0.49	6.40
350	—	1.62
400	—	1.29
500	0.13	0.12

3. SiO_2 气凝胶隔热复合材料疏水改性前后的热导率对比

为了表征疏水改性对气凝胶高效隔热复合材料隔热性能的影响，对超临界干燥后 500℃热处理的超细岩棉增强气凝胶复合材料采用热平板法进行热导率测试，之后对其进行疏水处理，再进行热导率测试，结果如图 2-70 所示。可见，疏水处理后材料的热导率有轻微的增加，原因是疏水处理使气凝胶增重 10.5%，气凝胶密度增加，密度增加气凝胶的固态热传导增加。由表 2-8 可知，疏水改性后气凝胶的体积比表面积基本不变，体积比表面积不变，气态热传导也不变。因此，与未疏水处理复合材料相比，疏水处理后的气凝胶复合材料的热导率仅轻微增加了固态热传导，疏水处理对复合材料总的隔热性能影响不大。

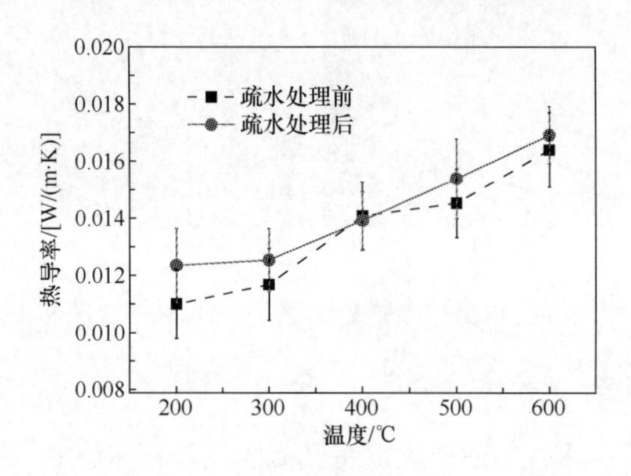

图 2-70　SiO_2 气凝胶隔热复合材料疏水改性前后的热导率对比

参 考 文 献

[1] Prakash S S, Brinker C J, Hurd A J. Silica aerogel films at ambient pressure [J]. Journal of Non-Crystalline Solids, 1995, 190: 264-275.

[2] Pajonk G M. Aerogel catalysts [J]. Applied Catalysis, 1991, 72: 217.

[3] 许静, 谢凯, 陈一民, 等. SiO_2/M 纳米复合材料的结构及催化性能[J]. 化工新型材料, 2002, 30(5): 32-34.

[4] Hutter R, Mallat T and Baiker A. Titania-silica mixed oxidesⅡ, catalytic behavior in olefin epoxidation[J]. Journal of Catalysis, 1995, 153: 177-189.

[5] Wu J J, Cooper D W, Miller R J. Virtual impactor aerosol concentrator for cleanroom monitoring [J]. Journal of Environment Science and Health, 1989, 32(4): 52-56.

[6] Park S W, Jung S B, Yang J K et al. Ambient pressure dried SiO_2 aerogel film on GaAs for application to interlayer dielectrics [J]. Thin Solid Films, 2002, 420: 461-464.

[7] Kim G S, Hyun S H. Synthesis and characterization of silica aerogel film for inter-metal dielectrics via ambient drying [J]. Thin Solid Films, 2004, 460: 190-200.

[8] Jesen K I. Passive solar component based on evacuated monolithic sillica aerogels [J]. Journal of Non-Crystalline Solids, 1992, 145: 237-239.

[9] Lu X, Wang P, Arduini-Schuster M C. Thermal tranport in organic and opacified silica monolithic aerogels [J]. Journal of Non-Crystalline Solids, 1992, 145: 207-210.

[10] 沈军, 周斌, 吴广明, 等. 纳米孔超级绝热材料气凝胶的制备与热学特性[J]. 过程工程学

报, 2002, 2(4): 314-315.

[11] Kuhn J,Gleissner T,Arduin-i Schuster M C,et al.Integration of mineral powders into SiO_2 aerogels[J]. Journal of Non-Crystalline Solids,1995,186:291-295.

[12] 王小丹. 复合结构隔热材料的制备与性能研究[D]. 上海：上海工程技术大学, 2011.

[13] Zhang H X,Qiao Y J,Zhang X H,et al.Structural and thermal study of highly porous nanocomposite SiO_2-based aerogels[J]. Journal of Non-Crystalline Solids, 2010, 356: 879-883.

[14] 王珏, 周斌, 沈军, 等.轻质高效保温材料掺杂硅气凝胶[J]. 功能材料, 1996, 27(2):167-170.

[15] Zeng S Q,Hunt A,Grief R.Theoretical modeling of carbon content to minimize heat transfer in silica aerogel[J]. Journal of Non-Crystalline Solids, 1995,186: 271-277.

[16] Minakuchi H, Nakanishi K, Soga N, et al. Octadecylsilated porous silica rods as separationmedia for reversed-phase liquid chromatography [J]. Analytical Chemistry, 1996, 68: 3498-3501.

[17] Minakuchi H, Nakanishi K, Soga N, et al. Effect of skeleton size on the performance ofoctadecylsilylated continuous porous silica columns in reversed-phase liquid chromatography [J]. Journal of Chromatography A, 1997, 762: 132-146.

[18] Hegde N D, Rao A V. Physical properties of methyltrimethoxysilane based elastic silicaaerogels prepared by the two-stage sol-gel process [J]. Journal of Materials Science, 2007, 42（6）: 6962-6971.

[19] Deng Z S, Wang J, Wei J D, et al. Physical properties of silica aerogels prepared with polyethoxydisiloxanes [J]. Journal of Sol-Gel Science and Technology, 2000, 19: 677-680.

[20] 林健. 催化剂对正硅酸乙酯水解-聚合机理的影响[J]. 无机材料学报, 1997, 12(3): 363-369.

[21] Morris C A, Rolison D R, Swider-Lyons K E, et al. Modifying nanoscale silica with itself: a method to control surface properties of silica aerogels indenpently of bulk structure[J]. Journal of Non-Crystalline Solids, 2001, 285: 29-36.

[22] Xu Y, Wu D, Sun Y H, et al. Effect of polyvinylpyrrolidone on the ammonia-catalyzed sol-gel process of TEOS: study by in situ ^{29}Si NMR, scattering, and rheology[J]. Colloids and Surfaces A: Physicochem. Engineering Aspects, 2007, 305: 97-104.

[23] Brinker C J, Scherer G W. Sol-gel science [M]. San Diego: Academic Press, 2004.

[24] Bhagat S D, Hirashima H, Rao A V. Low density TEOS based silica aerogels using methanol solvent [J]. Journal of Materials Science, 2007, 42(9): 3207-3214.

[25] Hegde N D, Rao A V. Effect of processing temperature on gelation and physical properties of low density TEOS based silica aerogels [J]. Journal of Sol-Gel Science and Technology, 2006, 38: 52-61.

[26] Gregg S J, Sing K S W. Adsorption, surface area and porosity[M]. London: Academic Press, 1982.

[27] 严继民, 张启元, 高敬琮. 吸附与凝聚-固体的表面与孔(第二版)[M]. 北京: 科学出版社, 1986.

[28] 金格瑞, 鲍恩, 乌尔曼. 陶瓷导论[M]. 北京: 高等教育出版社, 2010.

[29] GB/T 5480.7—2008. 矿物棉及其制品试验方法[S]. 北京: 中国标准出版社, 2008.

[30] Hidekazu T, Tohru W, Masatoshi C, et al. Surface structure and properties of calcium hydroxyapatite modified by hexamethyldisilazane[J]. Journal of Colloid and Interface Science, 1998, 206(1): 205-211.

[31] 高庆福, 冯坚, 刘明月, 等. 疏水性纳米多孔 SiO_2 薄膜的制备与性能测试[J]. 稀有金属材

料与工程, 2008, 37(A02): 221-224.

[32] 王娟, 张长瑞, 冯坚, 等. 三甲基氯硅烷对纳米多孔 SiO_2 薄膜的修饰[J].物理化学学报, 2004, 20(12): 1399-1403.

[33] Sharad D B, Kim Y H, Ahn YS, et al. Rapid synthesis of water-glass based aerogels by in situ surface modification of the hydrogels[J]. Applied Surface Science, 2007, 253(6): 3231-3236.

[34] Venkateswara A, Manish M K., Amalnerkar D P, et al. Surface chemical modification of silica aerogels using various alkyl-alkoxy/chloro silanes[J]. Applied Surface Science, 2003, 206(1): 262-270.

[35] 何飞, 郝晓东, 李垚, 等. 热处理对 SiO_2 干凝胶组织结构的影响[J]. 材料工程, 2006(zl): 338-344.

[36] Despetis F, Calas S, Etienne P, et al. Effect of oxidation treatment on the crack propagation rate of aerogels [J]. Journal of Non-Crystalline Solids, 2001, 285: 251-255.

[37] Sear F W, Salinger G L, 柳之琦, 译. 热力学[M]. 北京：高等教育出版社, 1985.

[38] 邓蔚, 钱立军. 纳米孔硅质绝热材料[J]. 宇航材料与工艺, 2002, 1: 1-7.

[39] 陈龙武, 甘礼华. 气凝胶[J]. 化学通报, 1997，8: 21-27.

[40] Leeo J, Leek H, Yn T J, et al. Determination of mesopore size of aerogels from thermal conductivity measurements [J]. Journal of Non-Crystalline Solids, 2002, 298(2-3): 287-292.

[41] 徐烈, 方荣生, 马庆芳. 绝热技术[M]. 北京：国防工业出版社, 1990.

[42] Pierre A C, Pajonk G M. Chmistry of aerogels and their application [J]. Chemical Reviews, 2002,102(11):4243-4265.

[43] 秦慧元. 二氧化硅气凝胶材料的研究进展[J]. 工业技术与产业经济, 2013, 1: 40-42.

[44] 张耀明, 李巨白, 姜肇中. 玻璃纤维与矿物棉全书 [M]. 北京: 化学工业出版社, 2001.

[45] 王震鸣, 杜善义, 张恒, 等. 复合材料及其结构的力学、设计、应用和评价[M]. 北京: 北京大学出版社, 1998.

[46] 董志军, 李轩科, 袁观明. 莫来石纤维增强 SiO_2 气凝胶复合材料的制备及性能研究 [J]. 化工新型材料, 2006, 34(7): 58-61.

[47] 孙燕涛. 热防护系统隔热材料力学性能研究 [D]. 北京: 北京航空航天大学, 2014.

[48] Hrubesh I W, Poco J F. Thin aerogel films for optical, thermal, acoustic and electronic applications [J]. Journal of Non-Crystalline Solids, 1995, 188(1-2): 46-53.

[49] Phallippou J, Despetis F, Calas S, et al. Comparison between sintered and compressed aerogels [J]. Optical Materials, 2004, 26(2):167-172.

[50] 王娟, 张长瑞, 冯坚. 三甲基氯硅烷对纳米多孔 SiO_2 薄膜的修饰 [J]. 物理化学学报, 2004, 20(12): 1399-1403.

[51] Akimov Y K. Fields of Application of Aerogels (Review) [J]. Instruments and Experimental Techniques, 2003, 46(3): 287-299.

[52] 张耀明, 李巨白, 姜肇中. 玻璃纤维与矿物棉全书[M]. 北京: 化学工业出版社, 2001.

[53] 张福田. 分子界面化学基础 [M]. 上海: 上海科学技术文献出版社, 2006.

[54] Nakajima A, Hashimoto K, Watanabe T. Recent studies on super-hyrophobic films [J]. Monatshefte fur Chemie, 2001, 132: 31-34.

[55] 赵英健. 有机改性硅溶胶及疏水薄膜的制备研究 [D]. 长沙: 国防科学技术大学, 2004.

[56] Bhagat S D. Kim, Y H, Ahn Y S, et al. Rapid synthesis of water-glass based aerogels by in situ surface modification of the hydrogels [J]. Applied Surface Science, 2007, 253(6): 3231-3236.

[57] Venkateswara A, Kulkarni M M, Amalnerkar D P et al. Surface chemical modification of silica aerogels using various alkyl-alkoxy/chloro silanes[J]. Applied Surface Science, 2003, 206: 262-270.

[58] Rassy H E, Pierre A C. NMR and IR spectroscopy of silica aerogels with different hydrophobic characteristics[J]. Journal of Non-Crystalline Solids, 2005, 351: 1603-1610.

[59] Haukka S, Root A. The reaction of hexamethyldisilazane and subsequent oxidation of trimethylsilyl groups on silica studied by solid-state NMR and FTIR [J]. Journal of Physics Chemistry, 1994, 98: 1695-1703.

[60] Rajagopalan T, Lahlouh B, Lubguban J A, et al. Investigation on hexamethyldisilazane vapor treatment of plasma-damaged nanoporous organosilicate films [J]. Applied Surface Science, 2006, 252: 6323-6331.

[61] Huang KY, He Z P, Chao K J. Mesoporous silica films-characterization and reduction of their water uptake [J]. Thin Solid Films, 2006, 495: 197-204.

[62] Tanaka H, Watanabe T, Chikazawa M, et al. Surface structure and properties of calcium hydroxyapatite modified by hexamethyldisilazane [J]. Journal of Colloid and Interface Science, 1998, 206: 205-211.

[63] Capel-Sanchez M C, Barrio L, Campos-Martin J M, et al. Silylation and surface properties of chemically grafted hydrophobic silica [J]. Journal of Colloid and Interface Science, 2004, 277: 146-153.

[64] GB/T 5480.7—2004. 矿物棉及其制品试验方法(第 7 部分: 吸湿性), 2004.

第3章 纤维增强 Al_2O_3-SiO_2 气凝胶高效隔热复合材料

SiO_2 气凝胶具有较好的高温隔热性能，但其最高使用温度不超过 800℃。在一些特殊领域，要求气凝胶隔热材料具有更高的使用温度。因此，寻求耐更高温度的气凝胶隔热复合材料是当前国际上研究热点之一。在众多的气凝胶中，Al_2O_3 气凝胶具有更好的耐高温性能。

1975 年，Yoldas[1, 2]通过金属有机醇盐首次成功制备出 Al_2O_3 气凝胶，此后 Al_2O_3 气凝胶作为催化剂载体和高温隔热材料[3, 4]应用得到了广泛的关注。例如，Yoldas 制备的 Al_2O_3 气凝胶在 1000℃热处理后比表面积仍有 $80m^2/g$[2]；Poco 等[5]控制金属醇盐的水解使水解产物直接发生聚合反应，制备出的块状 Al_2O_3 气凝胶具有较好的耐高温性能，800℃热导率为 0.098W/(m·K)，在 950℃热处理时气凝胶没有明显的收缩。

然而，在 1000℃以上 Al_2O_3 气凝胶会发生一系列的相变，形成 α-Al_2O_3 相，导致气凝胶收缩[6]，不利于其在高温下使用。研究表明[7,8]，在 Al_2O_3 气凝胶中引入 Si、La、Ba 等元素，形成二元或多元的氧化物气凝胶，可提高 Al_2O_3 气凝胶的高温稳定性。其中，引入 Si 元素制备 Al_2O_3-SiO_2 气凝胶的研究最多[7, 9-14]，主要以高温催化剂载体为应用背景。例如，Horiuchi 等[7]通过在 80℃的热水中首先加入一定量异丙醇铝，搅拌使其水解，加入硝酸制备出 Al_2O_3 溶胶，然后在 TEOS 中加入硝酸使其水解后，与 Al_2O_3 溶胶混合，再加入尿素使混合溶胶形成凝胶，最后通过超临界干燥制备出 Al_2O_3-SiO_2 气凝胶，经 1200℃热处理后，Al_2O_3-SiO_2 气凝胶比表面积高达 $150m^2/g$。

目前，以隔热应用为背景的 Al_2O_3-SiO_2 气凝胶的研究较少[14-16]。本章主要介绍了 Al_2O_3-SiO_2 气凝胶及其纤维增强 Al_2O_3-SiO_2 气凝胶高效隔热复合材料的制备工艺、结构与性能。

3.1 Al_2O_3-SiO_2 气凝胶

3.1.1 Al_2O_3-SiO_2 溶胶-凝胶的反应过程

目前 Al_2O_3-SiO_2 气凝胶主要的制备过程是首先分别制备 Al_2O_3 溶胶和 SiO_2 溶

胶，然后将两者混合，通过添加催化剂使其凝胶，再经老化、干燥后获得 Al_2O_3-SiO_2 气凝胶。按照加入 Al_2O_3 溶胶和 SiO_2 溶胶比例的不同，可分为以 Al_2O_3 溶胶体系为主[7, 9-12]和以 SiO_2 溶胶体系为主[13,14]。在 Al_2O_3 溶胶含量较多时，一般加入甲醇、水、冰醋酸，使 Al_2O_3-SiO_2 复合溶胶发生凝胶；在 SiO_2 溶胶较多时，一般加入乙醇和氨水，使 Al_2O_3-SiO_2 复合溶胶发生凝胶。在第 2 章已经对 SiO_2 溶胶-凝胶反应过程进行了介绍，本节主要介绍 Al_2O_3 及 Al_2O_3-SiO_2 溶胶-凝胶的主要反应过程。

1. Al_2O_3 溶胶-凝胶反应过程

制备 Al_2O_3 溶胶因先驱体种类不同，溶胶的制备工艺过程也有较大的差别。按照先驱体种类的不同，制备方法可分为无机铝盐法（如硝酸铝、氯化铝等）和有机铝醇盐法（如异丙醇铝、仲丁醇铝等）。虽然采用无机铝盐法制备 Al_2O_3 气凝胶成本较低，有机铝醇盐法为原料可以制备得到纯度高、比表面积大的 Al_2O_3 气凝胶，更适合作为高温隔热材料使用。

本节介绍了以有机铝醇盐为原料的 Al_2O_3 溶胶-凝胶反应过程。有机铝醇盐一般可用 $Al(OR)_3$ 表示，是一种较强的 Lewis 酸，它具有 $Al^{\delta+}$—O—$C^{\delta-}$结构，由于氧原子的强电负性，使 Al—O 键强烈极化为 $Al^{\delta+}$—$O^{\delta-}$。铝原子要求尽可能地扩大其自身配位数的性质，使得醇盐分子之间通过配位键而形成一定程度的缔合，如图 3-1 所示。

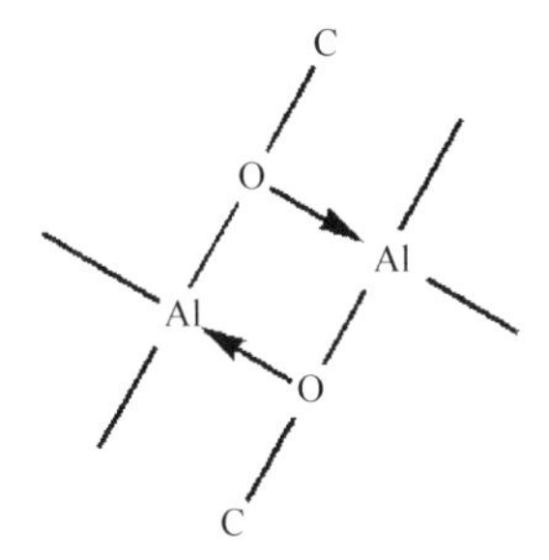

图 3-1 铝醇盐中的烷氧基 Al—O—C 键及缔合

分子间产生缔合是有机铝醇盐的一个重要特性，它不仅影响铝醇盐自身的物化性质（溶解性、挥发性、黏度、反应动力学等），而且影响到溶胶-凝胶工艺过程和最终材料的均匀性。醇盐分子之间产生缔合的驱动力是金属原子通过键合邻近的烷氧基团使自身的配位数达到最大。空的金属轨道接受来自烷氧基配位体中氧原子的孤对电子而形成桥键。铝原子的配位数由原来的 3 个增加为 4～6 个，低聚体的大小取决于有机基团的空间排列。由于位阻效应的影响，随着烷基的增长和支链的增加缔合度会降低。例如，叔丁醇铝为二聚体，而异丙醇铝、仲丁醇铝则主要为三聚体或四聚体，每个铝原子含有 4～6 个配位原子，其结构如图 3-2 所示。

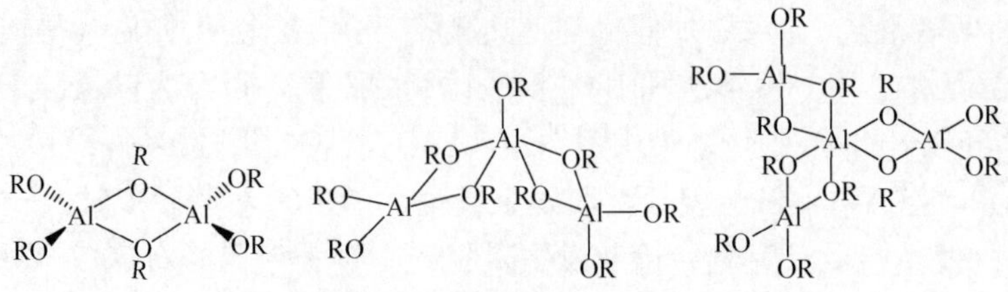

图 3-2 有机铝醇盐二聚体、三聚体、四聚体结构

由于有机铝醇盐分子中烷氧基有较强的电负性，使得铝原子极易受到亲核性离子攻击，所以有机铝醇盐化学性质通常较活泼，容易与—OH 基团发生反应。因此，有机铝醇盐中多聚体和寡聚单元的存在对水较为敏感，水解速率较快，容易与水反应形成沉淀，所以 Al_2O_3 溶胶的制备相对困难。

一般认为，有机铝醇盐在醇溶剂下与水发生反应主要有以下几种形式，以异丙醇铝为例：

1）水解反应：通过铝醇盐水解形成具有 Al—OH 结构的羟基化过程

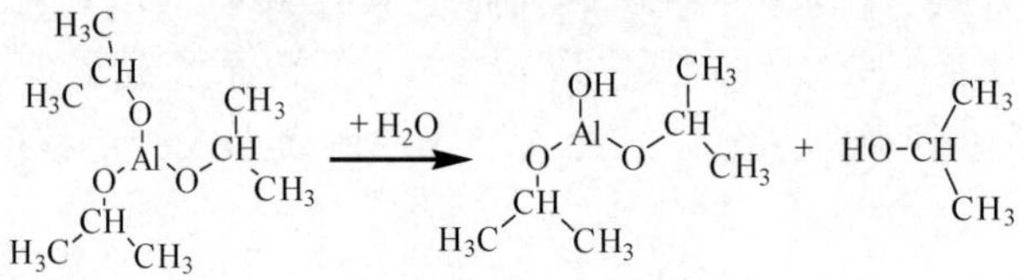

$$Al(OCH(CH_3)_2)_3 \xrightarrow{+H_2O} (HO)Al(OCH(CH_3)_2)_2 + HO\text{-}CH(CH_3)_2 \tag{3-1}$$

$$(HO)Al(OCH(CH_3)_2)_2 \xrightarrow{+H_2O} (HO)_2Al(OCH(CH_3)_2) + HO\text{-}CH(CH_3)_2 \tag{3-2}$$

$$(HO)_2Al(OCH(CH_3)_2) \xrightarrow{+H_2O} Al(OH)_3 + HO\text{-}CH(CH_3)_2 \tag{3-3}$$

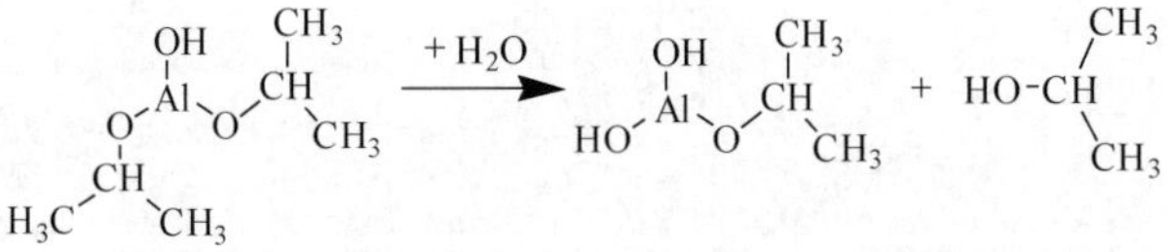

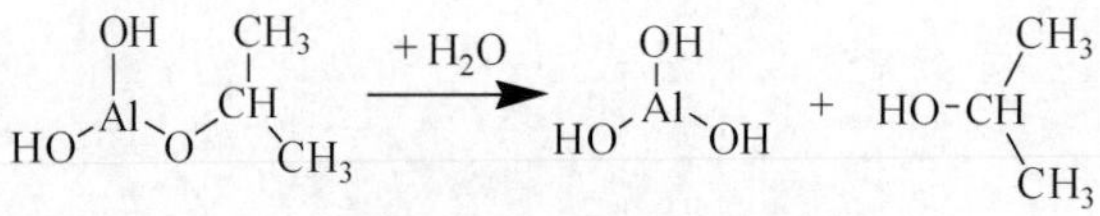

2）缩聚反应：通过脱醇或脱水发生缩聚反应

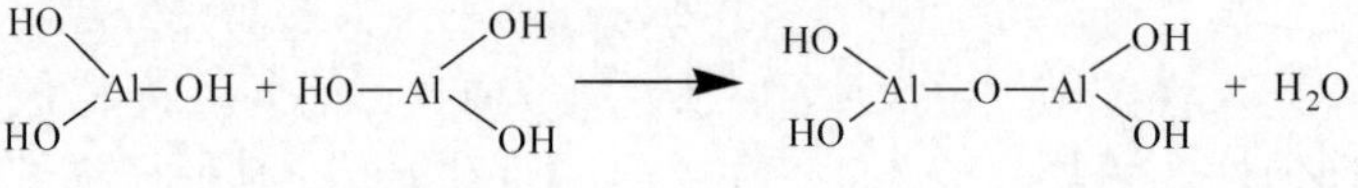

$$(HO)_2Al\text{-}OH + HO\text{-}Al(OH)_2 \longrightarrow (HO)_2Al\text{-}O\text{-}Al(OH)_2 + H_2O \tag{3-4}$$

$$(HO)_2Al\text{-}OH + Al(OCH(CH_3)_2)_3 \longrightarrow (HO)_2Al\text{-}O\text{-}Al(OCH(CH_3)_2)_2 + HO\text{-}CH(CH_3)_2 \tag{3-5}$$

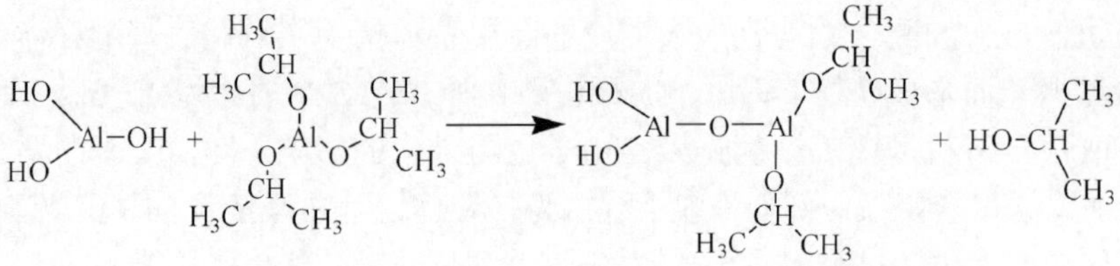

3）醇解反应：有机铝醇盐中的烷氧基被醇羟基所取代

$$Al[OCH(CH_3)_2]_3 + C_2H_5OH \longrightarrow Al[OCH(CH_3)_2]_2(OC_2H_5) + HO\text{-}CH(CH_3)_2 \tag{3-6}$$

$$Al[OCH(CH_3)_2]_3 + 2C_2H_5OH \longrightarrow Al[OCH(CH_3)_2](OC_2H_5)_2 + 2HO\text{-}CH(CH_3)_2 \tag{3-7}$$

$$Al[OCH(CH_3)_2]_3 + 3C_2H_5OH \longrightarrow Al(OC_2H_5)_3 + 3HO\text{-}CH(CH_3)_2 \tag{3-8}$$

2. Al_2O_3-SiO_2 溶胶-凝胶反应过程

（1）在 Al_2O_3 溶胶含量较多时，一般加入甲醇、水、冰醋酸，使 Al_2O_3-SiO_2 复合溶胶发生凝胶。由于仲丁醇铝主要为三聚体或四聚体结构（图 3-2），空间位阻效应的存在使其在水量较少时，三聚体或四聚体外围的烷氧基先水解生成羟基，因此在水量不足的情况下仍可以生成三维网状结构。而 SiO_2 溶胶部分水解后，主要是 $Si(OC_2H_5)_3(OH)$，只有一个羟基，与三聚体或四聚体外围的羟基发生缩聚反应后，阻止其进一步长大，结构如图 3-3 所示。

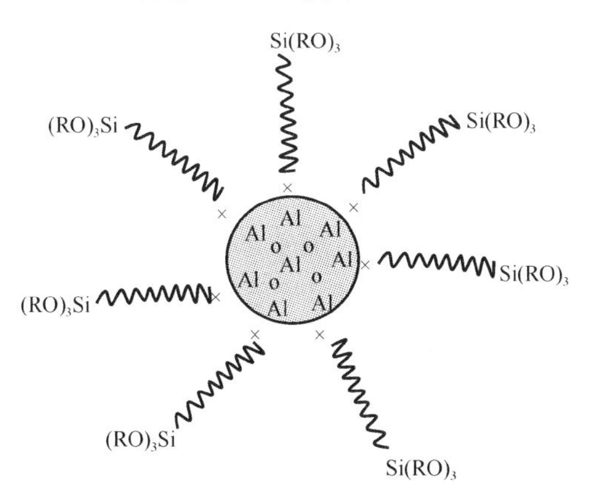

图 3-3　Al_2O_3 溶胶含量较多时的胶体粒子结构图

加入甲醇是为了进一步进行醇解反应，将大分子的烷氧基变成小分子的烷氧基，这样增加了胶体粒子的活性，使胶体粒子的大小更加均匀。加入冰醋酸主要是因在催化过程中存在螯合作用，其能够延缓仲丁醇铝的水解缩聚过程。乙酸根离子作为一种配位体，在溶胶中主要发生以下反应：

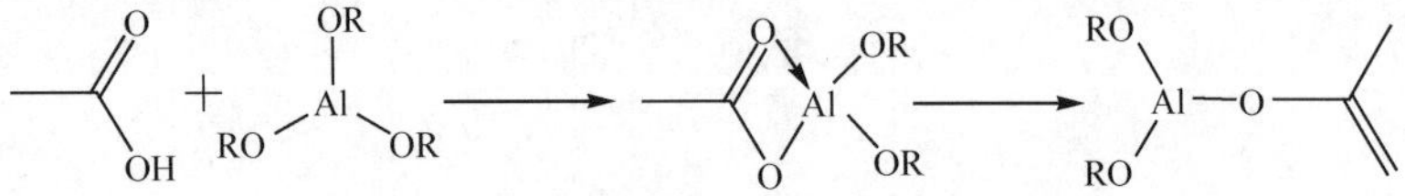

图 3-4　冰醋酸与铝醇盐的螯合反应

在反应过程中，冰醋酸由双配位桥联式向双配位螯合式和单配位体转变。由于乙酸根起到了两配位作用，冰醋酸取代了铝醇盐中的烷氧基后，形成相对稳定的络合物或网状大分子团，具有较高的化学稳定性，对水解和缩聚反应显示出一定的惰性，能够有效地控制纳米颗粒尺寸，同时也能阻止胶粒团聚，如图 3-4 所示。加入水的目的是为了进一步水解和缩聚，形成比较稳定的溶胶体系。

（2）在 SiO_2 溶胶较多时，一般加入乙醇和氨水，使 Al_2O_3-SiO_2 复合溶胶发生凝胶。在碱性催化剂条件下 TEOS 的水解为亲核反应机理，OH^-离子直接进攻硅原子核，由于 OH^-带负电且离子半径较小，异性电荷之间的相吸作用使进攻基团与中心硅原子容易接近，所以分子的反应活性显著提高，水解速率较快。

在氨水催化过程中，TEOS 水解产物缩聚速率较快，SiO_2 溶胶的分子量迅速增大，宏观表现为黏度迅速增加；而且聚合反应在多维方向上进行，形成短链交联的结构。此时，Al_2O_3 溶胶的三聚体或四聚体外围的羟基与 SiO_2 胶体粒子也发生缩聚反应，因此 Al_2O_3 溶胶粒子可能嵌入短链结构或在短链两端，随着聚合反应的进行，短链间不断交联，最终形成了凝胶。

3.1.2　Al_2O_3-SiO_2 气凝胶的制备工艺

1. Al_2O_3 溶胶制备

采用有机铝醇盐制备 Al_2O_3 溶胶时，由于有机铝醇盐水解速率较快，容易与水反应形成沉淀，所以要获得稳定澄清的 Al_2O_3 溶胶，铝醇盐先驱体及其水解产物的溶解性是一个重要因素，如果铝醇盐或产物的浓度大于其在溶剂中的溶解度，则容易产生沉淀而不能形成稳定溶胶。此外，制备工艺参数如铝醇盐种类、溶剂含量、水与铝醇盐的比例以及水解温度等对 Al_2O_3 溶胶性质均有重要的影响。

表 3-1 为工艺条件对 Al_2O_3 溶胶特性和凝胶时间的影响。可知，无论是以异丙醇铝还是仲丁醇铝为先驱体，在常温下水解都难以得到澄清透明的 Al_2O_3 溶胶，

这主要是由于铝醇盐在常温下与水反应形成了无定形态、单羟基的 Al—OH，而该结构容易转变成三羟基的拜耳石相 $Al(OH)_3$。拜耳石相由于颗粒较大，难溶于 EtOH 溶剂中，因此以沉淀的形式存在。当采用异丙醇铝（AIP）为先驱体，在 60℃条件下水解 1h，得到的还是含有沉淀的乳白色浑浊液。而采用仲丁醇铝（ASB）为先驱体，水解温度为 60℃下搅拌约 45min 后，溶胶由乳白色逐渐变为澄清透明溶液，可以获得稳定澄清的 Al_2O_3 溶胶。

表 3-1　工艺条件对 Al_2O_3 溶胶特性和凝胶时间的影响

溶胶配比（物质的量比）	水解条件	溶胶特性	凝胶时间
1AIP/16EtOH/0.6H_2O	25℃，1h	乳白色沉淀	—
1AIP/32EtOH/0.6H_2O	60℃，1h	乳白色沉淀	—
1ASB/16EtOH/0.6H_2O	25℃，45min	乳白色沉淀	—
1ASB/16EtOH/0.6H_2O	60℃，10min	乳白色	—
1ASB/16EtOH/0.6H_2O	60℃，45min	透明液体	1.5h
1ASB/12EtOH/0.6H_2O	60℃，45min	透明液体	1h
1ASB/8EtOH/0.6H_2O	60℃，45min	透明液体	30min
1ASB/4EtOH/0.6H_2O	60℃，45min	透明有少量沉淀	15min
1ASB/16EtOH/1.2H_2O	60℃，45min	乳白色沉淀	—

1）有机铝醇盐种类对 Al_2O_3 溶胶性质的影响

图 3-5 为异丙醇铝及仲丁醇铝 60℃水解产物的 XRD 图，可见，异丙醇铝的水解产物为非晶结构，其主要成分为 $Al_2O_3·5H_2O$ 的沉淀物，该物质颗粒较大，难溶于 EtOH 溶剂中，难以形成稳定的溶胶。仲丁醇铝水解产物主要为勃姆石多晶结构，即 AlO(OH)，该结构为多晶态的单羟基结构，Yoldas 认为[1]，只有产物为单羟基结构时才能得到稳定的溶胶，因此，仲丁醇铝水解产物颗粒较小，易溶于 EtOH 溶剂中，能够形成稳定澄清的 Al_2O_3 溶胶。

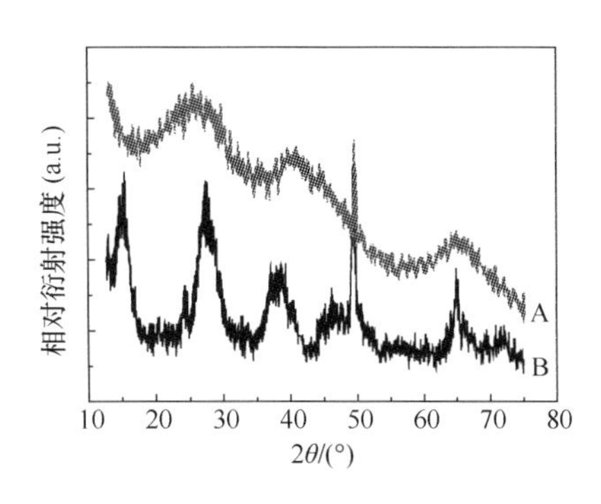

图 3-5　异丙醇铝（A）及仲丁醇铝（B）60℃水解产物 XRD 图

2）乙醇溶剂含量对 Al_2O_3 溶胶性质的影响

从表 3-1 中可知，乙醇（EtOH）溶剂含量对 Al_2O_3 溶胶稳定性有较大影响。随着 EtOH 含量的增加，Al_2O_3 溶胶的凝胶时间逐渐延长，其原因如下：

（1）EtOH 溶剂含量的增加起到了稀释 Al_2O_3 溶胶分子单体以及催化剂作用，降低了浓度，单位体积内所含的 Al—OH 单体数量减少，单体间碰撞的概率降低，阻碍了 Al—O—Al 网络结构链的发展，引起溶胶团簇的分离。正是由于溶胶中团簇与团簇之间的分离，使得网络结构生长缓慢，凝胶时间延长；

（2）尽管 EtOH 作为溶剂使仲丁醇铝与水混合均匀，但是 EtOH 含量的增加会阻碍仲丁醇铝的水解和缩聚反应历程，发生如下形式的酯化反应

$$>Al-OH + C_2H_5OH \longrightarrow >Al-OC_2H_5 + H_2O \tag{3-9}$$

$$>Al-O-Al< + C_2H_5OH \longrightarrow >Al-OC_2H_5 + >Al-OH \tag{3-10}$$

过量的 EtOH 减缓了溶胶中 Al—OH 单体的形成和 Si—O—Si 键的产生。另外，当 EtOH/ASB 物质的量的比为 4 时，溶胶开始出现混浊，并产生少量沉淀，其主要原因是 EtOH 量较少时，形成的勃姆石浓度超过了 EtOH 溶剂的最大溶解度，因此有少量勃姆石不能被溶解，最终产生少量沉淀。

3）水含量对 Al_2O_3 溶胶性质的影响

铝醇盐对水非常敏感，从表 3-1 中可知，当 H_2O/ASB 物质的量的比为 0.6 时，由于水量少，水解速率较低，仲丁醇铝未完全水解，易形成 $Al(OH)_x(OR)_{3-x}$（$0<x<3$），$Al(OH)_x(OR)_{3-x}$ 通过铝氧桥合作用形成 Al—O—Al 结构，最终形成稳定澄清的 Al_2O_3 溶胶。当 H_2O/ASB 物质的量比为 1.2 时，水解速率较快，减小了铝氧桥合作用，抑制了 Al—O—Al 链的形成，此时化学平衡更有利于 Al—OH 的产生，形成的 $Al(OH)_3$ 结构以沉淀存在，因此不易形成稳定澄清的 Al_2O_3 溶胶。

2. Al_2O_3-SiO_2 气凝胶制备

1）Al_2O_3 溶胶配比对 Al_2O_3-SiO_2 气凝胶基本性质的影响

Al_2O_3 溶胶配比对 Al_2O_3-SiO_2 气凝胶性质的影响如表 3-2 所示。可知，随着 Al_2O_3 溶胶配比中 EtOH 含量的增大，气凝胶的理论密度和实际密度相应减小，相应的凝胶在超临界过程中的收缩率增大，这是因为 EtOH 含量增大，湿凝胶中的醇含量增大，超临界干燥将 EtOH 除去后留下的气孔增多，导致其密度减小，收缩率增大。

表 3-2　Al_2O_3 溶胶配比对 Al_2O_3-SiO_2 气凝胶基本性质的影响

ASB/EtOH/H_2O	理论密度/（g/cm^3）	实际密度/（g/cm^3）	收缩率/%	透明度
1/8/0.6	0.069	0.073	5.8	高
1/12/0.6	0.057	0.062	8.8	高
1/16/0.6	0.047	0.051	10.6	高

注：SiO_2 溶胶配比：TEOS/H_2O/EtOH/HCl 为 $1/1/5/1.8\times10^{-3}$；Al/Si 为 3∶1；催化剂为酸性。

2）Al/Si 物质的量比对 Al_2O_3-SiO_2 气凝胶基本性质的影响

表 3-3 为 Al/Si 物质的量比对 Al_2O_3-SiO_2 气凝胶性质的影响，可见，随 Al/Si 物质的量比中 Al 含量的减小，气凝胶的实际密度和理论密度均增大，超临界干燥后收缩率呈减小趋势，气凝胶的颜色由淡蓝色变成灰绿色，600℃热处理后，变成淡蓝或乳白色。气凝胶的颜色主要取决于其微孔与颗粒的大小以及含杂质的情况。当颗粒大小在 1～100nm 时，对蓝光和紫外光有较强的瑞利散射，样品通常呈淡蓝色，说明其颗粒较小而且几乎不含杂质。Al 含量较高时透明度较高。透明度主要跟颗粒大小和均匀程度有关，透明度较高的说明颗粒尺寸较小，均匀性较好。硅含量较大的 Al_2O_3-SiO_2 气凝胶收缩率较小，铝含量较大时，Al_2O_3-SiO_2 气凝胶的强度和成块性都较好，图 3-6 为 Al/Si 物质的量比为 4∶1 的 Al_2O_3-SiO_2 块状气凝胶样品宏观照片，可见其成块性较好。

表 3-3　Al/Si 物质的量比对 Al_2O_3-SiO_2 气凝胶基本性质的影响

Al/Si 比例	催化剂酸碱性	理论密度/（g/cm^3）	实际密度/（g/cm^3）	收缩率/%	气凝胶特征	600℃热处理后颜色	透明度
8∶1	酸	0.051	0.053	3.9	淡蓝色块状	淡蓝色	高
4∶1	酸	0.054	0.059	9.2	淡蓝色块状	淡蓝色	高
3∶1	酸	0.057	0.062	8.8	淡蓝色块状	淡蓝色	高
2∶1	酸	0.060	0.065	8.3	微蓝色小块状	淡蓝色	中
1∶1	酸	0.069	0.070	1.4	乳白色小块状	乳白色	低
1∶1	碱	0.072	0.074	2.7	乳白色小块状	淡蓝色	中
1∶2	碱	0.081	0.081	0	灰色块状	微蓝色	低
1∶4	碱	0.095	0.097	2.1	略显灰绿块状	乳白色	低
1∶8	碱	0.107	0.108	0.9	略显灰绿块状	乳白色	低

3）Al/Si 物质的量比对 Al_2O_3-SiO_2 气凝胶比表面积的影响

气凝胶的比表面积对材料的隔热性能有重要的影响，一般认为，在密度相差不大的情况下，比表面积越高，隔热性能越好。采用马弗炉对 Al_2O_3-SiO_2 气凝胶进行热处理，热处理温度为 1000℃，热处理时间为 2h。图 3-7 为不同 Al/Si 物质

的量比的 Al_2O_3-SiO_2 气凝胶热处理后比表面积。从图 3-7（a）中可以看出，随着 Al/Si 物质的量比的降低，样品的比表面积先增后减，最大达到 444.5m^2/g，Al/Si 物质的量比为 8∶1、4∶1、3∶1 的样品都高于纯 Al_2O_3 气凝胶的比表面积，可见 SiO_2 的引入显著增加了气凝胶的比表面积，提高了 Al_2O_3 气凝胶的耐温性。这是因为引入了离子半径比 Al 小的 Si，当勃姆石结构在高温热处理后分解形成无定形态的 γ-Al_2O_3 时，硅离子容易进入 γ-Al_2O_3 结构的空位中，γ-Al_2O_3 为尖晶石结构，在其八面体结构中存在较多的空位。硅原子可以进入四面体部位导致额外的铝原子从四面体部位迁移到八面体部位上，从而降低了总的空位浓度。由于一个尖晶石结构单元有 8 个四面体阳离子部位，16 个八面体阳离子部位以及 32 个阴离子部位。为了满足化学平衡，在八面体部位存在 8/3 个空位，则空位对总的阳离子部位的百分比约为 10%。如果硅原子完全填充四面体部位而且铝原子完全填充八面体部位，则硅含量约为 13%[17]。Al/Si 物质的量比为 4∶1 和 3∶1 时，Si 的质量分数分别为 10.6%和 13.2%，都接近 13%的理论值，因此该物质的量比的 Al_2O_3-SiO_2 气凝胶结构的稳定性较好，热处理之后仍保持较高的比表面积。

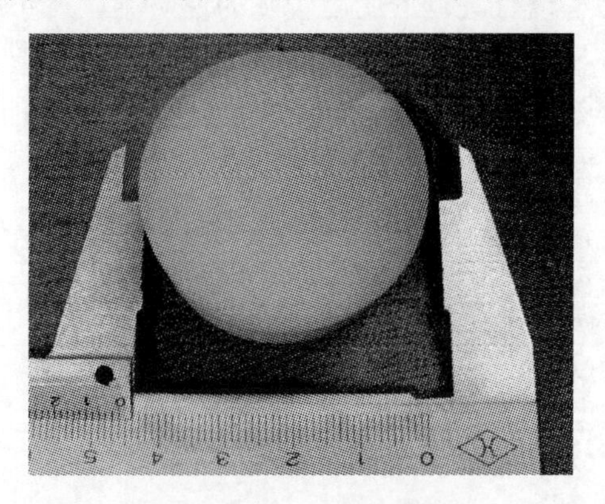

图 3-6　Al_2O_3-SiO_2 块状气凝胶样品照片

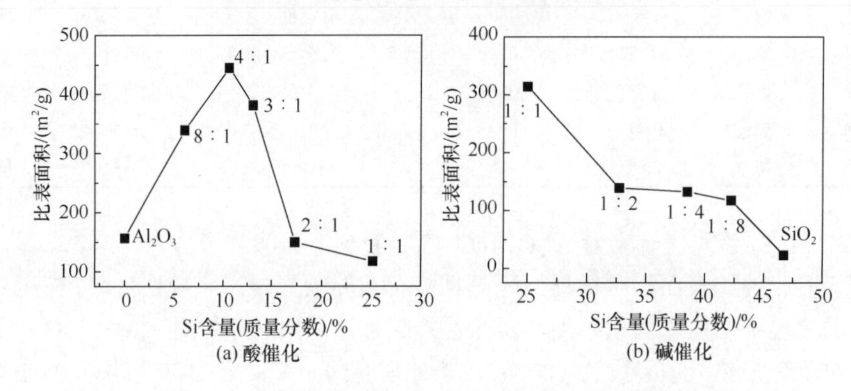

图 3-7　不同 Al/Si 物质的量比的 Al_2O_3-SiO_2 气凝胶热处理后的比表面积

从图 3-7（b）中可以看出，随着 Al/Si 物质的量比中铝含量的降低，样品的比表面积逐渐降低，其中 Al/Si 物质的量比为 1∶1 的样品比表面积最高，达到 $314m^2/g$，而且各物质的量比 Al_2O_3-SiO_2 气凝胶的比表面积都高于纯 SiO_2 气凝胶的比表面积。

4）Al/Si 物质的量比对 Al_2O_3-SiO_2 气凝胶红外谱图的影响

图 3-8 为 Al_2O_3、SiO_2 以及 Al_2O_3-SiO_2（不同 Al/Si 物质的量比）气凝胶的 FT-IR 谱。图中，F1 是指 Al_2O_3 含量较多时，采用甲醇、水、冰醋酸使 Al_2O_3-SiO_2 溶胶发生凝胶的方法；F2 是指 SiO_2 含量较多时，采用氨水、水使 Al_2O_3-SiO_2 溶胶发生凝胶的方法；8Al1Si 表示 Al/Si 物质的量比为 8∶1，后文中的 Al/Si 物质的量比均以此方法表示。

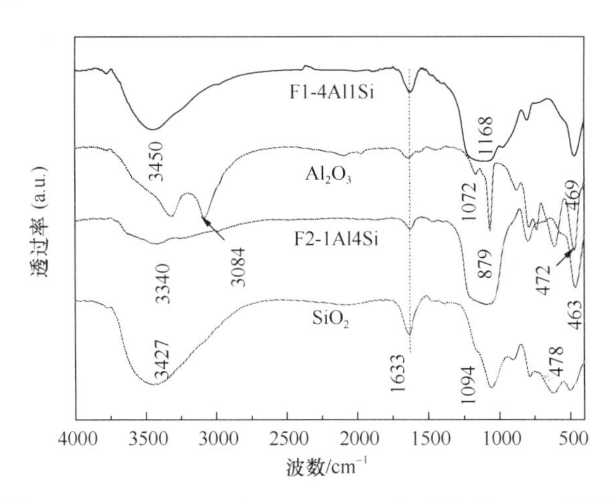

图 3-8　Al_2O_3、SiO_2 以及 Al_2O_3-SiO_2 气凝胶的 FT-IR 图谱

从图中可见，Al_2O_3 气凝胶存在较多的勃姆石结构吸收峰。其中 $3343cm^{-1}$、$3084cm^{-1}$、$2095cm^{-1}$、$1168cm^{-1}$、$1072cm^{-1}$ 处为 Al_2O_3 气凝胶结构中的 Al—OH 吸收峰；$879cm^{-1}$、$469cm^{-1}$ 处为 Al—O—Al 吸收峰；$1644cm^{-1}$ 处的吸收峰为气凝胶表面吸附水时 H—O—H 的弯曲振动；$609cm^{-1}$、$731cm^{-1}$ 处分别是八面体 Al 和四面体 Al 的吸收峰。此外，在 $1385cm^{-1}$ 处还存在 C—H 吸收峰，同时在 $2966cm^{-1}$、$2896cm^{-1}$ 处有微弱的 C—H 吸收峰，这些 C—H 吸收峰主要来源于仲丁醇铝未完全水解的 Al—OR 基团。因此，Al_2O_3 气凝胶主要由勃姆石结构以及少量的有机基团组成。F1-4Al1Si 是 Al_2O_3 含量较多的 Al_2O_3—SiO_2 气凝胶，其红外吸收峰相对于纯 Al_2O_3 气凝胶的红外吸收峰发生了一些变化，其中 $1072cm^{-1}$ 处的 Al—OH 吸收峰向右漂移到 $1064cm^{-1}$，原因是 Al_2O_3—SiO_2 气凝胶中部分 Si 取代了—OH 基团上的 H，形成 Al—O—Si，受 Si^{4+} 离子和质子重排，从而导致峰位漂移。$907cm^{-1}$

左右的峰是 Al—O—Si 的特征吸收峰，说明此时气凝胶网络结构中已经出现 Al—O—Si 的键。

从纯 SiO_2 气凝胶的 FT-IR 图谱（图 3-8）中可以看出，$3427cm^{-1}$ 处和 $1633cm^{-1}$ 附近出现的吸收峰分别代表 O—H 的伸缩振动和弯曲振动；$2982cm^{-1}$ 和 $2893cm^{-1}$ 的吸收峰分别为 CH_3 的反对称伸缩振动和对称伸缩振动；$1084cm^{-1}$ 附近、$799cm^{-1}$ 和 $478cm^{-1}$ 附近出现的吸收峰分别为 Si—O—Si 的反对称伸缩振动、对称伸缩振动和弯曲振动；$979cm^{-1}$ 附近的吸收峰为 CH_3 的弯曲振动和 Si—OH 的伸缩振动。F2-1Al4Si 是 SiO_2 含量较多的 Al_2O_3-SiO_2 气凝胶，与纯 SiO_2 气凝胶 FT-IR 谱图相比，$979cm^{-1}$ 附近的吸收峰消失，$478cm^{-1}$ 附近的吸收峰漂移到 $463cm^{-1}$ 附近。

图 3-9 为不同 Al/Si 物质的量比的 Al_2O_3-SiO_2 气凝胶 FT-IR 谱。可见，随着 Al 含量的降低，Si 含量的升高，$907cm^{-1}$ 左右的 Al—O—Si 特征吸收峰逐渐减弱直至消失，说明 Al—O—Si 键的数目在减少；$799cm^{-1}$ 附近的 Si—O—Si 对称伸缩振动吸收峰不断加强，Al/Si 物质的量比小于 3∶1 时（除 F2-1Al1Si），$610cm^{-1}$ 附近的八面体 Al 的吸收峰都消失了。对比图 3-7（b）可见，存在八面体结构的 Al_2O_3-SiO_2 气凝胶 1000℃热处理后比表面积较高，热稳定性较好。

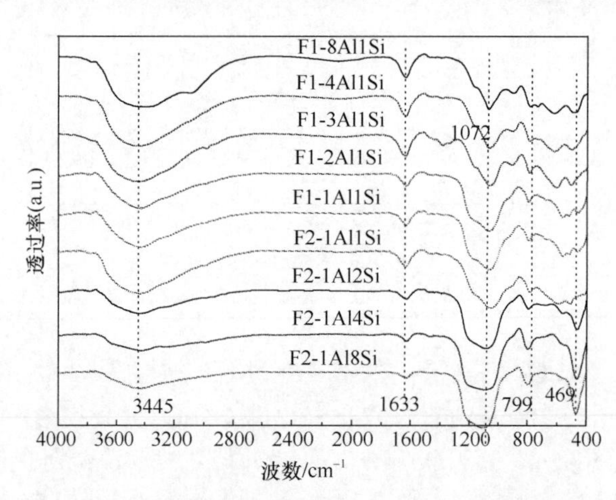

图 3-9　不同 Al/Si 物质的量比的 Al_2O_3-SiO_2 气凝胶 FT-IR 图谱

5）Al/Si 物质的量比对 Al_2O_3-SiO_2 气凝胶晶态结构的影响

图 3-10 为不同 Al/Si 物质的量比 Al_2O_3-SiO_2 气凝胶经 1000℃处理 2h 后的 XRD 图谱。可见，用 F2 法制备的 Al_2O_3-SiO_2 气凝胶，当 Al/Si 物质的量比小于 1∶1，在 2θ 约为 25°的位置，都有一个宽且强度较大的衍射峰，该峰为无定形 SiO_2 的衍射峰。当 Al/Si 物质的量比为 1∶1 时，才出现微弱的 γ-Al_2O_3 衍射峰，此时 SiO_2 的衍射峰强度减小。

用 F1 法制备的 Al_2O_3-SiO_2 气凝胶，当 Al/Si 物质的量比为 1∶1 和 2∶1 时，只出现 SiO_2 的衍射峰，Al/Si 物质的量比为 4∶1 和 8∶1 时出现较强的 γ-Al_2O_3 衍射峰。出现这种现象的原因可能是溶胶在凝胶过程中，由于 Al/Si 比例不同，其凝胶机理不同，从而导致形成的网络结构不同。图 3-11 为不同铝硅含量时 Al_2O_3-SiO_2 气凝胶网络结构示意图。可见，Si 含量较高时，主要形成 SiO_2 网络结构，Al_2O_3 分布其中，随着 Al 含量增高，在 1000℃时析出 γ-Al_2O_3 晶相。因此，用不同方法制备的 Al_2O_3-SiO_2 气凝胶经 1000℃处理后，只有 Al_2O_3 含量达到一定程度时才会出现其衍射峰。

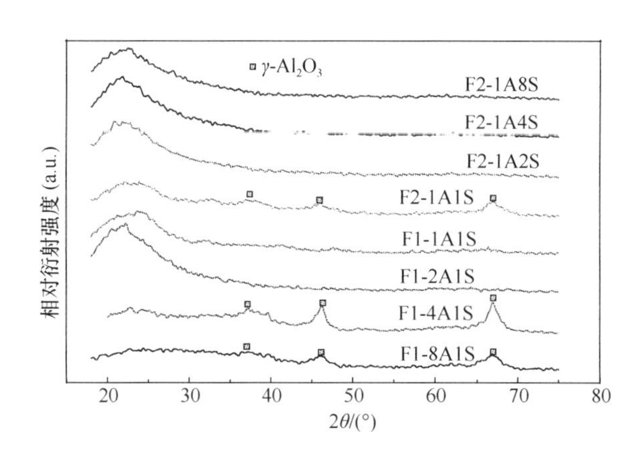

图 3-10　不同 Al/Si 物质的量比的 Al_2O_3-SiO_2 气凝胶 XRD 图谱

```
 |      |      |
—Si —O —Si —O —Si —O —Al—
 |      |      |      |
 O      O      O      O
 |      |      |      |
—Si —O —Si —O —Al —O —Si—
 |      |             |
```

(a) 富含SiO_2

```
                              |
—Al —O —Al —O —Al —O —Si—
 |      |      |      |
 O      O      O      O
 |      |      |      |
—Al —O —Al —O —Si —O —Al—
                |
```

(b) 富含Al_2O_3

```
 |             |
—Si —O —Al —O —Si —O —Al—
 |      |      |      |
 O      O      O      O
 |      |      |      |
—Al —O —Si —O —Al —O —Si—
        |             |
```

(c) Si—O—Al交联

图 3-11　不同铝硅含量 Al_2O_3-SiO_2 气凝胶网络结构示意图

3.1.3 Al_2O_3-SiO_2 气凝胶的耐温性

1. XRD 分析

图 3-12 为 Al/Si 物质的量比为 3∶1 的 Al_2O_3-SiO_2 气凝胶经不同温度热处理 2h 前后的 XRD 图谱。可见，在 400℃以下，都有较为明显的 γ-AlOOH 衍射峰。当处理温度达到 600℃时，勃姆石晶型消失，出现微弱的 γ-Al_2O_3 衍射峰，随着处理温度的升高，γ-Al_2O_3 衍射峰强度增加；当处理温度为 1100℃时，γ-Al_2O_3 衍射峰更为明显；当处理温度达到 1200℃时，出现了尖锐且强度较大的衍射峰，主要为莫来石晶相。Poco 等[18]研究认为，当 Al_2O_3-SiO_2 气凝胶中的 Al/Si 物质的量比为 4∶1 和 3∶1 附近时，气凝胶会发生莫来石相转变。

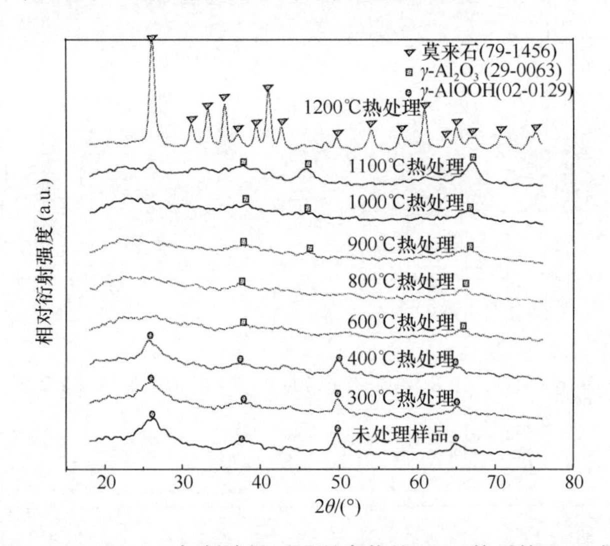

图 3-12 Al_2O_3-SiO_2 气凝胶经不同温度热处理 2h 前后的 XRD 图谱

2. FT-IR 分析

图 3-13 是 Al/Si 物质的量比为 3∶1 的 Al_2O_3-SiO_2 气凝胶不同温度热处理 2h 前后 FT-IR 图谱。可见，所有 Al—O 和 Si—O 的相关振动主要出现在 1200～400cm^{-1} 之间[19]，图中各曲线在 3440cm^{-1} 左右是—OH 基团伸缩振动有关的吸收峰，1635cm^{-1} 左右的吸收峰对应于 H—O—H 的弯曲振动，主要是由气凝胶表面存在的吸附水引起的。超临界干燥后的 Al_2O_3-SiO_2 气凝胶在 3100cm^{-1}、2098cm^{-1}、1168cm^{-1} 处有微弱的吸收峰，主要是勃姆石结构中 Al—OH 的振动峰；1066cm^{-1} 处为 Si—O—Si 的伸缩振动峰；905cm^{-1} 左右的峰是 Al—O—Si 的吸收峰，说明此时凝胶网络结构中已经出现 Al—O—Si—O 的键；729cm^{-1} 左右为 Al^{3+}离子四面体

结构的吸收峰；780cm^{-1} 和 615cm^{-1} 左右为 Al^{3+}离子八面体结构的吸收峰[19]，可以说并不是所有 Al^{3+}离子都在网络结构中，而是以另一种方式聚集。

400℃热处理前后的 Al_2O_3-SiO_2 气凝胶的红外图谱相近。600～1100℃热处理后样品的吸收峰除吸附水吸收峰外，主要有 1385cm^{-1} 和 550cm^{-1} 的 Al—O 振动峰和 1020cm^{-1} 左右的 Si—O—Si 伸缩振动峰，其他峰强度随温度升高而减小。当热处理温度达到 1200℃时，Al—O 振动峰强度增大，Si—O—Si 伸缩振动峰消失，905cm^{-1} 左右出现较宽的 Al—O—Si 的吸收峰，1183cm^{-1}、750cm^{-1}、590cm^{-1} 处出现莫来石特征峰，表明已生成莫来石结构，这与 XRD 测试结果（图 3-12）相同。

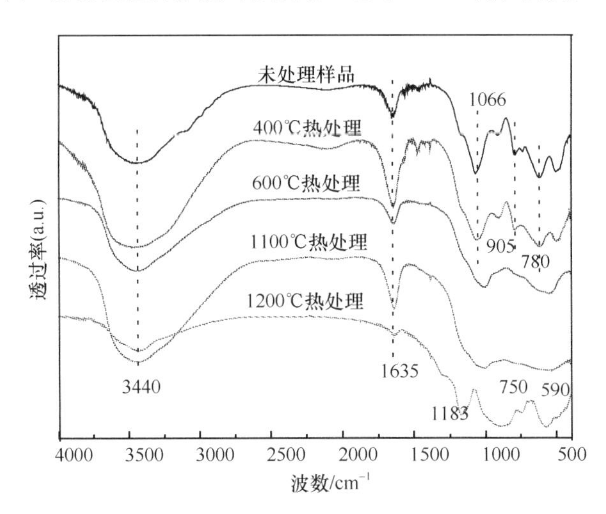

图 3-13　不同温度热处理前后的 Al_2O_3-SiO_2 气凝胶 FT-IR 图谱

3. 比表面积分析

图 3-14 为 Al_2O_3 和 Al_2O_3-SiO_2 气凝胶（不同 Al/Si 物质的量比）经不同温度热处理 2h 后的比表面积。可见，气凝胶的比表面积均随热处理温度的升高而降低，经 1200℃热处理后气凝胶仍然具有较高的比表面积。Al/Si 物质的量比为 3∶1、4∶1 时，气凝胶的比表面积高于纯 Al_2O_3 气凝胶的比表面积，这主要是因为 Si 引入 Al_2O_3 结构中后，Al_2O_3 的晶格振动在高温时被抑制，从而抑制了 α 相晶核形成时的原子重排，使 Al_2O_3-SiO_2 气凝胶经高温热处理后仍然具有较高的比表面积。

4. TG-DSC 分析

图 3-15 为不同 Al/Si 物质的量比 Al_2O_3-SiO_2 气凝胶在空气气氛中的 TG-DSC 曲线。可见，从室温到 1200℃的升温过程中 Al_2O_3-SiO_2 气凝胶存在两次比较明

显的失重。在 200℃以内为第 1 次失重，失重率为 2.4%～5.9%，这主要是 Al_2O_3-SiO_2 气凝胶存在物理吸附水以及少量醇溶剂的去除所致；第 2 次失重在 300～700℃之间，失重率为 9%～14.6%，DSC 曲线在该区域呈放热状态，同时存在一个吸热峰，而且 Al_2O_3-SiO_2 气凝胶在 400℃和 500℃热处理后，由乳白色逐渐变成灰色，如图 3-16 所示，其放热峰主要是由气凝胶结构中未完全水解的 Al—OR 基团的分解所致，482℃左右是 Al_2O_3-SiO_2 气凝胶中勃姆石结构（γ-AlOOH）逐渐转变为 γ-Al_2O_3 结构的吸热峰；随着温度升高，Al_2O_3-SiO_2 气凝胶中有机基团已完全分解，此时气凝胶又由灰色转变为白色不透明状。在高温阶段，气凝胶的质量几乎保持不变，但 DSC 曲线出现放热峰，不同 Al/Si 物质的量比 Al_2O_3-SiO_2 气凝胶放热峰对应的温度不同，Al/Si 物质的量比为 8∶1 时为 1082℃，其次是 3∶1，为 1077℃。

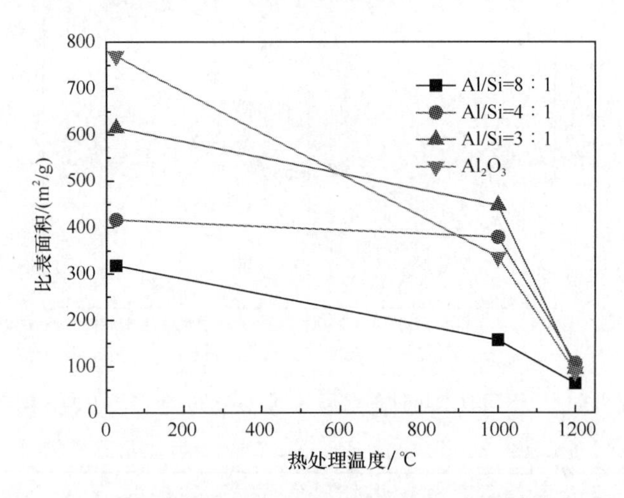

图 3-14 不同温度热处理 Al_2O_3 和 Al_2O_3-SiO_2 气凝胶比表面积

表 3-4 为不同 Al/Si 物质的量比 Al_2O_3-SiO_2 气凝胶的失重率。可知，随着 Al_2O_3 含量的增加，失重率增大，原因是在 Al_2O_3-SiO_2 气凝胶制备过程中，若 Al_2O_3 含量较多，Al_2O_3 溶胶的水解不如 SiO_2 溶胶充分，在气凝胶残留的有机物较多，在加热过程中失重也较多。

5. 微观形貌分析

图 3-17 为 Al_2O_3 和 Al_2O_3-SiO_2 气凝胶在 1000℃和 1200℃热处理后微观形貌。可见，经高温热处理后，气凝胶仍然具有纳米多孔网络结构，其中 Al_2O_3-SiO_2 气凝胶（Al/Si 物质的量比为 3∶1）骨架颗粒在 1000℃和 1200℃下都小于 Al_2O_3 气凝胶的骨架颗粒。

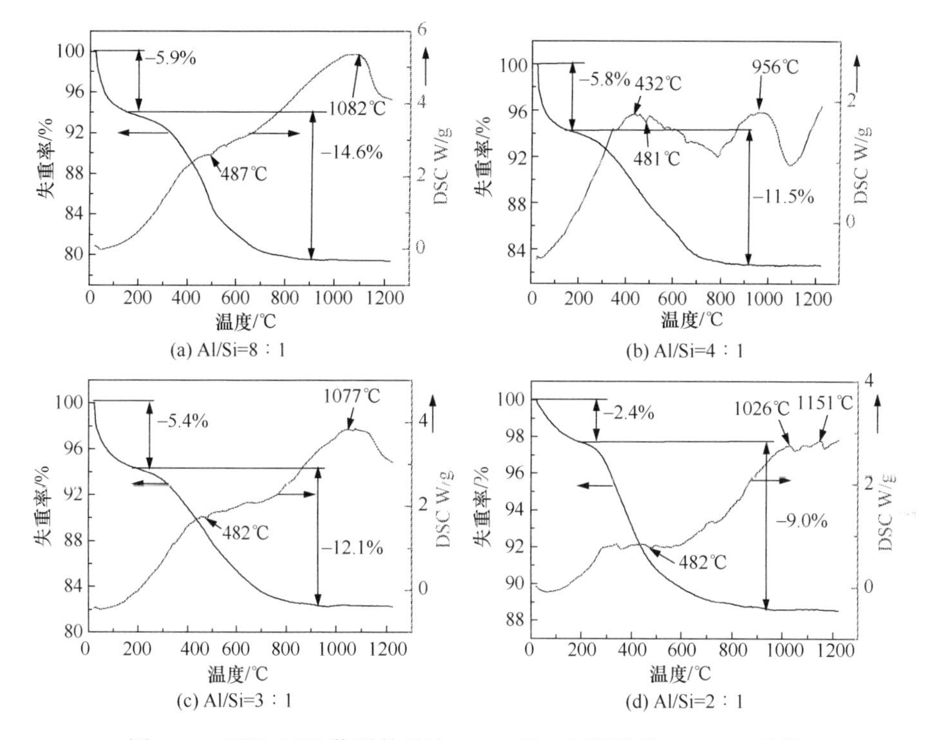

图 3-15 不同 Al/Si 物质的量比 Al_2O_3-SiO_2 气凝胶的 TG-DSC 曲线

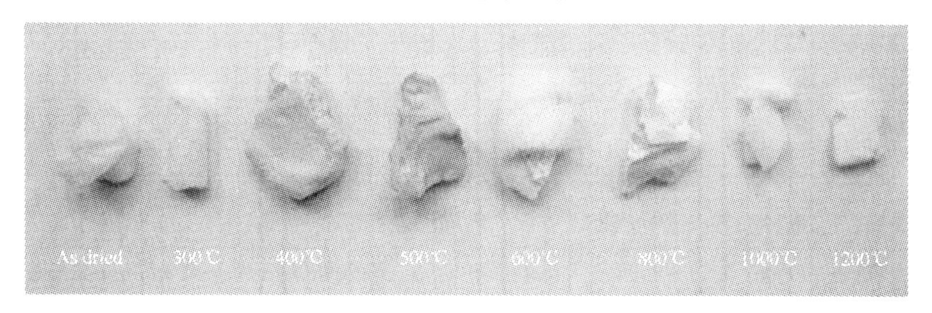

图 3-16 Al_2O_3-SiO_2 气凝胶在不同温度热处理下的宏观形貌

表 3-4 不同 Al/Si 物质的量比 Al_2O_3-SiO_2 气凝胶的失重率

Al/Si 物质的量比	8∶1	4∶1	3∶1	2∶1
失重率/%	20.61	17.41	17.77	11.48

图 3-18 为 SiO_2、Al_2O_3-SiO_2 气凝胶经 1200℃热处理 2h 后的宏观照片。可见，热处理后 Al_2O_3-SiO_2 气凝胶宏观形貌保持较好，仍为乳白色块体，而 SiO_2 气凝胶已经严重烧结，发生了玻璃态转变，表明 Al_2O_3-SiO_2 气凝胶相对于 SiO_2 气凝胶具有更好的耐高温性能。

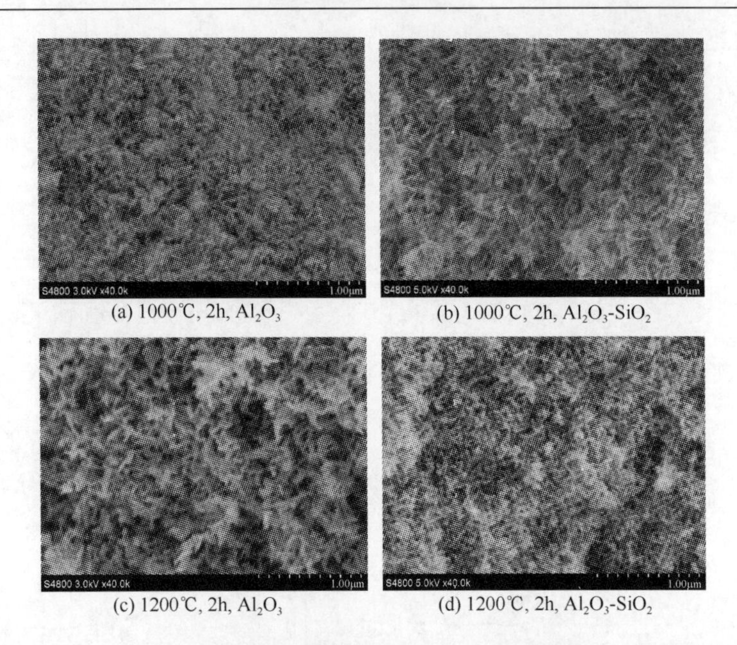

(a) 1000℃, 2h, Al_2O_3 (b) 1000℃, 2h, Al_2O_3-SiO_2

(c) 1200℃, 2h, Al_2O_3 (d) 1200℃, 2h, Al_2O_3-SiO_2

图 3-17 Al_2O_3 和 Al_2O_3-SiO_2 气凝胶在 1000℃和 1200℃热处理后微观形貌

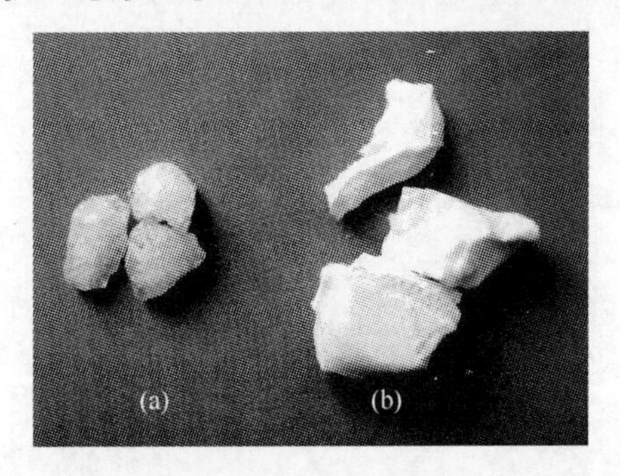

图 3-18 1200℃热处理后 SiO_2（a）、Al_2O_3-SiO_2（b）气凝胶照片

3.2 Al_2O_3-SiO_2 气凝胶高效隔热复合材料

Al_2O_3-SiO_2 气凝胶和 SiO_2 气凝胶一样，存在力学性能较差的问题，限制了其在高温隔热保温领域的应用范围。采用纤维增强 Al_2O_3-SiO_2 气凝胶是提高 Al_2O_3-SiO_2 气凝胶力学性能的一种重要方法。本节主要介绍纤维增强 Al_2O_3-SiO_2 气凝胶高效隔热复合材料的制备工艺、结构与性能。

3.2.1 Al_2O_3-SiO_2 气凝胶高效隔热复合材料的制备工艺

图 3-19 为 Al_2O_3-SiO_2 气凝胶高效隔热复合材料制备工艺流程。首先将仲丁醇

铝（ASB）与水按一定的物质的量比混合于乙醇（EtOH）中，恒温搅拌若干分钟，溶胶逐渐由混浊变澄清，静置、冷却至室温，获得 Al_2O_3 溶胶；然后采用正硅酸乙酯（TEOS）、水（H_2O）、乙醇（EtOH）、盐酸（HCl）按一定的物质的量比混合配制 SiO_2 溶胶，搅拌并静置一定时间，使正硅酸乙酯充分水解，获得 SiO_2 溶胶。在制备好的 Al_2O_3 溶胶中按比例加入一定量的 SiO_2 溶胶，混合搅拌均匀后，加入一定量的甲醇、水和醋酸混合溶液，最终得到 Al_2O_3-SiO_2 溶胶。

将 Al_2O_3-SiO_2 溶胶与增强纤维混合，得到纤维复合溶胶混合体，经凝胶、老化、超临界干燥后，得到 Al_2O_3-SiO_2 气凝胶高效隔热复合材料。

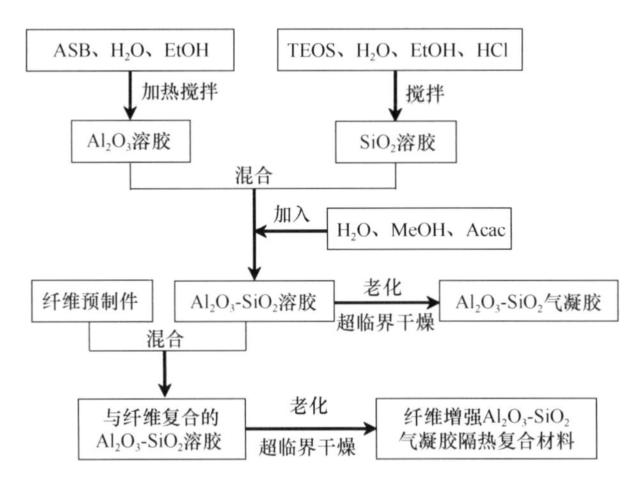

图 3-19　Al_2O_3-SiO_2 气凝胶高效隔热复合材料制备工艺流程

3.2.2　Al_2O_3-SiO_2 气凝胶复合材料的隔热性能

1. Al/Si 物质的量比对 Al_2O_3-SiO_2 气凝胶复合材料热导率的影响

图 3-20 为不同温度下 Al_2O_3 和 Al_2O_3-SiO_2（不同 Al/Si 物质的量比）气凝胶复合材料的高温热导率，可见，随着温度的升高，材料的热导率均上升。在 1000℃时，气凝胶复合材料的热导率在 0.083～0.095W/(m·K)之间，Al/Si 物质的量比为 3∶1 和 8∶1 的 Al_2O_3-SiO_2 气凝胶复合材料在高温热导率较低。总的说来，Al/Si 物质的量比对 Al_2O_3-SiO_2 气凝胶复合材料的热导率影响不大。

2. Al/Si 物质的量比对 Al_2O_3-SiO_2 气凝胶复合材料隔热效果的影响

图 3-21 为不同 Al/Si 物质的量比的 Al_2O_3-SiO_2 气凝胶复合材料的隔热效果（热面温度 600℃）。可见，Al/Si 物质的量比为 3∶1 的 Al_2O_3-SiO_2 气凝胶复合材料的冷面温度最低，隔热效果较好。

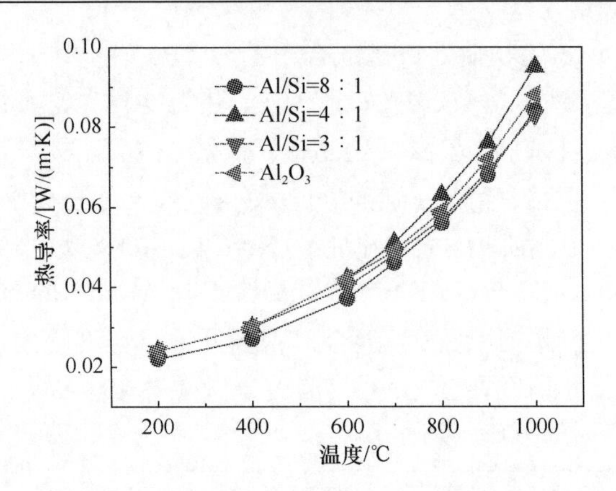

图 3-20 Al_2O_3和Al_2O_3-SiO_2（不同 Al/Si 物质的量比）气凝胶复合材料的高温热导率

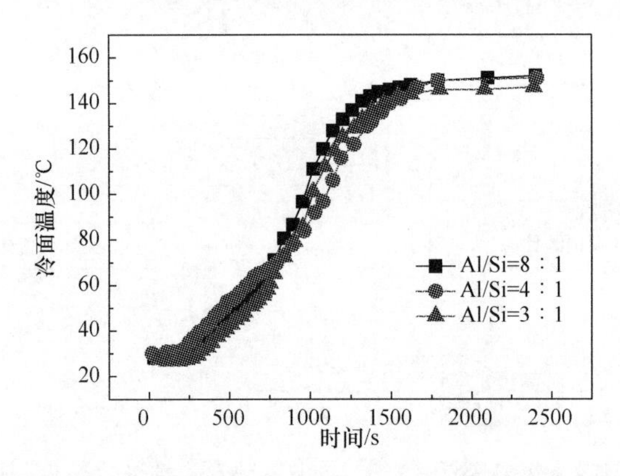

图 3-21 不同 Al/Si 物质的量比的Al_2O_3-SiO_2气凝胶复合材料的隔热效果

3. Al_2O_3-SiO_2气凝胶密度对复合材料热导率的影响

图 3-22 为Al_2O_3-SiO_2气凝胶复合材料高温热导率随气凝胶基体密度的变化。选择 Al_2O_3-SiO_2 气凝胶密度为 0.0567g/cm^3 和 0.0773g/cm^3，纤维体积密度为 0.15g/cm^3。可见，在 200℃时，两种密度的气凝胶复合材料热导率相同，且为 0.024W/(m·K)。随着温度升高，气凝胶密度大的复合材料的高温热导率较低，在 1000℃时，材料的热导率分别为 0.083W/(m·K)和 0.088W/(m·K)。

4. Al_2O_3-SiO_2气凝胶密度对复合材料隔热效果的影响

图 3-23 为Al_2O_3-SiO_2气凝胶复合材料隔热效果随气凝胶基体密度的变化，从图中可以看出，四个样品的冷面温度相差不是很大，3#样品在稳态时相对具有最低的冷面温度。

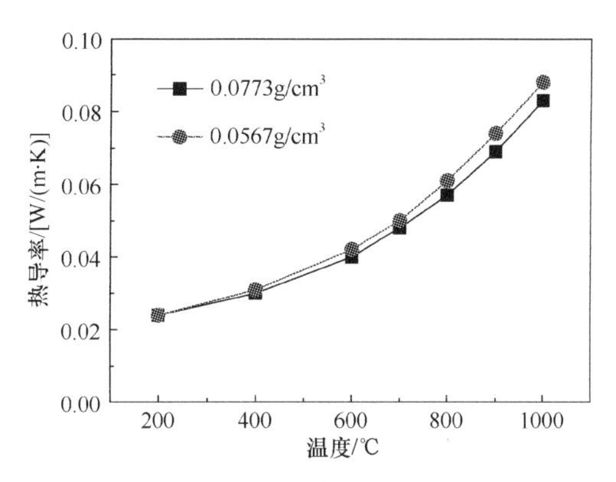

图 3-22 Al_2O_3-SiO_2 气凝胶复合材料高温热导率随气凝胶基体密度的变化

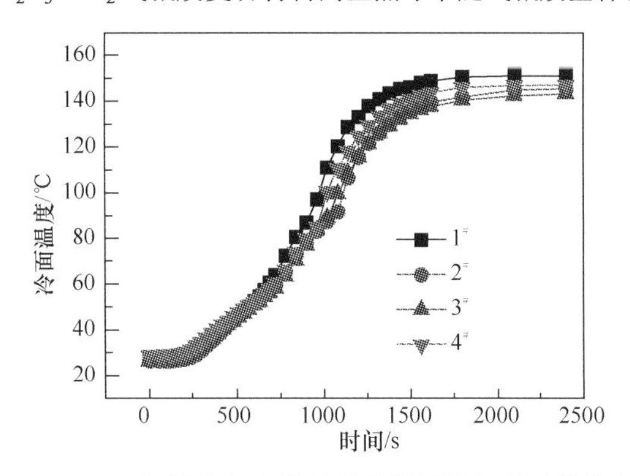

图 3-23 Al_2O_3-SiO_2 气凝胶复合材料隔热效果随气凝胶基体密度的变化

1#—Al_2O_3，ρ=0.050 g/cm³；2#—Al/Si=3∶1，ρ=0.0567g/cm³；
3#—Al/Si=3∶1，ρ=0.0692g/cm³；4#—Al/Si=3∶1，ρ=0.0907g/cm³

5. 纤维体积密度对 Al_2O_3-SiO_2 气凝胶隔热复合材料热导率的影响

图 3-24 为 Al_2O_3-SiO_2 气凝胶复合材料高温热导率随纤维体积密度的变化，纤维体积密度分别为 0.15g/cm³、0.20g/cm³、0.25g/cm³。可以看出，随着温度的升高，复合材料的热导率增大；纤维体积密度越大，复合材料的高温热导率越低。200℃时，3 种气凝胶复合材料的热导率为 0.024～0.026W/(m·K)，差别不大，当温度升高到 1000℃时，纤维体积密度为 0.25g/cm³ 的 Al_2O_3-SiO_2 气凝胶复合材料热导率最低，为 0.062W/(m·K)。这主要是因为随着纤维体积密度的增大，纤维对高温红外辐射的阻挡作用增强。

3.2.3 Al_2O_3-SiO_2 气凝胶高效隔热复合材料的力学性能

1. Al_2O_3-SiO_2 气凝胶密度对复合材料力学性能的影响

图 3-25 为 Al_2O_3-SiO_2 气凝胶复合材料力学性能随气凝胶基体密度的变化，其

中 Al/Si 物质的量比为 3∶1，Al_2O_3-SiO_2 气凝胶密度为 0.072g/cm^3、0.058g/cm^3、0.049 g/cm^3。可见，材料的弯曲、拉伸和压缩强度都是随气凝胶密度增大而增大，这是因为随着气凝胶基体密度的增加，孔隙率降低，气凝胶基体强度提高；同时，气凝胶基体对纤维的束缚能力较强，基体与纤维的结合较紧，纤维增强作用明显，纤维与气凝胶基体之间的结合较好，基体传递载荷能力强，材料力学性能高。此

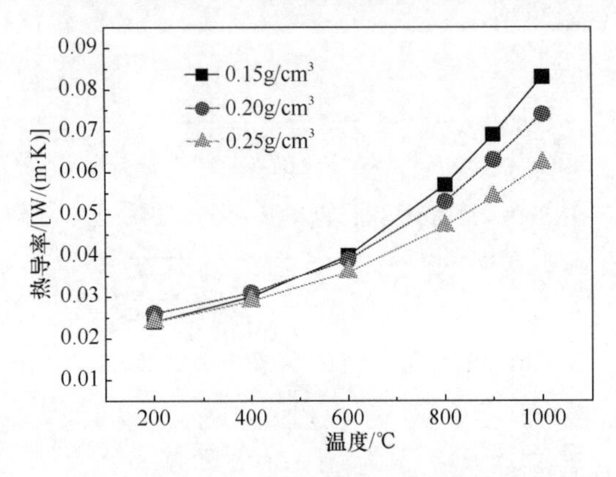

图 3-24 Al_2O_3-SiO_2 气凝胶复合材料高温热导率随纤维体积密度的变化

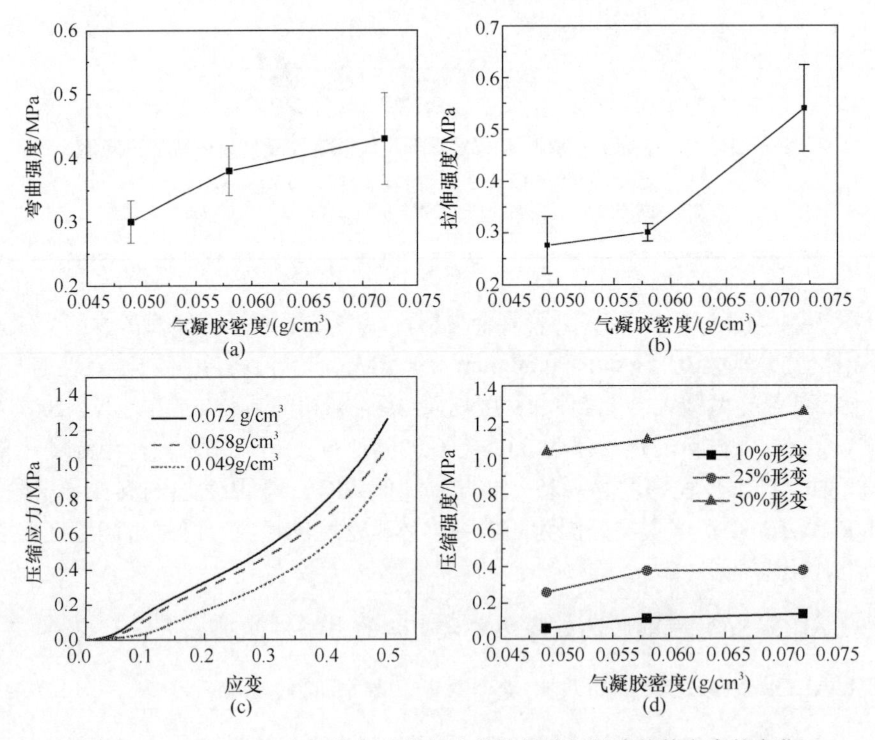

图 3-25 Al_2O_3-SiO_2 气凝胶复合材料力学性能随气凝胶基体密度的变化

外，随着气凝胶密度的增大，气凝胶基体中孔隙和孔径（相当于裂纹和缺陷的数量和大小）降低，这就减少了可能产生应力集中的区域。

2. 纤维体积密度对复合材料力学性能的影响

图 3-26 为 Al_2O_3-SiO_2 气凝胶复合材料力学性能随不同纤维体积密度的变化，其中 Al/Si 物质的量比为 3∶1，纤维体积密度分别为 0.15g/cm^3、0.20g/cm^3、0.25g/cm^3。可见，随着纤维体积密度的增加，Al_2O_3-SiO_2 气凝胶复合材料的弯曲、拉伸和压缩强度降低。

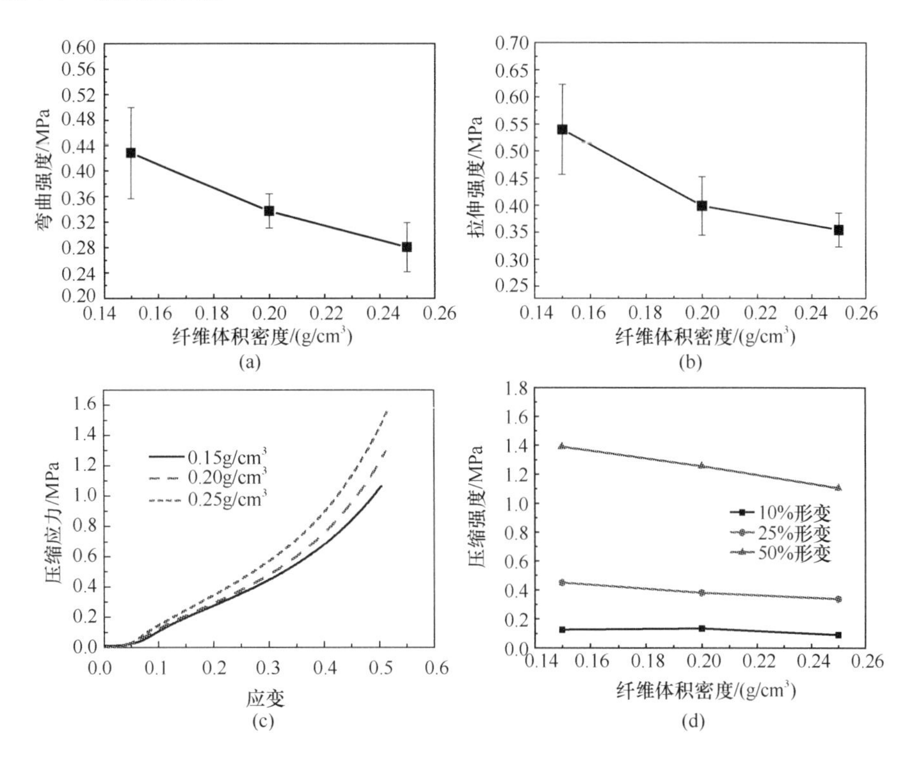

图 3-26　Al_2O_3-SiO_2 气凝胶复合材料力学性能随纤维体积密度的变化

纤维体积密度的改变对 Al_2O_3-SiO_2 气凝胶隔热复合材料力学性能的影响较为复杂。当采用某一确定的溶胶配比时，由于在超临界干燥过程中纤维对气凝胶基体的收缩有抑制作用，导致不同纤维体积密度的样品最终的气凝胶基体密度有所不同，因此气凝胶与纤维之间的界面结合程度也有所差别。当纤维体积密度较低时，纤维对气凝胶收缩的抑制较小，样品收缩较大，气凝胶密度较高，气凝胶与纤维之间的界面结合较强，从而使复合材料的力学性能较好。

而当纤维体积密度在一定的范围内增加时，纤维对气凝胶基体收缩的抑制作用较为明显，气凝胶密度随纤维体积密度的变化改变不大，不同纤维体积密度的样品，其气凝胶与纤维之间的界面结合强度相差不大，此时气凝胶隔热复合材料的力学性能随纤维体积密度的增加，变化不大。

若纤维体积密度过大，纤维在基体中分布不均匀，这容易导致低应力破坏，特别是某些纤维相互接触，使复合材料内部应力分布不均匀。当纤维相互接触时，在拉伸状态中特别容易造成应力集中，导致复合材料低应力破坏。

3.2.4 Al_2O_3-SiO_2 气凝胶高效隔热复合材料的耐温性能

气凝胶材料受到强烈的外界热载荷加热时，材料的纳米孔结构会发生变化，造成材料结构的破坏，其力学和隔热性能下降，从而影响材料的使用，极端情况下会造成材料失效。本节主要介绍了 Al_2O_3-SiO_2 气凝胶隔热复合材料在高温下的结构、性能变化规律，包括高温环境下的尺寸和质量变化、以及压缩性能（强度和模量）、隔热性能等变化。

采用马弗炉热处理研究复合材料的耐温性，在空气气氛下对复合材料进行热处理，样品尺寸为 40mm×40mm×20mm。具体实验步骤如下：热处理前用游标卡尺测量试样长宽高尺寸，分析天平称取试样质量；设定马弗炉升温程序，升至设定温度（800℃、900℃、1000℃、1100℃、1200℃）后将样品放入炉内进行热处理，保温 1500s 后，拿出样品，冷却；采用游标卡尺和分析天平对样品尺寸和质量进行测试，计算出复合材料的尺寸收缩率和质量失重率，完成耐温性实验。

1. 热处理温度对 Al_2O_3-SiO_2 气凝胶隔热复合材料尺寸和质量的影响

图 3-27 为 Al_2O_3-SiO_2 气凝胶隔热复合材料线收缩率、质量损失率随热处理温度的变化。可见，经热处理后，Al_2O_3-SiO_2 气凝胶隔热复合材料在平行于纤维铺

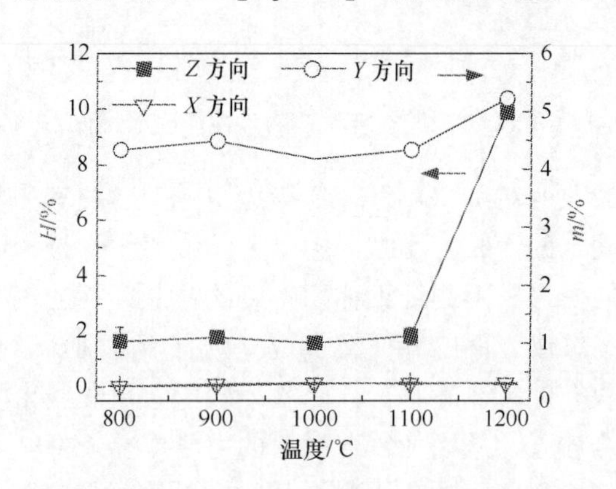

图 3-27 Al_2O_3-SiO_2 气凝胶隔热复合材料线收缩率、质量损失率随热处理温度的变化关系

陈面的 *XY* 向上收缩基本为 0，而在垂直于纤维铺陈面的 *Z* 向出现了收缩。Al_2O_3-SiO_2 气凝胶隔热复合材料经过 800～1100℃热处理后，材料 *Z* 向收缩变化比较小，材料收缩率在 1.65%～1.83%之间变化，失重率为 4.18%～4.49%；经过 1200℃热处理后，材料在 *Z* 向的收缩率为 9.89%，失重率为 5.22%。

图 3-28 为 Al_2O_3-SiO_2 气凝胶隔热复合材料热处理前后的微观形貌。从图 3-30（a）可见，未热处理的复合材料中纤维表面被气凝胶所包裹，纤维和气凝胶之间形成较好的界面结合，气凝胶在常温下为片叶状结构，多孔结构保持良好；从图 3-30（b）可见，经 1100℃热处理 1500s 后，无论是纤维与气凝胶的结合，还是材料内部气凝胶结构变化都不大；从图 3-30（c）可见，经 1200℃热处理 1500s 后，部分气凝胶从纤维表面脱落，气凝胶内部出现了烧结团簇，这也是 Al_2O_3-SiO_2 气凝胶隔热复合材料在 1200℃热处理后 *Z* 向收缩较大的原因。

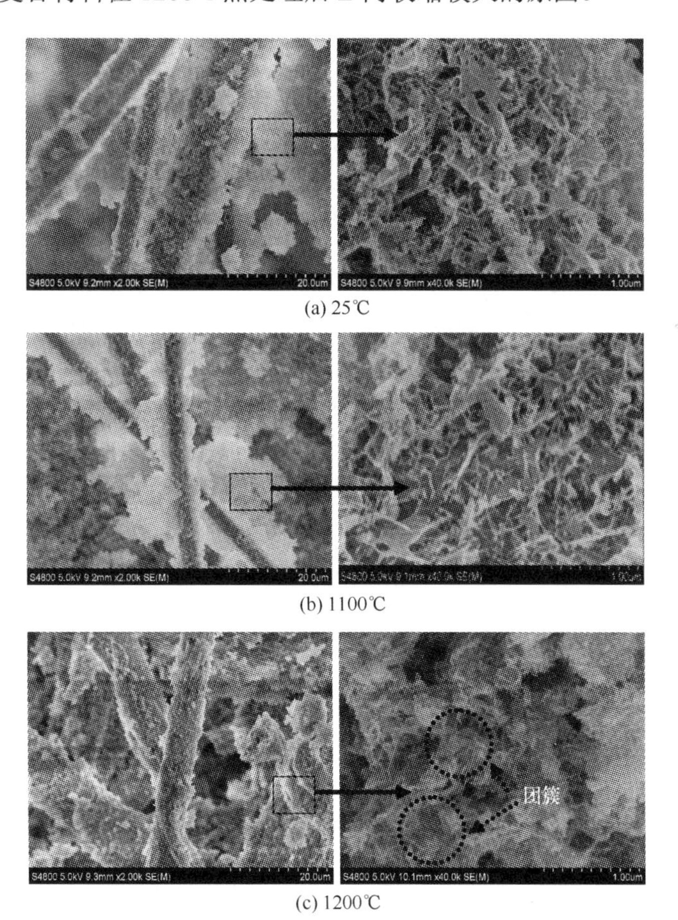

(a) 25℃

(b) 1100℃

(c) 1200℃

图 3-28　不同温度热处理前后 Al_2O_3-SiO_2 气凝胶隔热复合材料的微观形貌

2. Al_2O_3-SiO_2 气凝胶隔热复合材料的高温压缩性能

图 3-29 为不同温度下 Al_2O_3-SiO_2 气凝胶隔热复合材料的压缩强度和压缩模量，可见，随着温度的升高，Al_2O_3-SiO_2 气凝胶隔热复合材料的压缩强度变化不大，压缩模量逐渐降低。

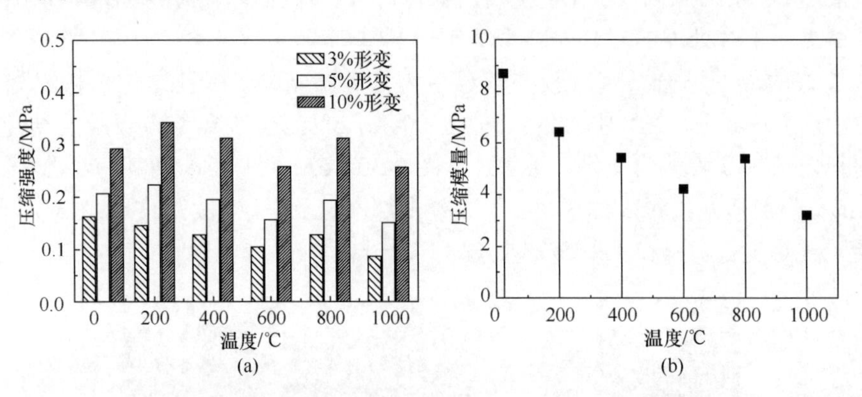

图 3-29　Al_2O_3-SiO_2 气凝胶隔热复合材料压缩强度（a）和压缩模量（b）与温度的关系

3. 热处理温度对复合材料隔热性能的影响

图 3-30 为不同温度热处理后（热处理时间为 1500s）Al_2O_3-SiO_2 气凝胶隔热复合材料的常温热导率（Hot disk 方法测试）。未热处理复合材料的常温热导率为 0.065W/(m·K)，经过 800℃热处理后，材料的常温热导率和未热处理样品的常温热导率相当，说明较低温度热处理对材料热导率影响不大。当热处理温度为 900～1100℃，材料的热导率稍有增加，900℃热处理后材料常温热导率为 0.068W/(m·K)，1200℃热处理后，材料的常温热导率显著增加至 0.075W/(m·K)，这是由于 1200℃热处理过后复合材料内纳米结构发生了烧结，团簇体积密度增加，增加了固态热

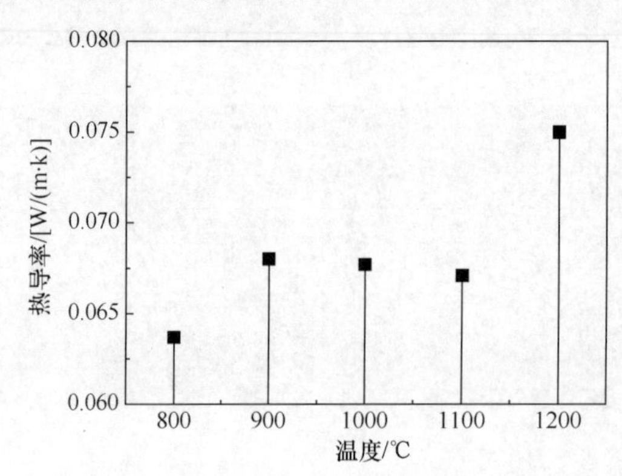

图 3-30　Al_2O_3-SiO_2 气凝胶隔热复合材料常温热导率与热处理温度的关系

传导，同时 Al_2O_3-SiO_2 气凝胶三维网状结构中出现了较大的孔洞（图 3-28），也增加了材料的气态热传导，导致材料总热导率增大。

图 3-31 为不同温度热处理 1500s 后 Al_2O_3-SiO_2 气凝胶隔热复合材料的高温热导率。可见，复合材料的高温热导率随温度的升高而增大。经 800℃、900℃、1000℃热处理后，复合材料的高温热导率的变化不大；经过 1100℃、1200℃热处理后，复合材料的热导率增大，这是由于复合材料经过高温热处理后，气凝胶骨架颗粒发生了部分烧结所致。

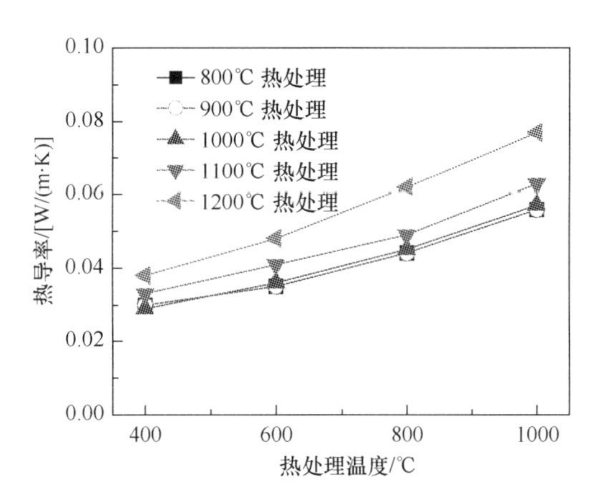

图 3-31　热处理温度对 Al_2O_3-SiO_2 气凝胶隔热复合材料高温热导率的影响

图 3-32 为热处理温度对 Al_2O_3-SiO_2 气凝胶隔热复合材料隔热效果的影响，隔热效果测试条件为石英灯红外辐射单面加热，热面温度为 1000℃，测试时间为 3000s。可以看出，经过 800℃、900℃、1000℃、1100℃、1200℃热处理后的 Al_2O_3-SiO_2 气凝胶隔热复合材料的冷面温升分别为 419℃、403℃、424℃、414℃、

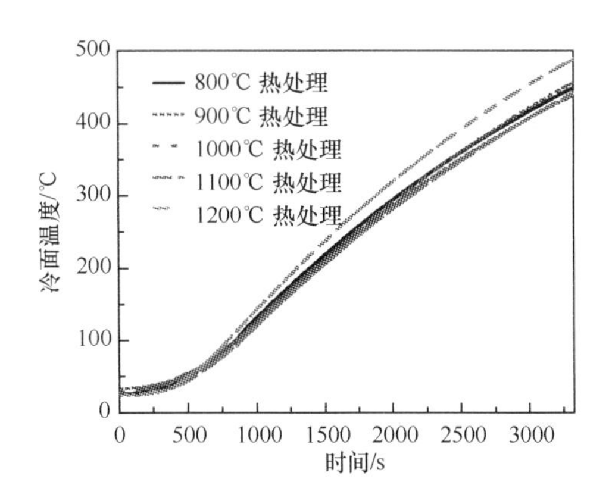

图 3-32　热处理温度对 Al_2O_3-SiO_2 气凝胶隔热复合材料隔热效果的影响

461℃，当热处理温度低于 1100℃时，高温热处理对 Al_2O_3-SiO_2 气凝胶隔热复合材料隔热效果的影响不大；当热处理温度为 1200℃时，复合材料冷面温度明显提高，说明其隔热性能下降。

4. 高温环境下的可重复使用性能

采用石英灯红外辐射加热装置对材料进行多次重复隔热效果测试，以研究 Al_2O_3-SiO_2 气凝胶隔热复合材料的可重复使用性能。测试条件为：以 200℃/min 升到1000℃，保温3000s；试件尺寸为200mm×200mm×20mm。图3-33为 Al_2O_3-SiO_2 气凝胶隔热复合材料的重复测试 8 次的隔热效果（冷面温度随时间变化曲线）。可见，材料的冷面温度曲线基本重合在一起，冷面温度变化不大。图 3-34 为 Al_2O_3-SiO_2 气凝胶隔热复合材料重复测试 8 次的冷面温升（3000s 时），可见，经过 8 次测试后，Al_2O_3-SiO_2 气凝胶隔热复合材料冷面温升在 452～485℃之间，变化范围不大，说明隔热效果基本不变。图 3-35 与图 3-36 分别为 Al_2O_3-SiO_2 气凝

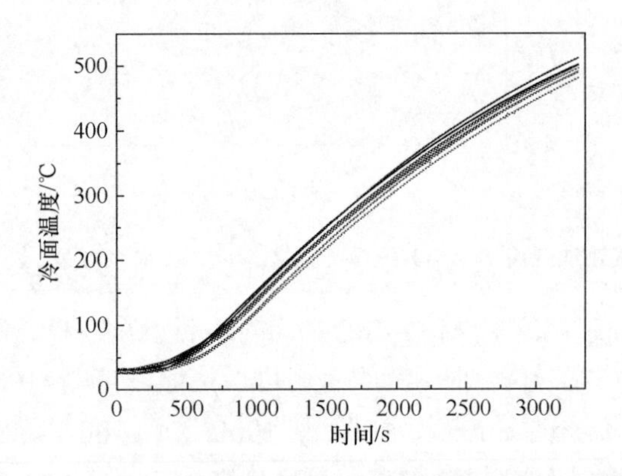

图 3-33　Al_2O_3-SiO_2 气凝胶隔热复合材料重复测试 8 次的隔热效果

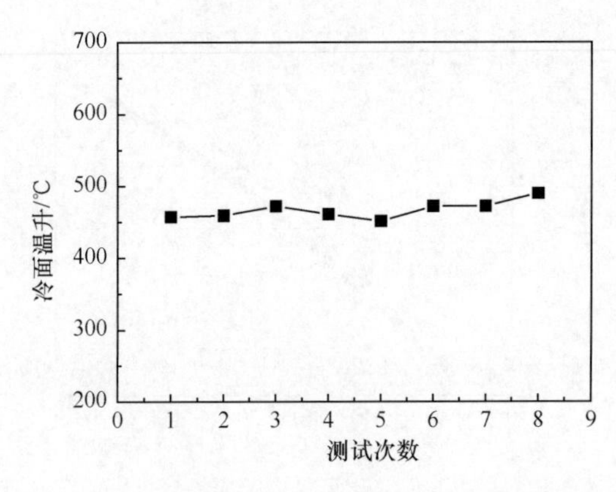

图 3-34　Al_2O_3-SiO_2 气凝胶复合材重复测试 8 次的冷面温升（3000s 时）

图 3-35　Al_2O_3-SiO_2 气凝胶复合材料经 4 次重复隔热效果测试后照片

图 3-36　Al_2O_3-SiO_2 气凝胶复合材料经 8 次重复隔热效果测试后照片

胶复合材料经 4 次、8 次重复隔热效果测试后照片，可以看出，复合材料的外观形貌保持完好，没有发生开裂、变形等现象。说明 Al_2O_3-SiO_2 气凝胶隔热复合材料在 1000℃具有较好的可重复使用性能。

参 考 文 献

[1] Yoldas B E. Alumina sol preparation from alkoxides [J]. Ceramic Bulletin, 1975, 54(3): 289-290.

[2] Yoldas B E. A transparent porous alumina [J]. Ceramic Bulletin, 1975, 54(3): 286-288.

[3] 高庆福, 张长瑞, 冯坚, 等. 低密度、块状氧化铝气凝胶制备[J]. 无机材料学报, 2008, 24(9): 1456-1460.

[4] 高庆福, 张长瑞, 冯坚, 等. 氧化铝气凝胶复合材料的制备与隔热性能[J]. 国防科学技术大学学报, 2008, 30(4): 39-42.

[5] Poco J F, Hrubesh L W. Method to produce alumina aerogels having porosities greater than 80 percent [P]. US Patent, 6620458, 2003.

[6] Levin I, Brandon D. Metastable alumina polymorphs: crystal structures and transition sequences [J]. Journal of American Ceramic Society, 1998, 81(8): 1995-2012.

[7] Horiuchi T, Osaki T, Sugiyama T, et al. Maintenance of large surface area of alumina heated at elevated temperatures above 1300℃ by preparing silica-containing pseudoboehmite aerogel [J].

Journal of Non-Crystalline Solids, 2001, 291: 187-198.

[8] Al-Yassir N, Mao R L V. Thermal stability of alumina aerogel doped with yttrium oxide, used as catalyst support for the thermalcatalytic cracking (TCC) process: an investigation of its textural and structural properties[J]. Applied Catalysis A General, 2007, 317(2): 275-283.

[9] Miller J B, Ko E I. A homogeneously dispersed silica dopant for control of the textural and structural evolution of an alumina aerogel [J]. Catalysis Today, 1998, 43(1): 51-67.

[10] 岳宝华, 周仁贤, 郑小明. 制备条件对 SiO_2 改性氧化铝材料耐热性能的影响[J]. 无机化学学报, 2007, 123(3): 533-536.

[11] 赵慧忠, 雷中兴, 汪厚植, 等. Al_2O_3-SiO_2 纳米复合粉体材料的超临界制备及其性能[J]. 耐火材料, 2003, 37(2): 69-74.

[12] 俞建长, 徐卫军, 胡胜伟, 等. Al_2O_3-SiO_2 复合膜的制备与结构表征[J]. 无机材料学报, 2005, 20(5): 1250-1255.

[13] Aravind P R, Mukundan P, Pillai P K, et al. Mesoporous silica–alumina aerogels with high thermal pore stability through hybrid sol-gel route followed by subcritical drying [J]. Microporous and Mesoporous Materials, 2006, 96: 14-20.

[14] 何飞. SiO_2 和 SiO_2-Al_2O_3 复合干凝胶超级隔热材料的制备与表征[D]. 哈尔滨: 哈尔滨工业大学, 2006.

[15] 冯坚, 高庆福, 武纬, 等. 硅含量对 Al_2O_3-SiO_2 气凝胶结构和性能的影响[J]. 无机化学学报, 2009, 25(10): 1758-1763.

[16] Xu L, Jiang YG, Feng JZ, et al. Infrared-opacified Al_2O_3-SiO_2 aerogel composites reinforced by SiC-coated mullite fibers for thermal insulations [J]. Ceramics International, 2015, 43:437-442.

[17] Horiuchi T, Laiyuan C, Osaki T, et al. A novel alumina catalyst support with high thermal stability derived from silica-modified alumina aerogel [J]. Catalysis Letters, 1999, 58: 89-92.

[18] Poco J F, Satcher J H, Hrubesh L W. Synthesis of high porosity, monolithic alumina aerogels [J]. Journal of Non-Crystalline Solids, 2001, 285: 57-63.

[19] Hyun S H, Kim J J, Park H H. Synthesis and Characterization of Low-Dielectric Aerogel Films [J]. Journal of American Ceramic Society, 2000, 83(3): 533-540.

第 4 章　纤维增强 SiCO 气凝胶隔热复合材料

4.1　SiCO 气凝胶简介

SiCO 气凝胶没有严格的定义，通常是指以纳米量级超微 SiCO 颗粒相互聚集构成纳米多孔网络结构，并在网络孔隙中充满气态分散介质的轻质纳米固态材料。其中 SiCO 颗粒的网络结构是由无定形的 SiCO 结构和游离碳结构组成的。

SiCO 气凝胶可以看作是 SiO_2 网络中的氧原子部分被碳原子取代的产物。其中氧原子只能形成两个键，而碳原子则能形成四个键。这种键密度的增加可以增强网络的强度，从而提高材料的热稳定性和力学性能[1]。相对于 SiO_2 气凝胶，SiCO 气凝胶具有更高的耐温性和更优异的力学性能。此外，SiCO 气凝胶中含有游离碳，能够有效地阻挡红外辐射传热，进一步提高材料的高温隔热性能。

目前，国内外对 SiCO 气凝胶及其复合材料的研究还处于起步阶段。相对于 SiO_2 气凝胶，SiCO 气凝胶具有更高的使用温度，可以在更高温度的隔热领域得到应用，如高超声速飞行器，导弹等高温部位的隔热。同时 SiCO 气凝胶在隔热、催化剂和催化剂载体等民用领域方面具有广阔的应用前景。

4.1.1　SiCO 气凝胶的结构

SiCO 气凝胶中 Si、C 和 O 元素的含量并非是一个确定值，只要这 3 种元素的含量在某一范围内，均有可能形成 SiCO 体系。SiCO 体系的元素组成示意图如图 4-1 所示。SiCO 气凝胶的元素组成处于 C、SiO_2 和 SiC 所组成的三角形内[2,3]。SiCO 的分子结构可用 SiC_xO_{4-x} 来表示。考虑到游离碳的存在，SiCO 气凝胶的分子式可写为 SiC_xO_y+mC。

1. 原子结构

与 SiO_2 气凝胶相似，SiCO 气凝胶也具有纳米量级粒子和孔洞结构。但是在化学键和结构上有很大区别。从化学键的角度讲，主要区别是一部分 C 原子取代无定形 SiO_2 结构中的 O 原子，所以连接胶体粒子的化学键除了≡Si—O—Si≡键外还存在一部分≡Si—C—Si≡键或≡Si—C≡键。从结构上讲 SiO_2 气凝胶仅有 SiO_2 的无定形结构，而 SiCO 气凝胶除包含无定形的 SiCO 结构外，还有游离碳的结构存在。图 4-2 为 SiCO 气凝胶化学键排列示意图。

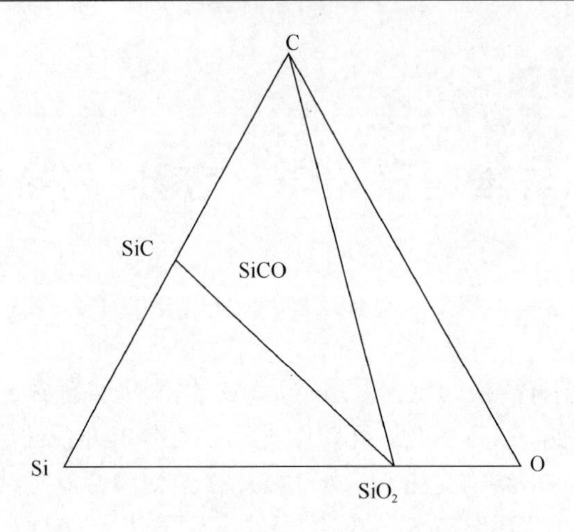

图 4-1　SiCO 气凝胶元素组成示意图[4]

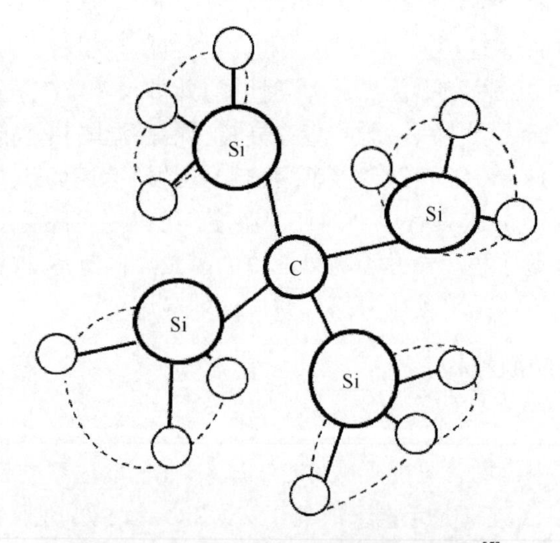

图 4-2　SiCO 气凝胶化学键排列示意图[5]

目前对 SiCO 陶瓷进行了很多研究，但是只能确定 SiC_xO_{4-x}（x=1、2、3、4）网络是由[SiC_4]、[SiC_3O]、[SiC_2O_2]、[$SiCO_3$]、[SiO_4]等基本单元构成的；SiCO 陶瓷中有 sp^2-C 和 sp^3-C 两种碳存在。其中 sp^2-C 为自由碳，尺寸小于 2.5nm；sp^3-C 与硅相连形成硅碳氧四面体结构。

对 SiCO 体系的结构研究，目前主要有两种结构模型。一种是 SiCO 陶瓷体系结构的无规网络模型[1]。认为 SiCO 体系是由 SiC_xO_{4-x} 基本单元组成的无规玻璃态网络。其结构示意图如图 4-3 所示。

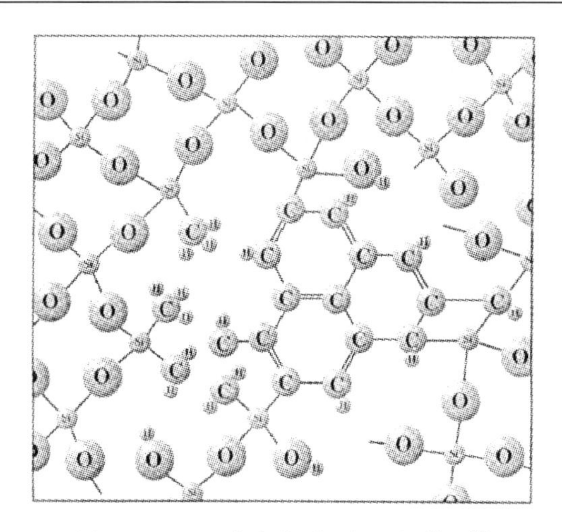

图 4-3　SiCO 陶瓷体系无规网络模型[1]

随着对 SiCO 陶瓷体系结构的研究不断深入，发现 SiCO 陶瓷体系的很多性能是无法用无规网络模型来解释的，比如 SiCO 陶瓷具有很好的抗蠕变性能，不具有牛顿黏流特性。此时，“脚手架”结构被提了出来，即由自由碳形成“脚手架”形式的骨架，SiO_2 存在于骨架空隙中的一种结构模型。SiCO 陶瓷“脚手架”结构示意图如图 4-4 所示。当外加载荷导致 SiO_2 变形时，会将载荷传递给自由碳网络，使其达到饱和变形状态。当外加载荷撤销时，自由碳网络会回复到原来状态，但所需时间受到 SiO_2 蠕变的影响。

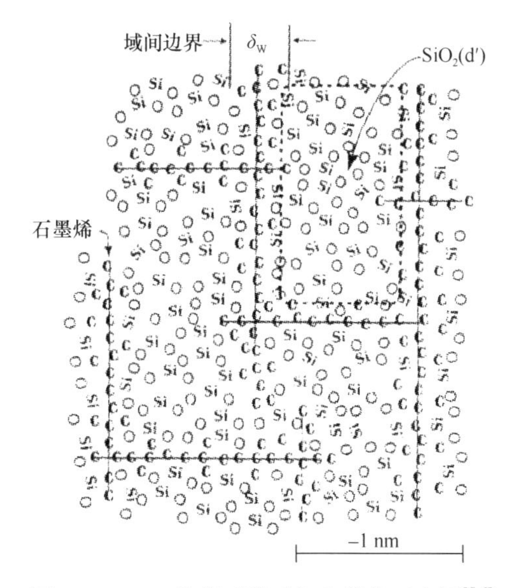

图 4-4　SiCO 陶瓷“脚手架”结构示意图[5,6]

2. 网络交联结构

通过溶胶-凝胶工艺制备的 SiCO 气凝胶先驱体具有特殊的三维网状结构。溶胶-凝胶过程中水解产物发生缩合反应形成胶体小颗粒，胶体小颗粒的表面存在烷氧基（Si—OR）和大量的自由羟基（Si—OH），缩聚反应继续进行，胶体小颗粒不断增大，并彼此交联成纳米量级的胶束，最终形成具有纳米级网络结构的凝胶体，经老化、超临界干燥获得 SiCO 气凝胶先驱体，经裂解后，得到 SiCO 气凝胶。裂解过程中发生键的断裂和重排，最终形成 SiCO 无定形三维结构，如图 4-5 所示。

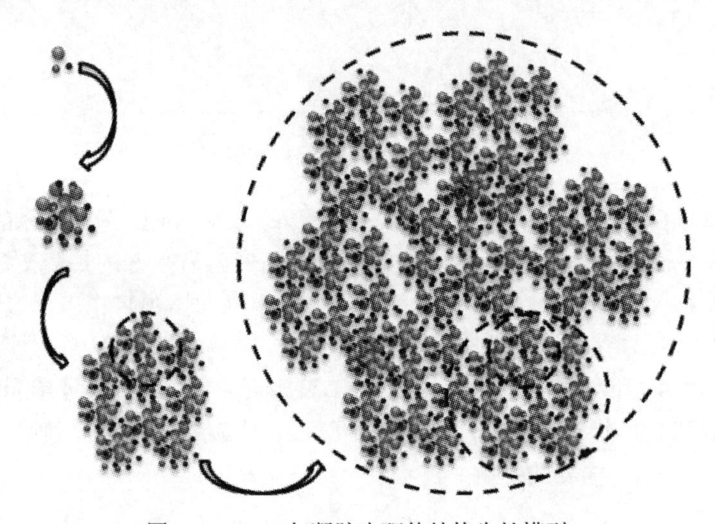

图 4-5　SiCO 气凝胶先驱体结构生长模型

4.1.2　SiCO 气凝胶的性质

表 4-1 为 SiCO 气凝胶和 SiO_2 气凝胶的物理性质[7]。可以看出，SiCO 气凝胶的孔径与 SiO_2 气凝胶十分相近，1000℃裂解后比表面积还有 500～900m^2/g，同时 SiCO 气凝胶的杨氏模量（1.42GPa）远大于 SiO_2 气凝胶的杨氏模量（1～10MPa）。

表 4-1　SiCO 气凝胶与 SiO_2 气凝胶的物理性质对比

性质	SiCO 气凝胶	SiO_2 气凝胶
密度	0.2～0.4g/cm^3	0.003～0.35g/cm^3
比表面积	500～900m^2/g	600～1000m^2/g
平均孔径	10～20nm	～20nm
杨氏模量	1.42GPa	1～10MPa

4.2　SiCO 气凝胶的制备、结构和性能

SiCO 气凝胶的制备过程主要包括溶胶的制备和老化、湿凝胶干燥以及 SiCO 气凝胶先驱体的高温裂解。具体工艺过程为：首先将原料（硅源和碳源）溶解到适量溶剂中，在适量水和催化剂的作用下，经水解和缩聚反应得到溶胶，然后溶胶静置老化得到湿凝胶，经超临界干燥去除湿凝胶中的残余水和溶剂生成 SiCO 气凝胶先驱体，最后在高温条件下裂解得到 SiCO 气凝胶，工艺流程如图 4-6 所示。

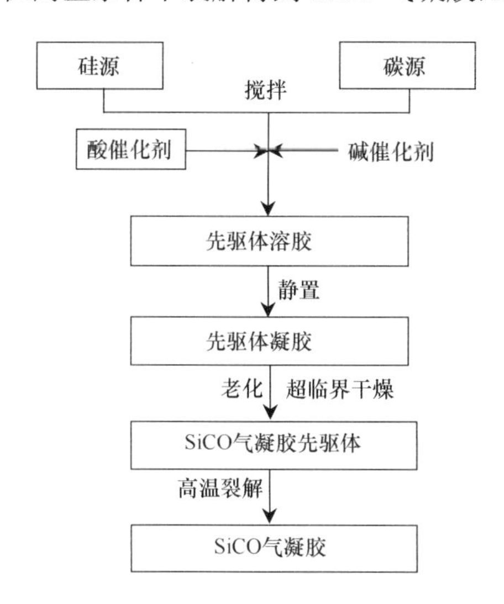

图 4-6　SiCO 气凝胶制备工艺流程图

4.2.1　SiCO 先驱体溶胶-凝胶的反应过程

采用酸碱两步法制备 SiCO 先驱体溶胶，与 SiO_2 溶胶-凝胶反应过程相似，但在制备 SiCO 先驱体溶胶时，反应原料包括硅源和碳源，因此其反应过程包括了硅源的水解、缩聚和碳源的水解、缩聚，以及两者之间的相互反应。以 TEOS 为硅源和 DMDES 为碳源为例，描述其反应过程如下：

TEOS 水解反应如式（4-1）：

$$Si(OC_2H_5)_4 + 4H_2O \xrightarrow{HCl} Si(OH)_4 + 4C_2H_5OH \tag{4-1}$$

DMDES 水解反应如式（4-2）：

$$\mathrm{H_3C}-\underset{\underset{\mathrm{OC_2H_5}}{|}}{\overset{\overset{\mathrm{OC_2H_5}}{|}}{\mathrm{Si}}}-\mathrm{CH_2} + 2\mathrm{H_2O} \xrightarrow{\mathrm{HCl}} \mathrm{H_3C}-\underset{\underset{\mathrm{OH}}{|}}{\overset{\overset{\mathrm{OH}}{|}}{\mathrm{Si}}}-\mathrm{CH_3} + 2\mathrm{C_2H_5OH} \tag{4-2}$$

在水解反应进行的同时，水解产物之间会发生缩聚反应，形成 Si—O—Si 键并联成的二聚体，缩聚反应过程如下：

$$\mathrm{HO}-\underset{\underset{\mathrm{CH_3}}{|}}{\overset{\overset{\mathrm{CH_3}}{|}}{\mathrm{Si}}}-\mathrm{OH} + \mathrm{HO}-\underset{\underset{\mathrm{CH_3}}{|}}{\overset{\overset{\mathrm{CH_3}}{|}}{\mathrm{Si}}}-\mathrm{OH} \xrightarrow[\mathrm{H_2O}]{\mathrm{NH_3\cdot H_2O}} \mathrm{HO}-\underset{\underset{\mathrm{CH_3}}{|}}{\overset{\overset{\mathrm{CH_3}}{|}}{\mathrm{Si}}}-\mathrm{O}-\underset{\underset{\mathrm{CH_3}}{|}}{\overset{\overset{\mathrm{CH_3}}{|}}{\mathrm{Si}}}-\mathrm{OH} \tag{4-3}$$

$$\mathrm{HO}-\underset{\underset{\mathrm{OH}}{|}}{\overset{\overset{\mathrm{OH}}{|}}{\mathrm{Si}}}-\mathrm{OH} + \mathrm{HO}-\underset{\underset{\mathrm{OH}}{|}}{\overset{\overset{\mathrm{OH}}{|}}{\mathrm{Si}}}-\mathrm{OH} \xrightarrow[\mathrm{H_2O}]{\mathrm{NH_3\cdot H_2O}} \mathrm{HO}-\underset{\underset{\mathrm{OH}}{|}}{\overset{\overset{\mathrm{OH}}{|}}{\mathrm{Si}}}-\mathrm{O}-\underset{\underset{\mathrm{OH}}{|}}{\overset{\overset{\mathrm{OH}}{|}}{\mathrm{Si}}}-\mathrm{OH} \tag{4-4}$$

$$\mathrm{HO}-\underset{\underset{\mathrm{OH}}{|}}{\overset{\overset{\mathrm{OH}}{|}}{\mathrm{Si}}}-\mathrm{OH} + \mathrm{HO}-\underset{\underset{\mathrm{CH_3}}{|}}{\overset{\overset{\mathrm{CH_3}}{|}}{\mathrm{Si}}}-\mathrm{OH} \xrightarrow[\mathrm{H_2O}]{\mathrm{NH_3\cdot H_2O}} \mathrm{HO}-\underset{\underset{\mathrm{OH}}{|}}{\overset{\overset{\mathrm{OH}}{|}}{\mathrm{Si}}}-\mathrm{O}-\underset{\underset{\mathrm{CH_3}}{|}}{\overset{\overset{\mathrm{CH_3}}{|}}{\mathrm{Si}}}-\mathrm{OH} \tag{4-5}$$

二聚体之间继续发生缩合反应，生成多聚体，多聚体再进一步交联成三维网状结构，如式（4-6）所示。

$$\mathrm{HO}-\underset{\underset{\mathrm{OH}}{|}}{\overset{\overset{\mathrm{OH}}{|}}{\mathrm{Si}}}-\mathrm{O}-\underset{\underset{\mathrm{CH_3}}{|}}{\overset{\overset{\mathrm{CH_3}}{|}}{\mathrm{Si}}}-\mathrm{OH} + \mathrm{HO}-\underset{\underset{\mathrm{OH}}{|}}{\overset{\overset{\mathrm{OH}}{|}}{\mathrm{Si}}}-\mathrm{O}-\underset{\underset{\mathrm{CH_3}}{|}}{\overset{\overset{\mathrm{CH_3}}{|}}{\mathrm{Si}}}-\mathrm{OH} \xrightarrow[\mathrm{EtOH/H_2O}]{\mathrm{HCl/NH_3\cdot H_2O}}$$

$$\left[\mathrm{O}-\underset{\underset{\mathrm{O^-}}{|}}{\overset{\overset{\mathrm{O^-}}{|}}{\mathrm{Si}}}\left(\mathrm{O}-\underset{\underset{\mathrm{CH_3}}{|}}{\overset{\overset{\mathrm{CH_3}}{|}}{\mathrm{Si}}}\right)_n\left(\mathrm{O}-\underset{\underset{\mathrm{O^-}}{|}}{\overset{\overset{\mathrm{O^-}}{|}}{\mathrm{Si}}}\right)_m\mathrm{O}-\underset{\underset{\mathrm{O^-}}{|}}{\overset{\overset{\mathrm{O}-\overset{\overset{\mathrm{CH_3}}{|}}{\mathrm{Si}}(\mathrm{CH_3})-\mathrm{O}-}{|}}{\mathrm{Si}}}-\mathrm{O}\right]_P \tag{4-6}$$

式中，$n>1$；$m>1$；$P>1$。

溶胶-凝胶过程中 TEOS 和 DMDES 的水解产物发生缩合反应形成胶体小颗粒，小颗粒之间相互连接，不断增大，并彼此交联成纳米量级的胶束，最终形成具有纳米级网络结构的凝胶体。

SiCO 湿凝胶初期网络骨架较细，需要通过老化使凝胶骨架颗粒变大，增强凝胶网络结构强度和硬度，形成更具刚性的凝胶网络，使得湿凝胶在干燥过程中能够最大限度抑制收缩[8, 9]。常用的老化溶剂有溶胶母液、水和醇溶剂混合液、醇溶剂等[10, 11]。

4.2.2 SiCO 气凝胶的制备工艺

由 SiCO 溶胶-凝胶反应过程分析可知，其工艺参数（有机硅原料种类及比值、催化剂、水含量以及溶剂等）对 SiCO 气凝胶多孔网络结构和性能有着重要的影响。因此，为得到具有低密度、耐高温、纳米多孔网络结构的 SiCO 气凝胶，对各影响因素进行研究，确定制备 SiCO 气凝胶的工艺参数。

1. 有机硅原料种类及配比

在 SiCO 先驱体溶胶制备过程中有机硅原料的种类和 Si/C 原子比例的选择是两个非常重要的因素，它们的化学组成和结构决定了水解、缩聚反应后先驱体溶胶的化学组成和网络结构。一般来说，有机硅原料的选择必须满足以下几个原则：①硅和碳含量较高；②有机硅原料种类比例（Si/C 原子比例）易于调节；③水解缩聚反应条件简单；④易溶于普通的有机溶剂；⑤反应过程中不产生副产物。

在众多的有机硅原料中，硅醇盐易溶解于普通有机溶剂，能够获得高纯度、高分散和高均匀性的溶液，同时化学组成配比较易实现，反应温度低，可避免不必要的副产物生成，是作为氧化硅先驱体的首选材料。比较常见的硅醇盐有正硅酸甲酯（TMOS）、正硅酸乙酯（TEOS）、甲基三乙氧基硅烷（MTES）和甲基三甲氧基硅烷（MTMS）等，具体结构式如图 4-7 所示。

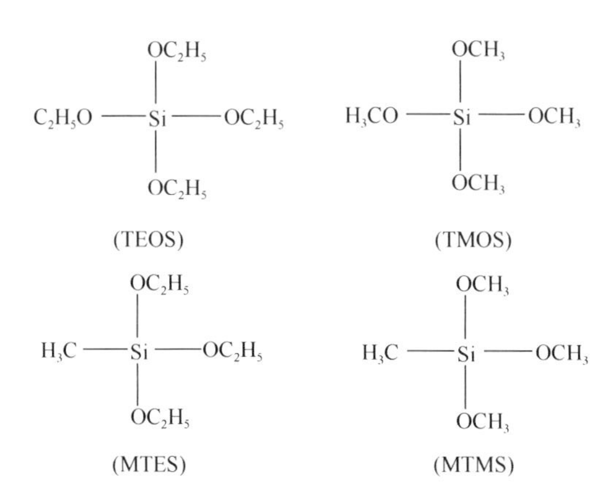

图 4-7　四种常见硅醇盐的结构

其中，正硅酸甲酯（TMOS）的硅含量较高，水解速率较快，在使用其制备气凝胶时发现制备出来的气凝胶的孔径较窄，且分布较为均匀，但由于 TMOS 水解产生的甲醇毒性较大对人身体有危害，因此不太适合作为氧化硅先驱体来使用[12]。正硅酸乙酯（TEOS）是目前使用较多的有机硅原料，其硅含量较高，工艺也较为稳定，同时其含有的 4 个烷氧基团在充分水解反应后，能够形成 4 个硅羟基（Si—OH），有利于溶胶单体之间在随后的缩聚反应中相互连接，提高溶胶的网络骨架交联程度，使得最终制备的气凝胶具有较好多孔骨架结构。而以甲基三乙氧基硅烷（MTES）或甲基三甲氧基硅烷（MTMS）为氧化硅先驱体时，由于其分子结构中含有的烷氧基团（Si—OR）相对较少，在水解反应后形成的硅羟基较少，导致溶胶单体间发生缩聚反应形成的网络结构中只有部分相互连接，易形成长链状结构，得到的气凝胶孔径较大，强度较低[13]。因此，综合对比以上几种有机硅原料种类的优缺点，选用正硅酸乙酯（TEOS）作为硅源。

目前制备 SiCO 气凝胶过程中用以引入碳元素的先驱体主要有聚碳硅烷和硅醇盐等，聚碳硅烷是一类高分子化合物，其主链由硅和碳原子交替组成，凝胶过程中容易得到孔径较大的网状结构。而分子结构中含有烷基的硅醇盐不仅能够发生水解缩聚反应，同时又能够为 SiCO 网络结构的形成提供碳原子，因而与正硅酸乙酯之间的反应原理较为接近，反应条件较易控制。国外一些研究者[14]选用一种 $R_1R_2Si(OR)_2$ 原料引入碳元素，其中 R_1 和 R_2 是含 1～12 个碳原子的基团，R_1 和 R_2 可以相同。考虑空间位阻效应，一般的 $R_1R_2Si(OR)_2$ 型硅醇盐有二甲基二乙氧基硅烷（DMDES）、二甲基二甲氧基硅烷（DMDMS）、甲基二乙氧基硅烷（MDES）、甲基二甲氧基硅烷（MDMS），具体结构式如图 4-8 所示。

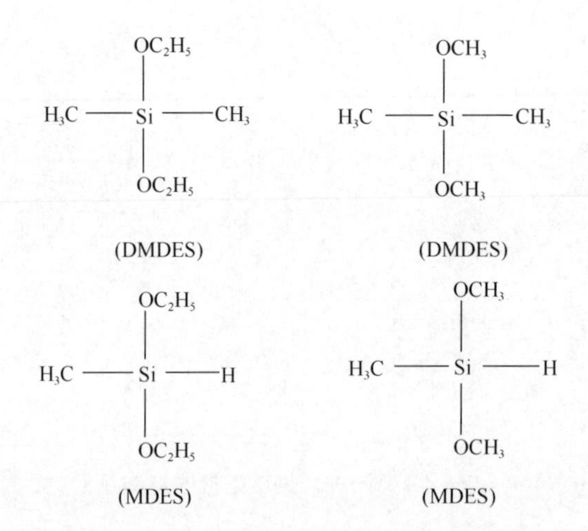

图 4-8　四种 $R_1R_2Si(OR)_2$ 型硅醇盐的结构

其中二甲基二乙氧基硅烷（DMDES）端基上可提供的碳原子较多，同时水解生成的产物无毒。因此选用 DMDES 作为原料引入碳元素。

TEOS 和 DMDES 之间的比例对水解和缩聚反应有着重要影响，决定了最终 SiCO 气凝胶的网络结构和性质。图 4-9 为 DMDES/TEOS 物质的量比对 SiCO 气凝胶密度的影响。可以看出，SiCO 气凝胶的密度随 DMDES/TEOS 的比值增加而增大，这是由于 DMDES 水解只提供两个羟基，与 TEOS 水解产物缩合后较易形成线型长链结构，这种线型长链结构使气凝胶骨架结构不稳定、强度降低。因此，气凝胶裂解后收缩较大，所以密度较大。

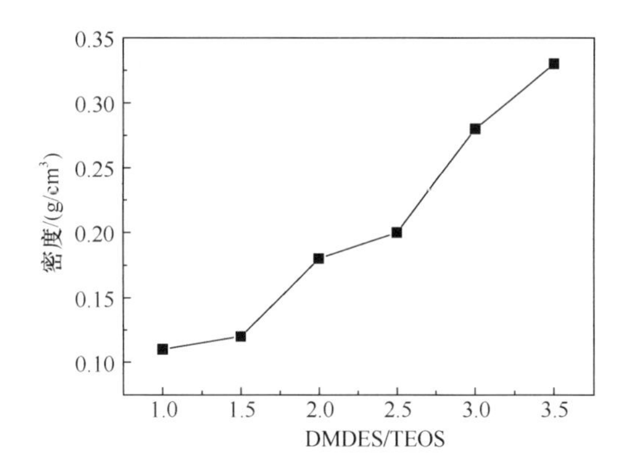

图 4-9　DMDES/TEOS 物质的量比对 SiCO 气凝胶密度的影响

物质的量比：EtOH/TEOS=5∶1；H_2O/TEOS=8∶1；HCl/TEOS=2×10^{-3}；$NH_3 \cdot H_2O$/HCl=30

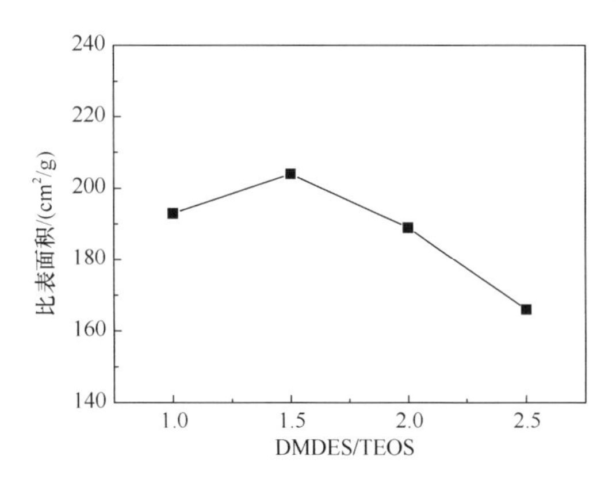

图 4-10　DMDES/TEOS 物质的量比对 SiCO 气凝胶比表面积的影响

物质的量比：EtOH/TEOS=5∶1；H_2O/TEOS=8∶1；HCl/TEOS=2×10^{-3}；$NH_3 \cdot H_2O$/HCl=30

图 4-10 为 DMDES/TEOS 物质的量比对 SiCO 气凝胶比表面积的影响，可见，随着 DMDES/TEOS 物质的量比的增大，SiCO 气凝胶的比表面积先升高后降低，在物质的量比值为 1.5 时气凝胶比表面积最大，为 203m^2/g。这主要是因为随着

DMDES/TEOS 比值的增加，Si—C 含量增加，Si—C 键对气凝胶的骨架结构起到支撑作用，因此裂解过程中骨架坍塌程度较小，比表面积较大。当 DMDES/TEOS 的比值过大时，SiCO 气凝胶先驱体的网络结构中存在较多的线型长链，导致骨架强度降低，高温裂解过程中骨架坍塌程度较大，比表面积降低。

图 4-11 为不同 DMDES/TEOS 物质的量比值 SiCO 气凝胶微观形貌，由图可知，当 DMDES/TEOS 较大时，气凝胶的粒子较大，这主要是由于骨架坍塌，小粒子团聚在一起变成较大粒子的缘故。综合上述数据分析，DMDES/TEOS=1.5（物质的量比）是较佳配比。

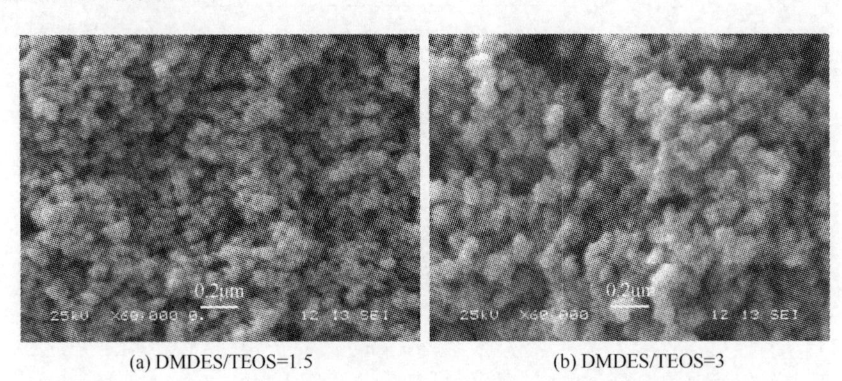

(a) DMDES/TEOS=1.5　　(b) DMDES/TEOS=3

图 4-11　不同 DMDES/TEOS 物质的量比制备的 SiCO 气凝胶微观形貌

2. 溶剂

溶剂在制备溶胶的过程中主要起到溶解有机硅原料的作用，目前用来制备 SiCO 气凝胶先驱体溶胶应用最多的为醇溶剂，如甲醇（MeOH）、乙醇（EtOH）、丙醇（PrOH）以及丁醇（BuOH）等。在选取醇类的过程中，主要考虑不同的醇溶剂对溶胶稳定性及气凝胶结构和性能的影响。图 4-12 为 EtOH/TEOS 物质的量比对凝胶时间的影响。可以看出，EtOH 用量对凝胶时间有很大影响，凝胶时间随 EtOH 用量的增大而增加。可用碰撞理论来分析溶剂含量对凝胶时间的影响：溶剂越多，单位空间内所含单体数（TEOS，DMDES）就越少，同其他单体碰撞的概率便减小，反应的难度加大。在宏观上表现为：溶剂含量越多，黏度越低，凝胶的时间越长。

图 4-13 为 EtOH/TEOS 物质的量比对 SiCO 气凝胶密度的影响。由图可知，SiCO 气凝胶的密度随 EtOH/TEOS 物质的量比的增加而变小，这是因为 EtOH 含量的增加，单位体积溶胶中的胶体粒子数量减少，导致其密度降低。

图 4-14 为不同 EtOH/TEOS 物质的量比制备的 SiCO 气凝胶微观形貌。可以发现，随着 EtOH/TEOS 物质的量比的增加，气凝胶孔径增大，但骨架颗粒尺寸大小变化不明显。这主要是 EtOH 含量的增加，增加了溶胶颗粒之间的距离，使 SiCO

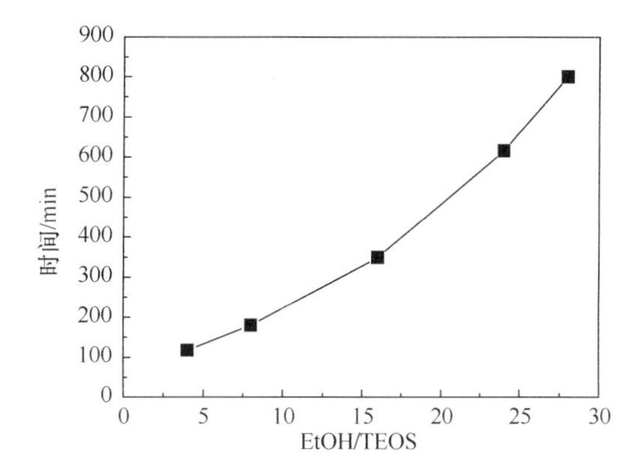

图 4-12　EtOH/TEOS 物质的量比对凝胶时间的影响

物质的量比：DMDES/TEOS=1∶1；H_2O/TEOS=4∶1；HCl/TEOS=2×10^{-3}；$NH_3\cdot H_2O$/HCl=30

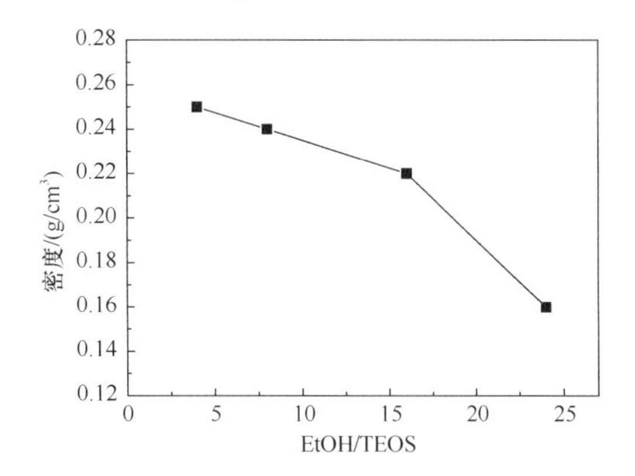

图 4-13　EtOH/TEOS 物质的量比对 SiCO 气凝胶密度的影响

物质的量比：DMDES/TEOS=1∶1；H_2O/TEOS=6∶1；HCl/TEOS=2×10^{-3}；$NH_3\cdot H_2O$/HCl=30

(a) EtOH/TEOS=8　　(b) EtOH/TEOS=24

图 4-14　不同 EtOH/TEOS 物质的量比制备的 SiCO 气凝胶的微观形貌

气凝胶孔径变大。而 EtOH 量的增加对 TEOS 和 DMDES 水解缩聚成胶体粒子的大小影响较小。因此，当 EtOH 含量较高时，凝胶中网络结构较疏松，孔径较大，而大孔的存在不利于抑制气体分子热传导。综上分析，EtOH/TEOS=4～10 是较适合的配比值。

3. 水

水既是 TEOS 和 DMDES 水解反应的反应物又是其缩聚反应的生成物，水含量的不同会直接影响水解缩聚反应，进而影响 SiCO 气凝胶的结构性能。图 4-15 为 H_2O/TEOS 物质的量比对 SiCO 气凝胶密度的影响。可见，水含量较少时（H_2O/TEOS 物质的量比小于 6），TEOS 和 DMDES 水解不够充分，溶胶中存在较多的有机基团阻碍了网络的交联程度，网络结构强度较低，导致气凝胶收缩率较大密度较高。当水含量较大时（H_2O/TEOS 物质的量比大于 8），过量水的存在导致水解反应大于缩聚反应，容易引起凝胶颗粒团聚，导致气凝胶密度增大。水含量较少或过量时，气凝胶极易产生裂纹。综合考虑，宜采用 H_2O/TEOS 物质的量比为 6～8 来制备 SiCO 气凝胶。

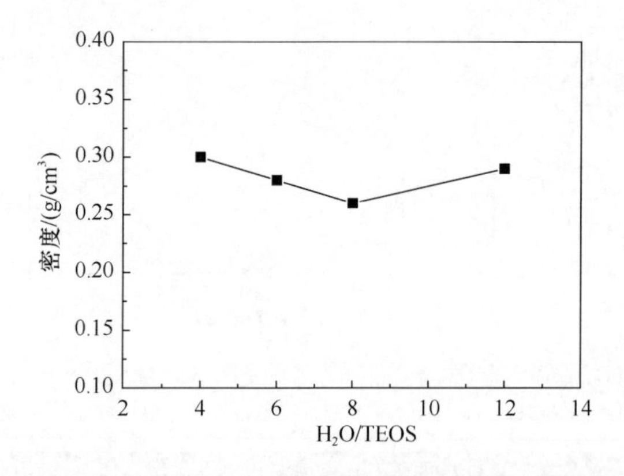

图 4-15　H_2O/TEOS 物质的量比对 SiCO 气凝胶密度的影响

物质的量比：DMDES/TEOS=1∶1；EtOH/TEOS=5∶1；HCl/TEOS=2×10^{-3}；$NH_3\cdot H_2O$/HCl=20

4. 催化剂

催化剂对 TEOS 和 DMDES 水解和缩聚反应起到促进作用，按照不同的方法分为：酸催化、碱催化和酸碱两步催化。不同的催化方法对 SiCO 气凝胶结构和性能产生不同的影响。

在酸性条件下，主要考虑阴离子与氢离子对 TEOS 和 DMDES 水解过程的影响。TEOS 与 DMDES 都属于硅醇盐，水解生成—OH 的机理相似。但 DMDES 水解后端基上包含两个—CH_3，该基团对 Si 原子的电负性作用不同于—OH。TEOS 的水解和缩聚机理可参照第 2 章。以 DMDES 为例研究催化过程水解和缩聚机理。

在酸性条件下，DMDES 的水解过程可以分为两个不同的过程：一个是氢离子对烷氧基中的氧原子进行亲电进攻反应；二是阴离子及水分子对 DMDES 中的硅原子进行亲核进攻反应，如式（4-7）所示：

$$C_2H_5O-Si(CH_3)_2-OC_2H_5 \xrightarrow{H^+} C_2H_5O-Si(CH_3)_2-O^{+}(C_2H_5)\cdots H \xrightarrow{+H_2O} C_2H_5O-Si(CH_3)_2\cdots O^{+}(C_2H_5)(H)\cdots O(H)H \xrightarrow{-EtOH} C_2H_5O-Si(CH_3)_2-OH_2^{+} \tag{4-7}$$

由式（4-7）可知，随着水解的进行，产物中 Si—OH 数增多，由于其强烈的吸电子效应而导致中心硅原子正电荷增多。对 TEOS 来说，在水解反应过程中进攻基团 H^+带有正电荷，同种电荷之间的相斥作用会使进攻基团与中心原子 Si 很难接近，分子的反应活性显著降低，水解反应因此变得缓慢。同时未水解的—OR 空间位阻效用较大，使水解及进一步缩聚存在一定困难[15]。对 DMDES 来说，因 DMDES 分子结构中上含有两个—CH_3 基团。该基团对 Si 原子起到供电子效应，使中心 Si 原子负电荷增多，这种作用减轻了因水解反应生成的—OH 对中心 Si 原子的吸电子效应。同时，DMDES 包含两个—OR 基团，端基上的—CH_3 体积效应较小。实验发现在酸性条件下，TEOS 水解不完全，TEOS 与 DMDES 交联程度较低，缩聚易生成一维链状结构，而使骨架强度降低，导致气凝胶收缩较大，孔径较小。

在碱催化条件下，OH^-半径较小能够直接进攻硅原子，发生亲核反应[16]。其反应过程，如式（4-8）所示：

$$C_2H_5O-Si(CH_3)_2-OC_2H_5 \xrightarrow{^{-}OH} C_2H_5O-Si(CH_3)_2(\cdots{}^{-}OH)-OC_2H_5 \longrightarrow C_2H_5O-Si(CH_3)_2(-{}^{-}OH)\cdots OC_2H_5 \xrightarrow{-H_2O} C_2H_5O-Si(CH_3)_2-OH + C_2H_5OH + {}^{-}OH \tag{4-8}$$

根据亲核反应机理，在碱催化条件下，硅原子核在中间过程中要获得负电荷，因此在硅原子核周围如果存在易吸引电子的—OH 或—OSi 等受主基团，则有利于水解，而如果存在—CH_3和—OR 基团，对中心 Si 原子的供电效应则不利于水解。因此，在 TEOS 和 DMDES 水解反应初期，因硅原子周围都是—OR 基团，水解速率较慢；当第一个 Si—OR 被 Si—OH 取代，OH^-的吸电子效应将促进更多 OH^-的进攻，反应活性提高，水解产物发生缩聚速率加快。实验发现在碱催化条件下，TEOS 和 DMDES 的缩聚反应速率大于水解反应速率，使溶胶单体容易发生团簇、长大和交联，形成短链的交联网络结构，导致气凝胶强度较低，孔径较大[17]。

酸碱两步催化法使 TEOS 和 DMDES 在酸碱共同催化的过程中充分水解，有利于网络结构的控制，制备出结构均匀的凝胶。实验采用酸/碱两步法配制溶胶，以盐酸（HCl）和氨水（$NH_3·H_2O$）为催化剂。图 4-16 为酸/碱催化剂物质的量比对凝胶时间的影响，当 $NH_3·H_2O$/HCl 物质的量比由 9∶1 上升为 30∶1 时，溶胶的凝胶时间由 1070min 迅速降低为 200min。由此可见，碱含量的增加加速了缩聚的反应速率，缩短了凝胶的时间。

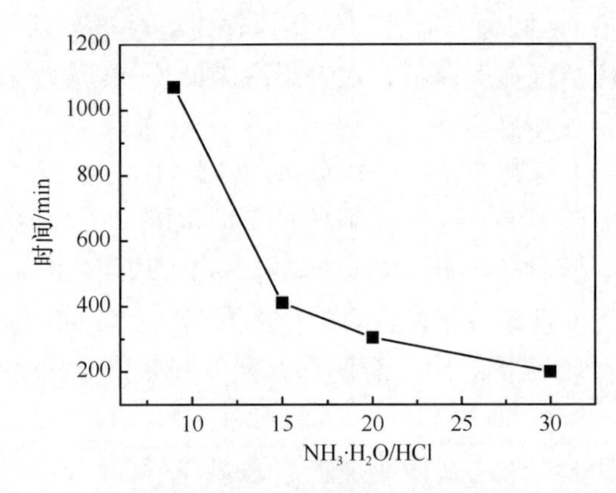

图 4-16　$NH_3·H_2O$/HCl 物质的量比对凝胶时间的影响

物质的量比：DMDES/TEOS=1∶1；EtOH/TEOS=6∶1；H_2O/TEOS=8∶1；HCl/TEOS=$2×10^{-3}$

在溶胶-凝胶工艺中，催化剂对 SiCO 气凝胶的结构和性能有着重要的影响，图 4-17 为催化剂比例对 SiCO 气凝胶密度的影响，SiCO 气凝胶的密度随碱含量的增加而增大，这主要是由于碱含量增加时，TEOS 和 DMDES 缩聚速率加快，胶体粒子较小，气凝胶孔径较小，超临界干燥过程中收缩相对较大，因此形成的 SiCO 气凝胶密度升高。

图 4-18 为 $NH_3·H_2O$/HCl 物质的量比对 SiCO 气凝胶比表面积的影响。可以看出，随着碱催化剂含量的增加，SiCO 气凝胶的比表面积增大，这主要是由于碱催化剂含量高的 SiCO 气凝胶的粒子较小。

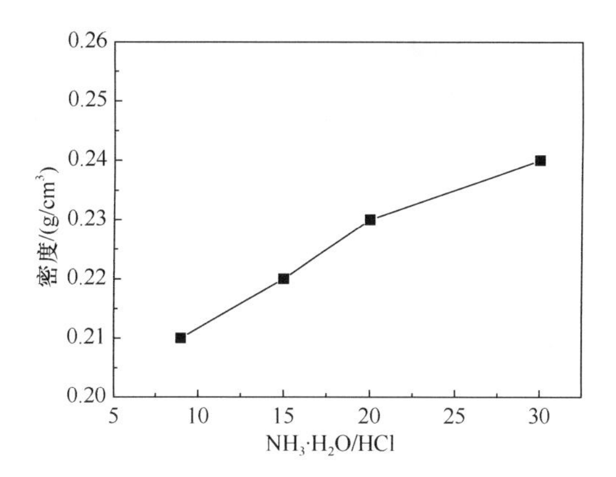

图 4-17　$NH_3 \cdot H_2O/HCl$ 物质的量比对 SiCO 气凝胶密度的影响
物质的量比：DMDES/TEOS=1∶1；EtOH/TEOS=6∶1；H_2O/TEOS=8∶1；HCl/TEOS=2×10^{-3}

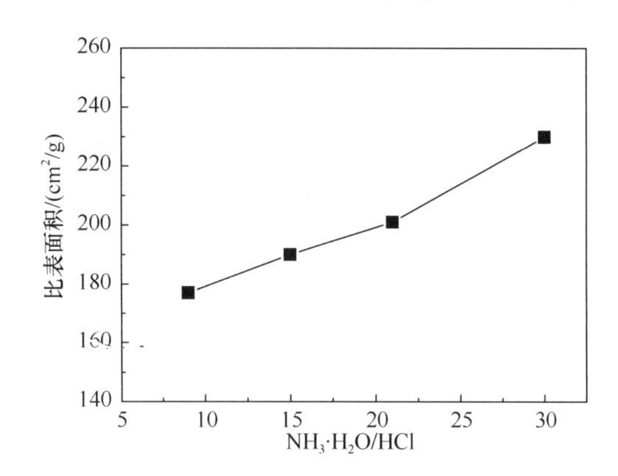

图 4-18　$NH_3 \cdot H_2O/HCl$ 物质的量比对 SiCO 气凝胶比表面积的影响
物质的量比：DMDES/TEOS=1∶1；EtOH/TEOS=6∶1；H_2O/TEOS=8∶1；HCl/TEOS=2×10^{-3}

图 4-19 为不同 $NH_3 \cdot H_2O/HCl$ 物质的量比制备的 SiCO 气凝胶的微观形貌，可以看出，碱含量增大使 SiCO 气凝胶的粒子变小，孔径基本不变。主要原因是碱含量增大时，缩聚反应速率较大，粒子没有足够时间生长就发生缩聚交联，导致粒子较小。对于隔热应用而言，骨架颗粒越小，比表面积越大，孔径越小，其隔热性能越好，因此，选择 $NH_3 \cdot H_2O/HCl=30$ 作为配比。

5. 高温裂解

超临界干燥工艺生成的是含有 Si—CH_3 基团的 SiCO 气凝胶先驱体，高温裂解之后才能形成具有无定形结构的 SiCO 气凝胶，同时存在游离碳结构。图 4-20 为裂解前后样品的宏观形貌。可以看出，样品裂解前为乳白色，裂解后转变为黑色，且保持了较好的形状。

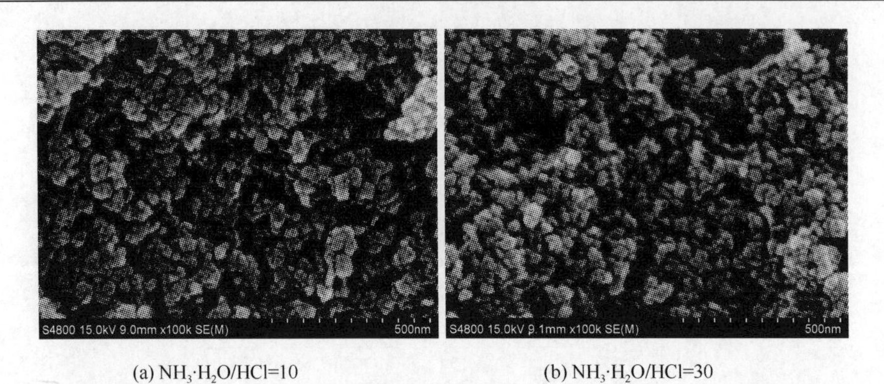

(a) $NH_3 \cdot H_2O/HCl=10$　　(b) $NH_3 \cdot H_2O/HCl=30$

图 4-19　不同 $NH_3 \cdot H_2O/HCl$ 物质的量比制备的 SiCO 气凝胶的微观形貌

(a) 裂解前　　(b) 裂解后

图 4-20　SiCO 气凝胶裂解前后的宏观形貌

高温裂解过程从原理上讲是去除杂质、发生断键重排反应的过程。重排反应（又称为互换反应或歧化反应）是有机硅化学中常见的反应，可用反应式 M－X＋M'－Y$\longleftrightarrow$M－Y＋M'－X（M 和 M'为 Si、B、Al、Ti 等，X 和 Y 为 H、Cl、Si、OR、Me 等）来表示，其中 M 和 M'可以是相同的，也可以是不同的。该反应可以发生在分子之间，也可以发生在分子内。

TEOS/DMDES 体系中 Si—C 键和 C—H 键的键能较低，裂解过程中，小部分的 C 和 H 原子会发生断键而以小分子气体的形式损失掉，大部分的 C 原子仍留在材料体系中，以 Si—C 和自由 C 的形式存在。可能发生的分子链断裂反应有[18]：

$$\equiv Si—CH_3 \longrightarrow \equiv Si\cdot + \cdot CH_3$$

$$\equiv C—H \longrightarrow \equiv C\cdot + H\cdot$$

上述反应生成的自由基与其他自由基相复合而产生小分子气体，其反应可表示如下：

$$\equiv Si\cdot + H_3C—Si\equiv \longrightarrow \equiv Si—H + \cdot CH_2—Si\equiv$$

$$\equiv Si\cdot + \cdot CH_2—Si\equiv \longrightarrow \equiv Si—CH_2—Si\equiv$$

$$H\cdot + \cdot CH_3 \longrightarrow CH_4\uparrow$$

高温裂解是 SiCO 气凝胶制备过程最为关键的工艺。图 4-21 为 SiCO 气凝胶先驱体在 N_2 气氛下的 TG-DTG 曲线，可以看出，裂解过程大致可分为 3 个阶段：第 1 个阶段为室温至 400℃，这个过程中体系失重较小（约 1.49%），主要是残余的溶剂和水的挥发所致；第 2 个阶段为 400～1000℃，这个过程中体系失重较大（约 10.77%），主要是分子链的断裂和重排生成大量的小分子气体并逸出所致。DTG 曲线上在 550℃和 630℃两处出现明显的峰，说明此时质量剧烈下降，有反应发生。400～600℃主要是 Si—OC_2H_5 的断裂，600～1000℃主要是 Si—CH_3 裂解发生重排反应；第 3 个阶段为 1000℃以上，在 1000～1200℃区间，体系失重约为 1.22%，可能是裂解产物中含有的杂质完全分解，产物组成为游离碳和无定形态的 SiCO 相。

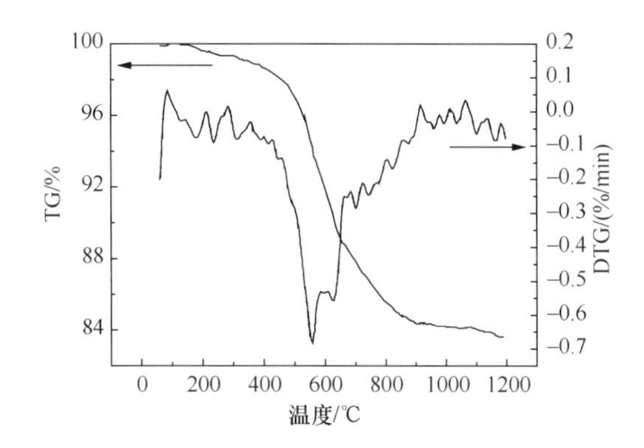

图 4-21　N_2 气氛下 SiCO 气凝胶先驱体的 TG-DTG 曲线

4.2.3　SiCO 气凝胶的结构和性能分析

不同成分的 SiCO 气凝胶具备不同的结构和性能，通过对气凝胶结构与组成的分析有利于进一步调节纳米多孔 SiCO 气凝胶的微观结构和性能。根据前面的分析和讨论，采用以下配方制备了 SiCO 气凝胶：1TEOS∶1.5DMDES∶6EtOH∶$6H_2O$∶2×10^{-3}HCl∶$6\times10^{-2}NH_3\cdot H_2O$（均为物质的量比），并分析了 SiCO 气凝胶的基本结构、组成和性能。

1. FT-IR 分析

图 4-22 为 SiCO 气凝胶先驱体裂解前后的 FT-IR 谱图。从图中可以看出，SiCO

气凝胶先驱体裂解前在 1270cm^{-1}、1100cm^{-1}、852cm^{-1}、806cm^{-1}、453cm^{-1} 五处存在特征吸收峰。1270cm^{-1} 处特征峰峰形尖、吸收带狭窄，为 CH_3 对称变形振动吸收峰。852cm^{-1} 处特征峰峰形尖、吸收带狭窄，为 Si—C 伸缩振动吸收峰。1100cm^{-1} 处特征吸收峰峰形较宽，为 Si—O—Si 反对称伸缩振动吸收峰。806cm^{-1} 和 453cm^{-1} 两处特征吸收峰分别代表 Si—O—Si 对称伸缩振动吸收峰和弯曲振动吸收峰。裂解后的 SiCO 气凝胶在 1100cm^{-1}、463cm^{-1} 仍然存在 Si—O 键的伸缩振动、Si—O—Si 的弯曲振动吸收峰。在 857cm^{-1} 和 1268cm^{-1} 处的吸收峰在裂解后消失，说明 Si—CH_3 在裂解过程中发生了断裂。裂解前 852cm^{-1} 和 806cm^{-1} 两处吸收峰较强、峰形较窄，而裂解后在 800cm^{-1} 处出现的吸收峰较弱、峰形较宽，可能是 Si—C 键和 Si—O—Si 键的两个吸收峰的重合峰。

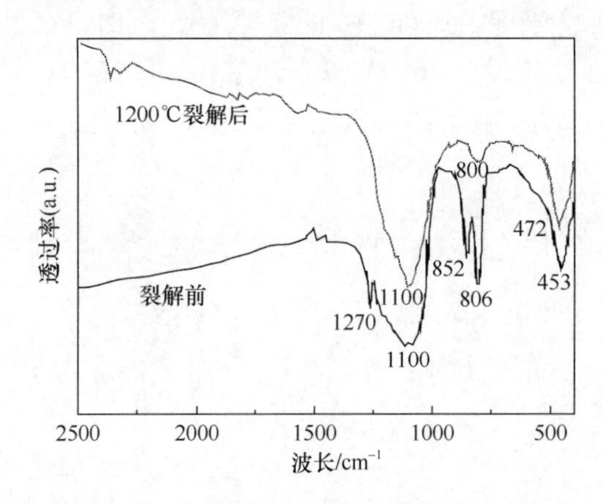

图 4-22 SiCO 气凝胶先驱体裂解前后的 FT-IR 图谱

2. XRD 分析

图 4-23 为 1200℃裂解制备的 SiCO 气凝胶的 XRD 谱图，可见，SiCO 气凝胶只有一个较宽的衍射峰，不存在明显的晶态特征峰，没有明显的结晶相产生，表明 SiCO 气凝胶为无定形结构。对于非金属固体来说，晶格排列的规则性对固体热传导有重要影响，非晶体结构材料比相应的晶体材料具有更低的热导率[19]。

3. ^{29}Si 固体核磁共振图谱分析

固体核磁共振（NMR）是探测固体物质结构与化学信息的有力手段，对于一些复杂的无机体系，固体 NMR 能够鉴定晶相与非晶相，并确定其结构，同时在原子水平提供这些物相的化学信息[20]。文献报道在 SiCO 的无定形结构中，Si 原子可能有 5 种正四面体结构[21]，分别为 SiC_4、SiC_3O、SiC_2O_2、$SiCO_3$、SiO_4，因此 SiCO 的无定形结构可用 SiC_xO_{4-x} 来表示。利用 ^{29}Si 固体核磁共振图谱分析了 SiCO 气凝

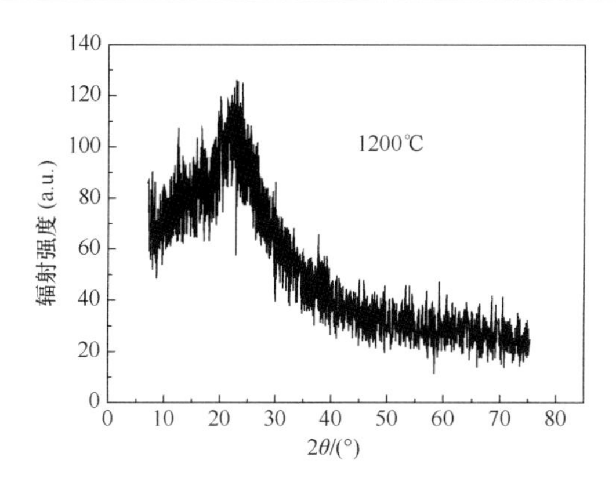

图 4-23　1200℃裂解得到的 SiCO 气凝胶 XRD 图谱

胶的原子结构，图 4-24 为 1200℃裂解制备的 SiCO 气凝胶的 ^{29}Si 固体核磁共振图谱。由图谱可知，在–110.58ppm 处和–72.67ppm 处出现共振峰，分别代表 SiO_4 和 $SiCO_3$ 结构。拟合计算峰面积得出两种存在形式的含量，$SiCO_3$ 形式占总量的 14.7%、SiO_4 形式占 85.3%，以上均为物质的量比。通过两种结构的物质的量比计算得到 SiCO 气凝胶的结构式为 $SiC_{0.15}O_{3.85}$。

TEOS/DMDES 体系中碳的来源只有侧链上的—CH_3，在 400～650℃之间一部分的—CH_3 以碳氢化合物的形式逸出，另一部分发生裂解重排反应以 SiCO 无定形结构形式和游离碳结构形式保留下来。元素分析测试结果（质量分数）：Si：45.11%；C：7.39%；O：47.5%，计算得到 C/Si 物质的量比为 0.38，结合 SiCO 气凝胶结构式计算得到 SiCO 气凝胶名义组成为 $0.15SiC \cdot 0.85SiO_2 \cdot 0.23C$，因此包含游离碳结构的 SiCO 气凝胶的分子式为 $SiC_{0.15}O_{1.7}+0.23C$，生成游离碳结构的碳占总碳量的 60.5%。

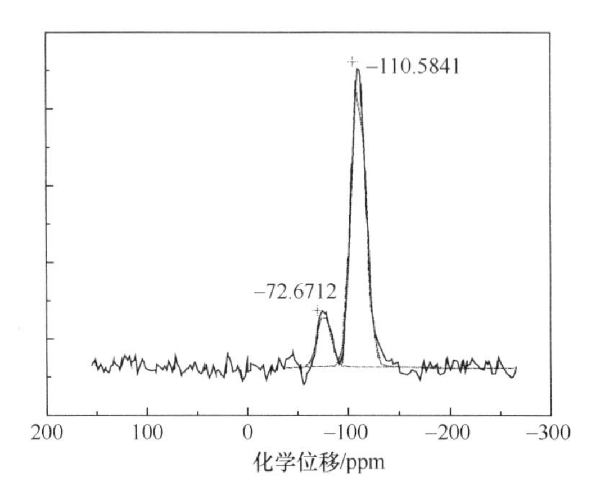

图 4-24　1200℃裂解得到的 SiCO 气凝胶核磁共振图谱

4. 孔径结构分析

SiCO 气凝胶是由纳米颗粒组成的多孔材料，孔径分布情况对气凝胶的隔热性能和力学性能等都具有较大的影响，通常采用氮气吸附法来测量具有纳米级多孔材料的孔结构和比表面积。图 4-25 为 SiCO 气凝胶吸附-脱附等温曲线，参照国际理论和应用化学联合会（IUPAC）的分类方法[22]，SiCO 气凝胶属于第Ⅳ类，即体现的是介孔（2nm≤孔径≤50nm）材料的吸附，表明 SiCO 气凝胶为孔径分布相对较窄的介孔材料。由吸附-脱附等温曲线，根据 BET 原理可计算出该 SiCO 气凝胶的比表面积为 217.7 m^2/g。

从图 4-25 可以看出，该气凝胶的吸附-脱附等温线前半段上升缓慢，后半段发生了急剧上升，并在一定的相对压力时达到吸附饱和，吸附等温线又呈直线平缓上升，当相对压力（P/P_0）约为 0.91 时，在脱附曲线上发生吸附量急剧变化，表明此时是孔径分布集中的范围。

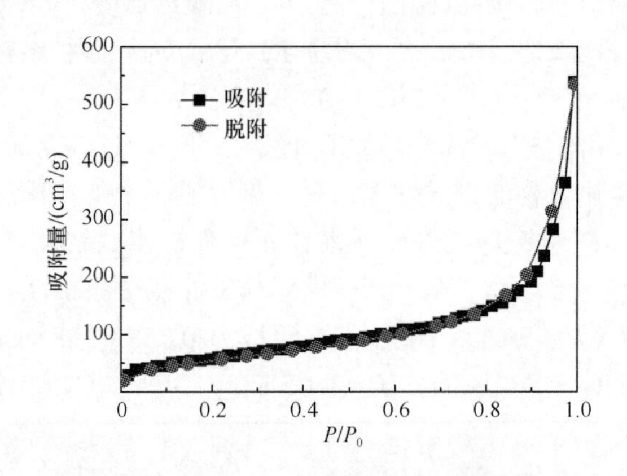

图 4-25　SiCO 气凝胶吸附-脱附等温曲线

利用吸附-脱附等温曲线，分析得到 SiCO 气凝胶的孔径分布曲线如图 4-26 所示，SiCO 气凝胶孔径主要分布在 20～200nm 范围，最可几孔径为 60nm，通过计算得到其平均孔径为 15.2nm，孔体积为 0.83 cm^3/g。由于 SiCO 气凝胶绝大部分的孔径都小于常温下空气分子的平均自由程（69nm），纳米多孔 SiCO 气凝胶能够有效地抑制气态热传导和对流热传导，再加上气凝胶的低密度可降低固态热传导，因此常温下 SiCO 气凝胶具有较低的热导率。

5. 微观形貌分析

图 4-27 为纳米多孔 SiCO 气凝胶微观结构形貌。可以看出，气凝胶的多孔网

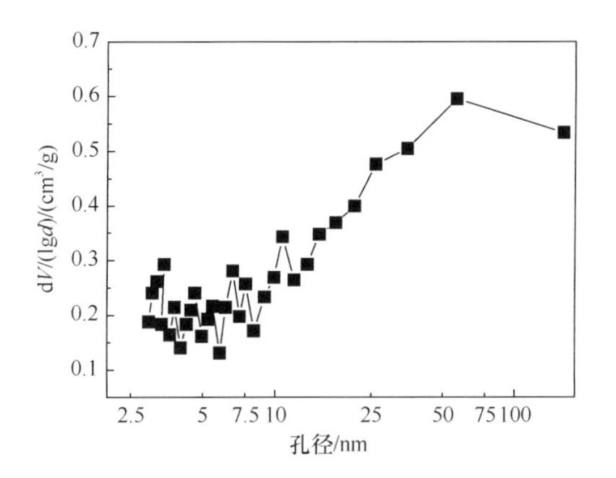

图 4-26　SiCO 气凝胶的孔径分布曲线

图 4-27　SiCO 气凝胶微观形貌

络结构清晰可见，属于开孔结构。气凝胶由许多纳米级微小球状颗粒（称为初级粒子 R_0）构成的团簇网络多孔结构组成，且颗粒大小和孔洞分布都比较均匀。

6. 粒径分析

SiCO 气凝胶具有同 SiO_2 气凝胶相似的孔结构和粒子结构，因此利用 SiO_2 气凝胶微观结构模型可模拟出 SiCO 气凝胶的基本粒子组成结构。图 4-28 是 SiO_2 气凝胶微观结构模型[23]。SiCO 气凝胶具有分级的粒子结构，首先，具有纳米级直径的 SiCO 初级粒子相互连接团聚形成团簇，构成 SiCO 次级粒子骨架；然后，SiCO 初级粒子之间形成了 I 型孔洞（即微孔），SiCO 次级粒子在空间疏松排列，形成了Ⅱ型和Ⅲ型孔洞（Ⅱ型孔洞指不足以容纳一个 SiCO 次级粒子的孔洞，Ⅲ型孔洞指可以容纳一个 SiCO 次级粒子的孔洞）；最后，SiCO 次级粒子之间相互交联形成枝状团聚体，并在空间三维发展构成了纳米多孔网络结构。

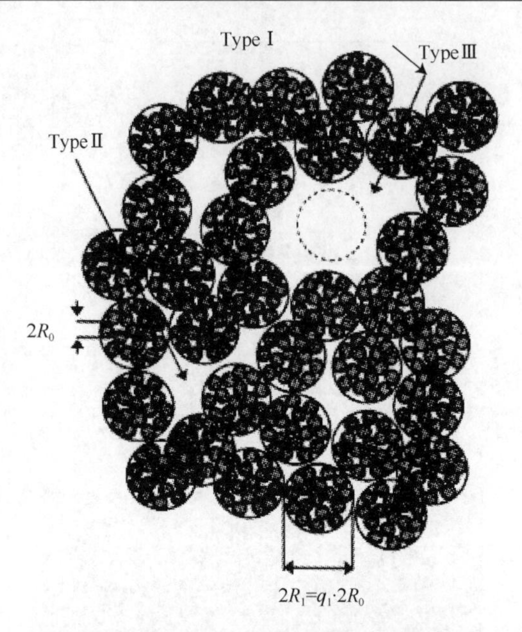

图 4-28　SiO_2 气凝胶微观结构模型

R_0—初级粒子半径；R_1—次级粒子半径

比表面积主要与组成气凝胶初级粒子的粒径（$2R_0$）有关，因此通过比表面积可计算出 SiCO 气凝胶初级粒子的粒径（$2R_0$）。

假设气凝胶初级粒子为实体结构，且为球状颗粒，则每个粒子的质量为 $\frac{4}{3}\pi R_0{}^3 \times \rho$（$R_0$ 为粒子半径；ρ 为粒子密度）。若单位质量气凝胶含有 n 个初级粒子，则比表面积 S（单位质量物质所具有的表面积，m^2/g）可表达为：

$$S = n \times 4\pi R_0{}^2 = \frac{4\pi R_0{}^2}{\frac{4}{3}\pi R_0{}^3 \times \rho} = \frac{6}{\rho(2R_0)} \tag{4-9}$$

因此，SiCO 气凝胶初级粒子的粒径（$2R_0$）为：

$$2R_0 = \frac{6}{\rho S} \tag{4-10}$$

式中，ρ为 SiCO 气凝胶骨架密度（采用比重瓶测试为 $2.2g/cm^3$）。将 SiCO 气凝胶比表面积（$217.7m^2/g$）代入可得组成 SiCO 气凝胶的基本粒子的粒径 R_0 约为 6.3nm。可见，组成 SiCO 气凝胶的初级粒子直径小，只有几个纳米，粒子间的接触很少，减小了声子平均自由程，引起声子导热下降，而且，曲折复杂的固相三维网状结构增加了固相热传导中热量传递的路径，因而 SiCO 气凝胶纤细的纳米骨架结构有利于降低固态热导率。

7. 耐温性能分析

图 4-29 为 SiCO 气凝胶空气中 1200℃煅烧前后微观形貌图。可以看出，1200℃煅烧后，SiCO 气凝胶的纳米级孔洞结构被破坏，粒子烧结，发生团聚，颗粒长大。

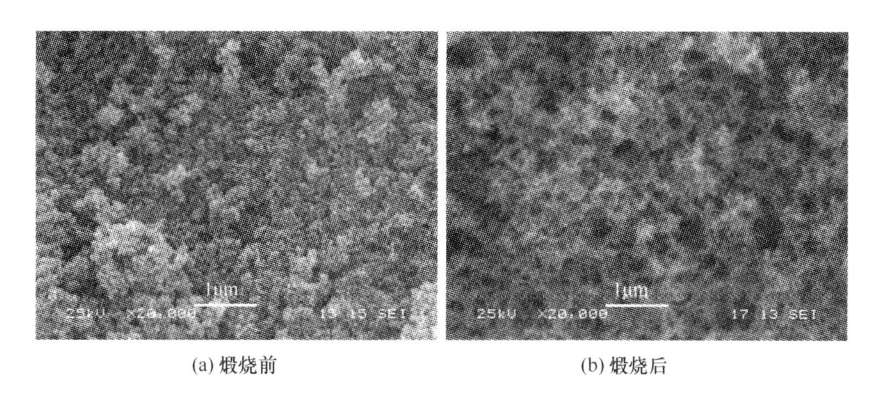

(a) 煅烧前　(b) 煅烧后

图 4-29　空气中 1200℃煅烧前后 SiCO 气凝胶的微观形貌

高温有氧条件下 SiCO 气凝胶比表面积的变化是判断耐温性能的重要依据，图 4-30 为 SiCO 气凝胶在不同热处理温度下（热处理时间均为 0.5h，空气气氛）的比表面积，可以看出，从室温到 1000℃，气凝胶比表面积几乎没有发生改变，从 1000℃开始，SiCO 气凝胶比表面积开始降低，1100℃时比表面积有 162.8m^2/g，温度高于 1100℃后比表面积急剧下降，1200℃时仅为 1.66m^2/g。SiCO 气凝胶与 SiO_2 气凝胶在化学结构上最大的区别为前者在无定形的结构中存在 Si—C 键，即一部分 C 原子取代 O 原子与 Si 相连。Si—C 键的生成使气凝胶网络结构发生转变，一个 Si 原子与两个 O 原子相连转变为一个 C 原子与 4 个 Si 原子相连，形成的[CSi_4]

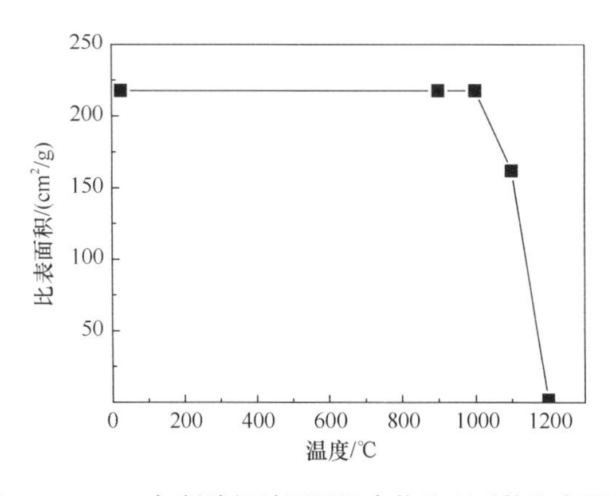

图 4-30　SiCO 气凝胶经过不同温度热处理后的比表面积

四面体结构对气凝胶纳米多孔结构起到支撑的作用，见图 4-2。因此，高温条件下 SiCO 气凝胶仍具有较高的比表面积。

4.3 SiCO 气凝胶隔热复合材料

4.3.1 SiCO 气凝胶隔热复合材料的制备工艺

SiCO 气凝胶由于本身的低密度和高孔隙率导致其脆性大，难以直接用于高温隔热领域。因此，为提高 SiCO 气凝胶的力学性能，需对其进行增强、增韧。本节采用凝胶成型工艺来制备纤维增强 SiCO 气凝胶隔热复合材料，首先采用硅源和碳源制备 SiCO 先驱体溶胶，然后无机纤维与 SiCO 先驱体溶胶混合，经过凝胶、老化、超临界干燥、高温裂解得到纤维增强 SiCO 气凝胶隔热复合材料，具体的工艺流程如图 4-31 所示。

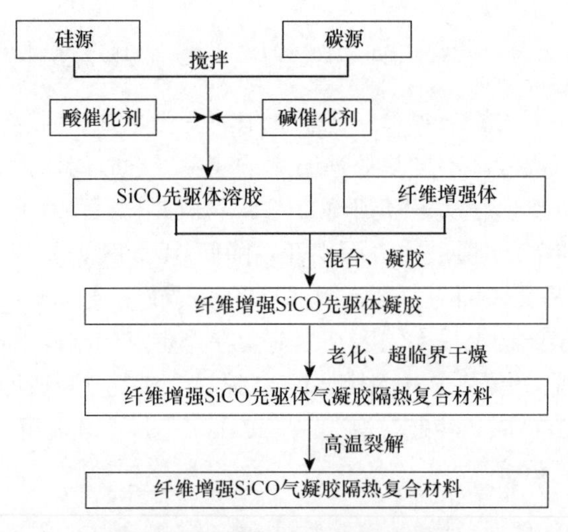

图 4-31 纤维增强 SiCO 气凝胶隔热复合材料制备工艺流程

通过对制备过程中工艺参数和实验条件的严格控制，制备出的 SiCO 气凝胶隔热复合材料无裂纹，同时具有较好的加工性能。图 4-32 为莫来石纤维增强 SiCO 气凝胶隔热复合材料宏观形貌。

4.3.2 SiCO 气凝胶隔热复合材料的隔热性能

与其他种类纳米多孔材料一样，SiCO 气凝胶的纳米多孔结构有效地抑制了气体热传导；SiCO 气凝胶与纤维复合之后，纤维之间的空隙被填充，热量的传导要经过 SiCO 气凝胶，这样充分利用 SiCO 气凝胶纤细的纳米骨架结构降低了材料的

图 4-32　SiCO 气凝胶隔热复合材料宏观形貌

固体热传导。因此 SiCO 气凝胶隔热复合材料具有良好的隔热性能。

图 4-33 为莫来石纤维体积密度对 SiCO 气凝胶复合材料隔热性能的影响，可见，随着纤维体积密度的增加，冷面温度逐渐升高，表明材料的隔热性能随着纤维体积密度的增加而降低。对于莫来石纤维来说，纤维体积密度越高，样品的密度就越高，单位体积的复合材料纤维的数量就越多，基体的数量相对较少，这样就较大地增加了材料的固体热传导，使得复合材料的隔热效果降低。

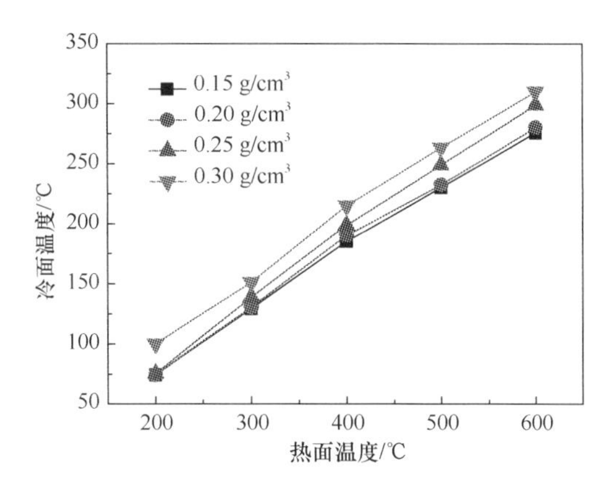

图 4-33　莫来石纤维体积密度对复合材料隔热效果的影响

图 4-34 为莫来石纤维增强 SiCO 气凝胶隔热复合材料的高温热导率，其中莫来石纤维体积密度为 0.15g/cm^3。可见，500℃和 600℃时的热导率变化较大，比 800℃时的热导率还要高，主要原因是在 400～700℃，SiCO 气凝胶基体中的游离碳被氧化，发生放热反应，导致此温度范围的热导率数据失真。800℃时 SiCO 气凝胶隔热复合材料的热导率为 0.0319W/(m·K)，1000℃时为 0.0430W/(m·K)，表明 SiCO 气凝胶隔热复合材料在高温应用环境中具有优异的隔热性能。

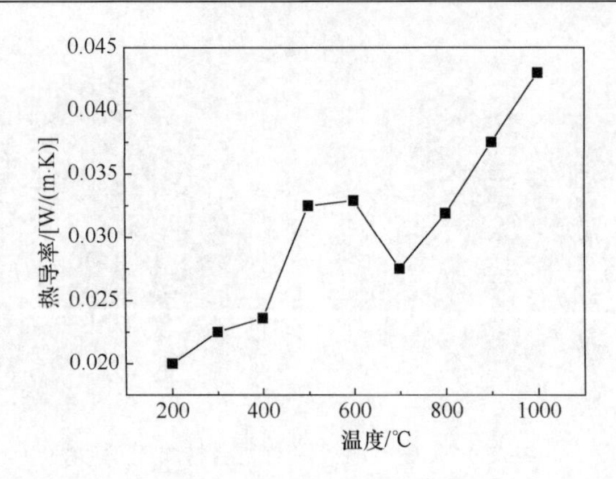

图 4-34　莫来石纤维增强 SiCO 气凝胶隔热复合材料的高温热导率

4.3.3　SiCO 气凝胶隔热复合材料的力学性能

气凝胶隔热复合材料的力学性能包括拉伸强度、弯曲强度和压缩强度，纤维种类、溶胶配比、纤维体积密度对气凝胶隔热复合材料力学性能都有一定影响，其中纤维体积密度对材料力学性能的影响最为明显。图 4-35 为莫来石纤维增强 SiCO 气凝胶隔热复合材料力学性能随纤维体积密度的变化关系，可见，复合材料的拉伸强度随纤维体积密度的增加而增大，纤维含量增加，基体中的裂纹不易扩

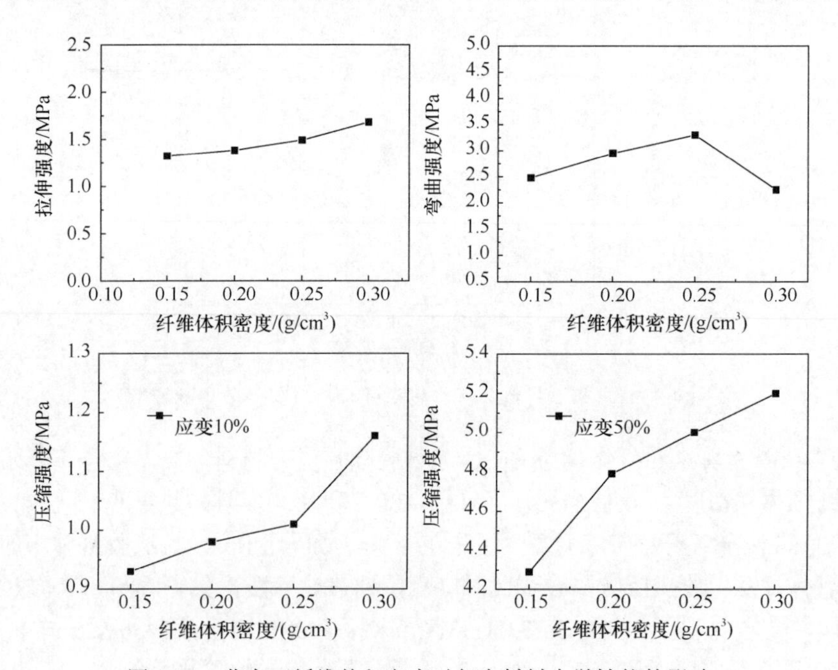

图 4-35　莫来石纤维体积密度对复合材料力学性能的影响

展，材料的拉伸强度越高，纤维体积密度为 0.3g/cm^3 时出现最大值；压缩强度随纤维体积密度的增加而增大，主要是纤维体积密度越大，复合材料密度越大，结构越密实。对弯曲强度而言，复合材料随纤维体积密度的增加，在纤维体积密度为 0.25g/cm^3 时出现最大值，而纤维体积密度为 0.30g/cm^3 时的抗弯强度相对较小，其原因与纤维增强 SiO_2 气凝胶隔热复合材料类似。当莫来石纤维体积密度为 0.15g/cm^3 时，SiCO 气凝胶隔热复合材料抗弯强度约为 2.48MPa，抗压强度约为 0.93MPa（10%ε）、4.29MPa（50%ε），拉伸强度约为 1.32MPa。

4.3.4　SiCO 气凝胶隔热复合材料的耐温性能

图 4-36 为 SiCO 气凝胶隔热复合材料在 1000℃空气中煅烧前后的宏观形貌，可见，在 1000℃煅烧之后复合材料呈现出乳白色，形状保持较好，无裂纹产生。表 4-2 为不同温度煅烧后样品收缩情况，可见，1000℃煅烧后样品无收缩，1100℃和 1200℃煅烧后样品在与纤维取向垂直的方向出现收缩，经计算 1100℃煅烧后收缩率约为 6.7%，1200℃煅烧后收缩率约为 13.3%。由此可见，SiCO 气凝胶隔热复合材料比 SiO_2 气凝胶隔热复合材料具有更好的耐温性。

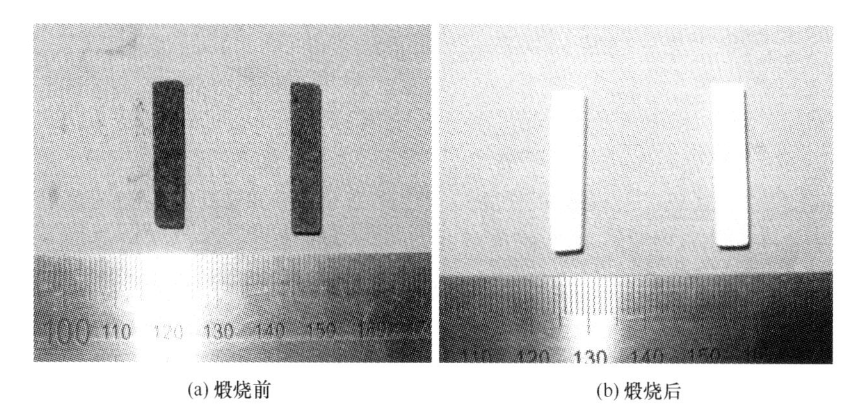

(a) 煅烧前　　(b) 煅烧后

图 4-36　1000℃空气中煅烧前后 SiCO 气凝胶隔热复合材料宏观形貌

表 4-2　不同温度煅烧后 SiCO 气凝胶隔热复合材料的收缩率

煅烧温度/℃	沿纤维取向	垂直纤维取向
1000	0	0
1100	0	6.7%
1200	0	13.3%

参 考 文 献

[1] Pantano C, Singh A, Zhang H. Silicon oxycarbide glasse s[J]. Journal of Sol-Gel Science and Technology, 1999, 14: 4-25.

[2] Colombo C, Riedel R, Soraru G D, Kleebe H J. Polymer derived ceramics: From nano-structure to applications [M]. DEStech Publications, Inc, 2010.

[3] Bois L, Maquet J, Babonneau F. Structural characterization of sol-gel derived oxycarbide galsses.1. Study of the pyrolysis process [J]. Chemistry of Materials, 1994, 6: 796-802.

[4] Scarmi A, Sorarù G D, Raj R. The role of carbon in unexpected visco(an)elastic behavior of amorphous silicon oxycarbide above 1273K [J]. Journal of Non-Crystalline Solids, 2005, 351: 2238-2243.

[5] 赵南. Si—C—O 气凝胶及其隔热复合材料制备与性能研究 [D]. 长沙: 国防科学技术大学, 2010.

[6] Saha A, Raj R, Williamson D L. A model for the nanodomains in polymer-derived SiCO [J]. Journal of the American Ceramic Society, 2006, 89(7): 2188-2195.

[7] Manuel W, Stephan P. Sol-Gel processing of a glycolated cyclic organosilane and Its pyrolysis to silicon oxycarbide monoliths with multiscale porosity and large surface areas [J]. Chemistry of Materials, 2010, 22: 1509-1520.

[8] Rao A V, Rao A P, Kulkarni M M. Influence of gel aging and Na_2SiO_3/H_2O molar ratio on monolithicity and physical properties of water-glass-based aerogels dried at atmospheric pressure [J]. Journal of Non-Crystalline Solids, 2004, 350: 224-229.

[9] Strom R A, Masmoudi Y, Rigacci A, et al. Strengthening and aging of wet silica gels for up-scaling of aerogel preparation [J]. Journal of Sol-Gel Science and Technology, 2007, 41: 291-298.

[10] Kirkbir F, Murata H, Meyers D, et al. Drying of aerogels in different solvents between atmospheric and supercritical pressures [J]. Journal of Non-Crystalline Solids, 1998, 225: 14-18.

[11] Smitha S, Shajesh P, Aravind P R, et al. Effect of aging time and concentration of aging solution on the porosity characteristics of subcritically dried silica aerogels [J]. Microporus Mesoporous Materials, 2006, 91: 286-292.

[12] Minakuchi H, Nakanishi K, Soga N, et al. Octadecylsilated porous silica rods as separation media for reversed-phase liquid chromatography [J]. Analytical Chemistry, 1996, 68: 3498-3501.

[13] Hegde N D, Rao A V. Physical properties of methyltrimethoxysilane based elastic silica aerogels prepared by the two-stage sol-gel process [J]. Journal of Materials Science Letters, 2007, 42: 6965-6971.

[14] Ming-Ta S H, Timothy S C. Light-Weight Black Ceramic Insulation [P]. US Patent: 6620749, 2003-9-16.

[15] 高庆福. 纳米多孔 SiO_2、Al_2O_3 气凝胶及其高效隔热复合材料研究[D]. 长沙: 国防科学技术大学, 2009.

[16] Xu Y, Wu D, Sun Y H, et al. Effect of polyvinylpyrrolidone on the ammonia-catalyzed sol-gel process of TEOS: study by in situ ^{29}Si NMR, scattering, and rheology [J]. Colloids and Surfaces A: Physicochemal and Engeering Aspects, 2007, 305: 97-104.

[17] Morris C A, Rolison D R, K. Swider-Lyons E, et al. Modifying nanoscale silica with itself: a method to control surface properties of silica aerogels indenpently of bulk structure[J]. Journal of Non-Crystalline Solids, 2001, 285: 29-36.
[18] Annamalai J, Gill W N, Tobin A. Modeling, analysis and kinetics of transformations in Blackglas TM preceramic polymer pyrolysis[J]. Chemical Engineering Science, 1995, 16(4): 225-232.
[19] 弗兰克 P. 英克鲁佩勒, 大卫 P. 德维特, 狄奥多尔 L. 勃格曼, 等. 传热和传质基本原理[M]. 北京: 化学工业出版社, 2007.
[20] 岳勇. 固体 NMR 在高性能陶瓷研究中的应用[J]. 波普学杂志, 1995, 12(5): 473-482.
[21] Schiavon M A, Redondo S U A, Pina S R O, et al. Investigation on kinetucs of thermal decomposition in polysiloxane networks used as precursors of silicon oxycarbide glasses [J]. Journal of Non-Crystalline Solids, 2002, 304: 92-100.
[22] Gregg S J, Sing K S W. Adsorption, surface area and porosity [M]. London: Academic Press, 1982.
[23] Esquivias L, Rodriguez-Ortega J, Barrera-Solano, et al. Structural models of dense aerogels [J]. Journal of Non-Crystalline Solids, 1998, 225: 239-243.

第 5 章　纤维增强炭气凝胶隔热复合材料

新型航天飞行器的发动机、鼻锥、翼前缘等部位的温度都达到 1600℃以上，民用领域各种工业气氛炉的炉温设计通常都在 1600℃以上，这些应用领域对隔热材料的耐高温性能和隔热性能都提出了越来越高的要求。传统的超高温隔热材料主要有氧化锆纤维、炭纤维、炭泡沫等，这些传统超高温隔热材料的微观结构是微米级孔径，隔热性能有限。研制耐超高温、低热导率的纳米结构气凝胶材料是解决新型航天飞行器隔热和工业气氛炉节能环保等迫切需求的途径之一。

在所有的气凝胶隔热材料种类中，炭气凝胶在非氧化气氛下具有最高的使用温度，并且炭气凝胶具有高比消光系数和高辐射率，在高温下具有很高的遮挡热辐射能力，辐射热导率低。这些优点使得炭气凝胶作为超高温隔热材料在航天领域和民用工业领域具有广阔的应用前景。

5.1　炭 气 凝 胶

1989 年美国利物莫尔（Livermore）国家实验室的 Pekala R W[1]以惯性约束核聚变的靶材为应用背景首次研制出了间苯二酚-甲醛有机气凝胶，该有机气凝胶经过炭化之后可以变成炭气凝胶，由于该方法的简便性和可控性，世界上掀起了炭气凝胶制备研究及作为催化剂载体、超级电容器、电极材料等应用研究的热潮。虽然至今已经发展了多种有机原材料制备炭气凝胶的方法，如苯酚-甲醛体系[2-4]、苯酚-糠醛体系[5]、5-甲基间苯二酚-甲醛体系[6,7]、纤维素[8]、聚亚胺酯[9]、聚脲[10]、聚苯并噁嗪[11,12]、聚丙烯腈[13]等，但是间苯二酚-甲醛体系还是最常用的原料，其研究也相对成熟、广泛。

5.1.1　炭气凝胶的制备机理

制备有机气凝胶是获得炭气凝胶的第一步，其原料包括反应物、溶剂和催化剂。反应物一般是间苯二酚（Resorcinol）和甲醛（Formaldehyde）[14]，间苯二酚[$C_6H_4(OH)_2$]是理想的反应单体，与苯酚一样具有 3 个反应活性中心（苯环上的 2-、4-、6-位），但它的反应活性比苯酚大 10～15 倍，所以能在更低的温度下与甲醛反应形成间苯二酚-甲醛树脂。间苯二酚-甲醛树脂可以归类为酚醛树脂，酚醛树脂按照苯环间的桥连键主要是亚甲基醚键（—CH_2OCH_2—）还有亚甲基键（—CH_2—），可分为热固性（resole）和热塑性（novolac）酚醛树脂，主要生成亚甲基醚键还是亚甲基键是由反应物的比例、pH 值和催化剂种类决定的。由于间苯二酚的高反应活性，其与甲醛反应生成的主要是亚甲基键结构[15]。

最常用的催化剂是碳酸钠（Na_2CO_3，简写为 C），其水溶液呈碱性，在碱性条件下，间苯二酚与甲醛的反应机理如图 5-1 所示，首先是间苯二酚失去氢变成间苯二酚一价阴离子，由于电子振动，苯环上 4 或 6 位的电子密度增加，见式(5-1a)，

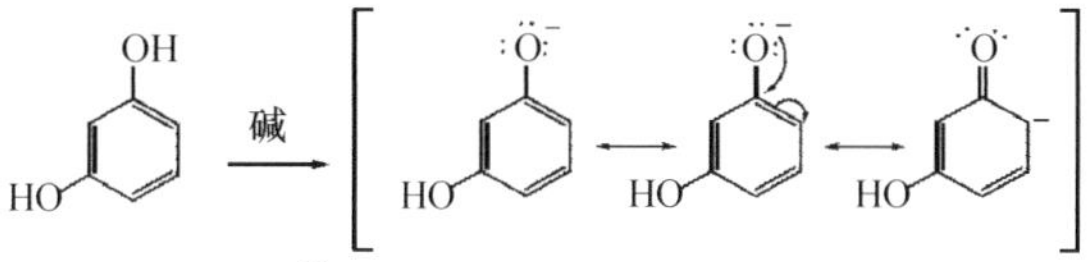

(5-1a)

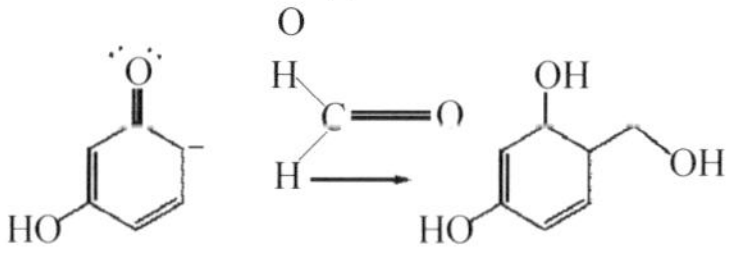

(5-1b)

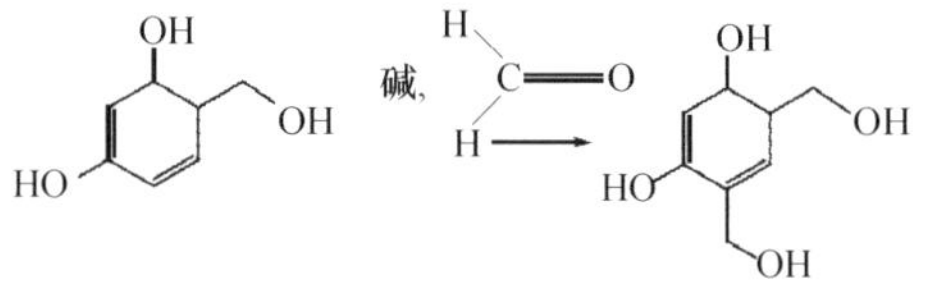

(5-2)

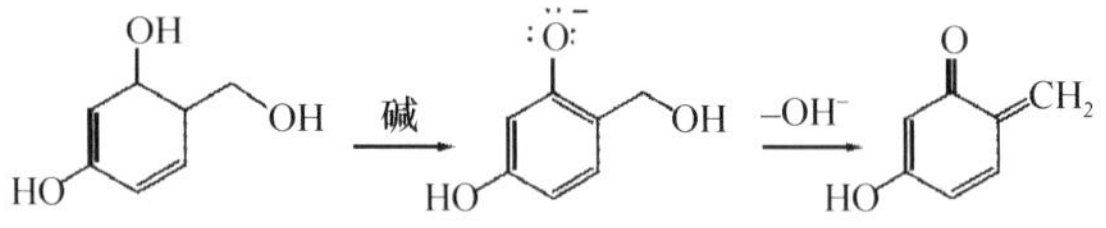

(5-3)

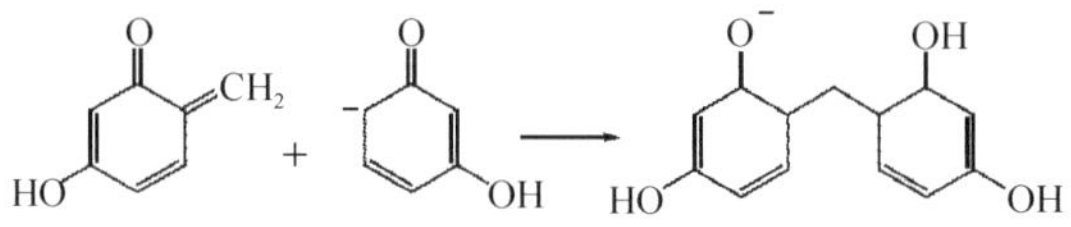

(5-4)

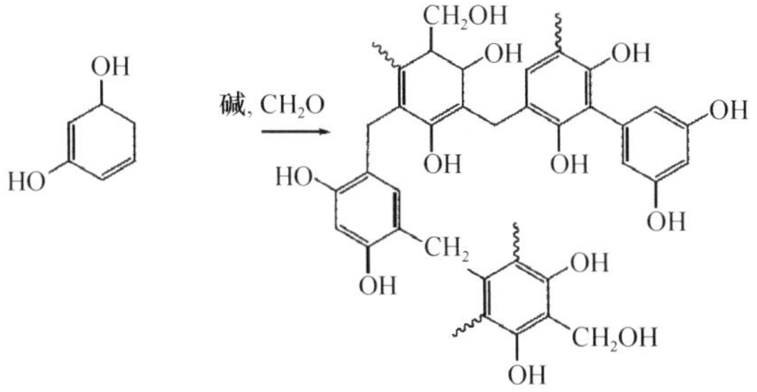

(5-5)

图 5-1 碱催化条件下间苯二酚与甲醛的反应机理[15]

从该位置电子转移至带部分正电的甲醛的羰基碳原子上，两者发生加成反应，从而形成羟甲基，见式（5-1b）；接着，羟甲基激发苯环上其余的反应位，并与另外一个甲醛加成，形成二羟甲基，见式（5-2）[16]。碱催化剂继续使羟甲基间苯二酚失去质子，形成具有很高反应活性的不稳定中间体甲基邻苯醌，见式（5-3），甲基邻苯醌与另一个间苯二酚分子反应生成稳定的亚甲基桥连结构，见式（5-4）。间苯二酚比苯酚具有更高反应活性的原因是甲基邻苯醌的生成和间苯二酚 2-、4-、6-位的高电子密度。只要间苯二酚分子或间苯二酚-甲醛胶体团簇上还有反应活性中心，以上缩聚反应就会持续进行下去，因此碱催化制备的间苯二酚-甲醛树脂主要是亚甲基桥键结构[17]。式（5-5）是凝胶过程的总反应式。以上反应生成纳米团簇，团簇之间又通过表面的羟甲基（—CH_2OH）发生交联，形成三维的凝胶网络结构。

催化剂除了用碳酸钠之外，碱性催化剂还可以用 NaOH[18]、K_2CO_3[19]、醋酸镁[20]、六次甲基四胺[21]等。另外也可以用酸性催化剂，如 HCl[22,23]、醋酸[24,25]等，采用酸性催化剂，凝胶时间会极大缩短，但得到的炭气凝胶比表面积较碱催化炭气凝胶小很多，炭气凝胶颗粒尺寸达到微米级。当要将某些过渡族元素（如 Pt、Pd、Ag）掺杂进炭气凝胶中时，该金属元素的盐，如$[Pt(NH_3)_4]Cl_2$、$PdCl_2$、$AgOOCCH_3$，也可以直接作为催化剂[26]。

溶剂一般采用水，也有采用甲醇[27]和乙腈[28]等作为溶剂，通常是采用酸性催化剂时用醇作为溶剂。

5.1.2 炭气凝胶的制备工艺过程

炭气凝胶的制备工艺过程如图 5-2 所示，主要分为溶胶配制、凝胶老化、溶剂置换、干燥、炭化五个步骤，其中凝胶老化、溶剂置换和干燥等步骤所需时间较长。

1. 溶胶配制

将间苯二酚（R）、碳酸钠和水混合，再将甲醛（F）加入，搅拌溶解完全之后，密闭于容器中。间苯二酚与甲醛的比值通常采用 R/F=1∶2，当采用过量的甲醛时，相当于稀释了反应物，会使凝胶颗粒变大[14]。溶剂的用量（W/R 值）对气凝胶的性质影响很大，当溶液 pH 值较小时，减小溶剂用量将使气凝胶密度增大，并降低比表面积和孔体积。用 Na_2CO_3 做催化剂时，物质的量比 R/C 通常为 50～300，采用低 R/C 值得到的凝胶颗粒尺寸较小（3～5nm），颗粒间连接面积较大（即颈缩处较大），形成纤维网状凝胶结构。反之，当采用高 R/C 值（如 1500）时，形成的是尺寸较大的凝胶微球（16～200nm），微球相连接形成凝胶网络，颗粒之间的连接面积较小，形成珍珠链状凝胶结构，这种凝胶的颗粒尺寸更大，比表面

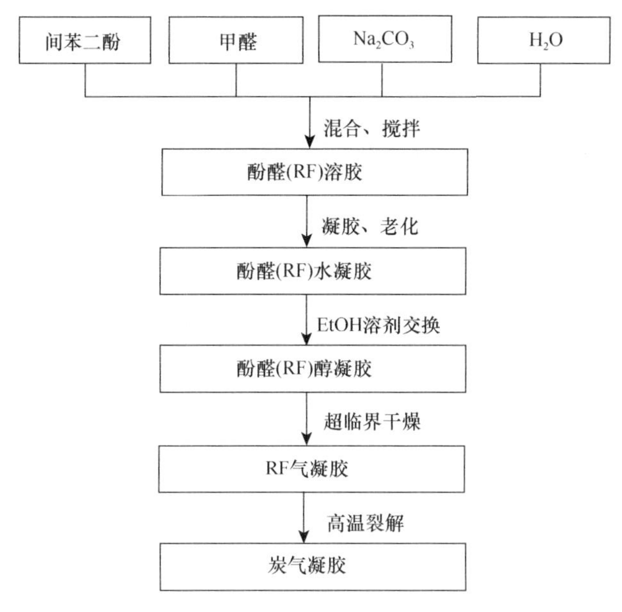

图 5-2　炭气凝胶制备工艺过程

积更小，强度和模量更低，干燥过程收缩率较小。对于高性能隔热应用，为降低固态热导率，应尽量减小颗粒之间的连接面积，即适宜采用较高的 R/C 值。

2. 凝胶老化

老化的作用是在较高温度下使聚合反应充分进行以提高凝胶网络骨架强度。在密封条件下，将 RF 溶液加热至 80～90℃，长时间静置之后形成凝胶，通常需要数天至数周时间，之后将凝胶取出，再用稀盐酸（溶剂为丙酮或甲醇）处理，以继续提高凝胶的交联度。

3. 溶剂置换

溶剂置换是将凝胶孔洞中的水置换成有机溶剂的过程，因为水的超临界温度和压力很高，不利于超临界干燥[29]。用甲醇或丙酮等与水互溶的有机溶剂置换凝胶数次即可。

4. 超临界干燥

有机凝胶的干燥一般用 CO_2 超临界干燥，将置换好的凝胶放进干燥釜中，加入一定量的有机溶剂，通入超临界态 CO_2，运行一定时间后，停机，缓慢放出超临界流体，可得到 RF 气凝胶。为降低成本，也可以采用常压干燥方式[30]，凝胶中的液体介质主要有水[23,30]、乙醇[21]、丙酮[24]等，但常压干燥时凝胶的收缩率一般大于超临界干燥。

5. 炭化

炭化是在高温惰性气氛下将有机气凝胶转变成炭气凝胶的过程。一般在惰性气氛炉中进行，采用流动惰性气体保护，炭化温度一般为 600～2100℃[31]。炭化时气凝胶线收缩率为 20%～30%，质量损失率约 50%[32]。

5.1.3 炭气凝胶的微观结构控制

1. 水用量对气凝胶性质和结构的影响规律

图 5-3 为气凝胶在超临界干燥和炭化过程的线收缩率与不同 W/R 值（水与间苯二酚的物质的量比）的关系，R/C 值（间苯二酚与碳酸钠的物质的量比）为 500。在超临界干燥过程中气凝胶的线收缩率较小，为 3.7%～8.1%。RF 气凝胶的炭化线收缩率较大，为 20%～30%，并且随着 W/R 值的增加，线收缩率逐渐减小。

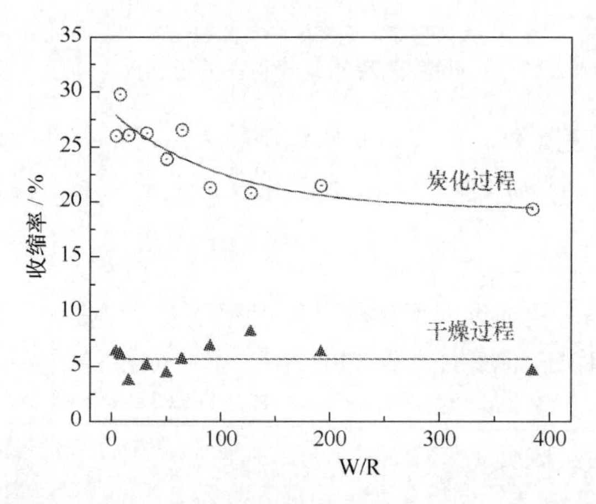

图 5-3　气凝胶在超临界干燥和炭化过程的线收缩率与 W/R 值的关系

图 5-4 为 RF 和炭气凝胶的密度与 W/R 值的关系（R/C 值为 500）。可见随着 W/R 值的增加，RF 和炭气凝胶的密度呈指数形式减小，其原因在于 W/R 值增加，溶剂水含量增加，反应物被稀释。另外，当 W/R 值大于 80 时，炭化前后气凝胶密度基本一致，其原因在于 RF 气凝胶炭化过程的线收缩率约为 22%（图 5-3），相应的体积收缩率为 50%，而通常炭化过程的残炭率也为 50%，故其炭化前后的密度基本一致。当 W/R 值小于 80 时，因为其炭化收缩率大于 22%（图 5-3），所以其炭气凝胶的密度大于相应的 RF 气凝胶的密度。

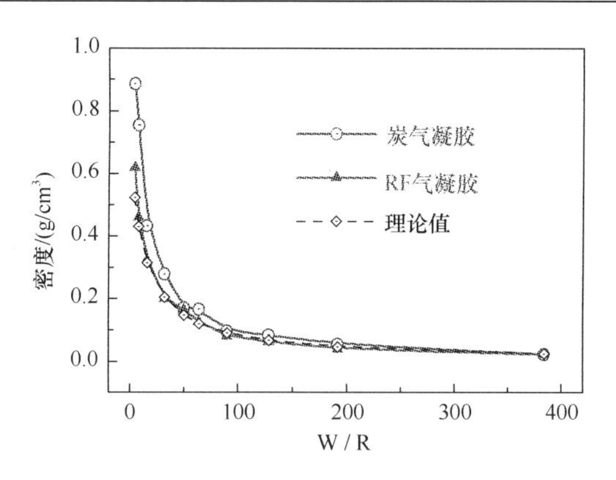

图 5-4　RF 和炭气凝胶的密度与 W/R 值的关系

图 5-5 为 RF 和炭气凝胶的单点比表面积与 W/R 值的关系（R/C 值为 500）。可见随着 W/R 值的增加，RF 气凝胶的比表面积变化不大，为 300～370m^2/g。当气凝胶的骨架颗粒为密实结构时，比表面积与颗粒尺寸有关，颗粒尺寸主要与催化剂用量 R/C 值有关，由于 R/C 值不变，因此颗粒尺寸变化不大。炭化之后得到的炭气凝胶的比表面积变化较大，为 400～700m^2/g，且比相应的 RF 气凝胶有较大幅度的增大，甚至超过 1 倍，原因是炭化过程由于小分子气体的逸出，使气凝胶的骨架颗粒内产生很多微孔。随着 W/R 值的增大，比表面积增加更为明显，W/R 值最大的炭气凝胶的比表面积最高，为 716.6m^2/g。

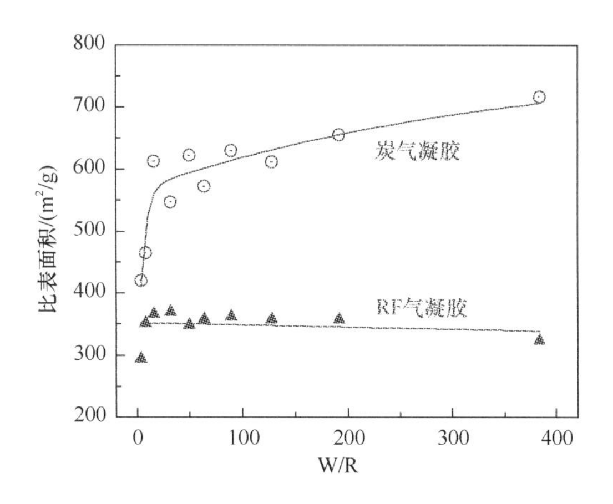

图 5-5　RF 和炭气凝胶的单点比表面积与 W/R 值的关系

图 5-6 为采用不同 W/R 值制备的炭气凝胶的氮吸附脱附曲线和 BJH 孔径分布曲线（R/C 值为 500）。由图 5-6（a）可见，随着 W/R 值的增大，单位质量的炭气凝胶在微孔区域（P/P_0＜0.15)的吸附量增大，在氮吸附等温线最高点的吸附量也

增大，W/R=90 和 384 的两种炭气凝胶的氮吸附曲线具有第 2 类吸附曲线特征，说明这两种样品含有大孔（＞50nm）；W/R=4 的炭气凝胶具有第 4 类吸附曲线特征，说明该炭气凝胶存在介孔（孔径在 2～50nm）结构[33]。从图 5-6（b）的 BJH 孔径分布曲线可知，W/R=4 的炭气凝胶的孔径分布在 5～17nm 之间，为介孔结构，而 W/R=90、384 的两种炭气凝胶的孔径分布范围较宽。

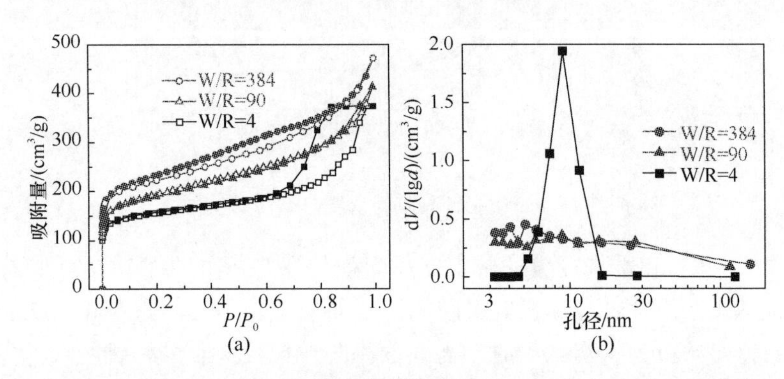

图 5-6　不同 W/R 值的炭气凝胶的氮吸附脱附曲线（a）和 BJH 孔径分布曲线（b）

表 5-1 所示为炭气凝胶的孔结构数据。可见在催化剂用量一定的情况下，随 W/R 值增大，炭气凝胶的 BET 比表面积、介孔比表面积和孔体积均增大，平均粒径减小，从 16.1nm 减小至 13.7nm。随 W/R 值增大，炭气凝胶的密度降幅较大，而平均孔径增幅较大，从 6nm 增大至 563nm。

表 5-1　不同 W/R 值的炭气凝胶的孔结构数据

W/R	密度/（g/cm³）	BET 比表面积/（m²/g）	孔体积/（cm³/g）	介孔比表面积/（m²/g）	微孔比表面积/（m²/g）	平均孔径/nm	平均粒径/nm
4	0.886	559	0.578	266	293	6	16.1
90	0.097	685	0.639	275	410	139	15.6
384	0.022	831	0.730	312	519	563	13.7

图 5-7 为采用不同 W/R 值制备的炭气凝胶的扫描电镜照片（R/C 值为 500）。随着 W/R 值增大，炭气凝胶的微观结构更疏松，孔径更大，但组成气凝胶的骨架颗粒尺寸无明显变化，原因是水作为溶剂主要起调节气凝胶孔隙率和密度的作用，对颗粒尺寸大小无影响。

图 5-8 所示为水用量对样品的微观结构变化的影响示意图（R/C 值恒定）。在 R/C 值恒定的条件下，间苯二酚与碳酸钠的物质的量比是常数，即反应物与催化剂的比是常数，凝胶过程中胶体颗粒的尺寸不因水用量的改变而改变，骨架颗粒尺寸几乎保持不变。颗粒尺寸决定介孔比表面积，W/R 值在 4～384 范围内大幅度改变的时候，介孔比表面积并不发生显著改变（表 5-1）。但 W/R 值对最终炭气

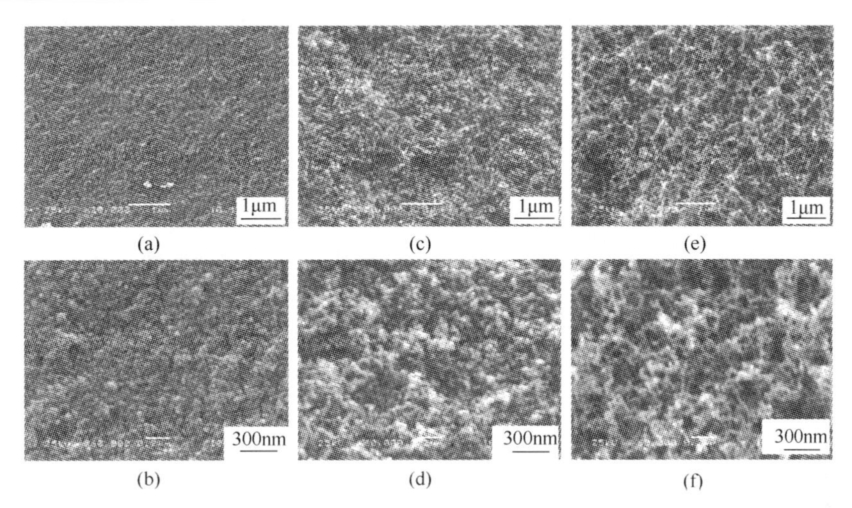

图 5-7　不同 W/R 值的炭气凝胶的扫描电镜照片

（a）、（b）W/R=4；（c）、（d）W/R=90；（e）、（f）W/R=384

凝胶的密度有重要影响，W/R 值较小时［图 5-8（a）］，反应物浓度较大，将得到较致密的间苯二酚-甲醛交联团簇，从而在三维网络凝胶骨架之间形成较小的孔，同时其炭化过程的线收缩率也较大。

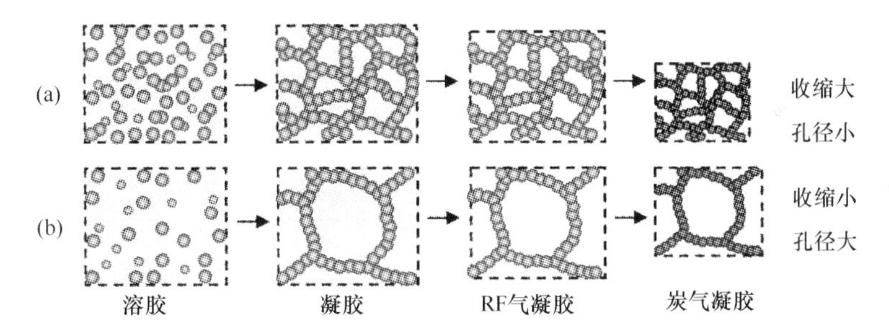

图 5-8　W/R 值较小（a）和 W/R 值较大（b）的样品的微观结构变化示意图

2. 催化剂用量对气凝胶性质和结构的影响规律

图 5-9 为采用不同 R/C 值制备的气凝胶在超临界干燥和炭化过程中的线收缩率（W/R 值为 100）。由图可见，随着 R/C 值的增大，干燥线收缩率和炭化线收缩率均呈指数形式减小。图 5-10 为采用不同 R/C 值制备的 RF 凝胶在超临界干燥和炭化后的实物照片。可见超临界干燥之后得到的 RF 气凝胶中，R/C 值越小，样品的直径越小，即超临界干燥线收缩率越大；炭化之后，R/C 值越小的样品的直径更加小，即炭化线收缩率越大。当 R/C>300 时，随着 R/C 值的增大，干燥和炭化线收缩率缓慢减小，最后趋于恒定，R/C=800 的样品超临界干燥线收缩率约 7%，炭化线收缩率约 22%。

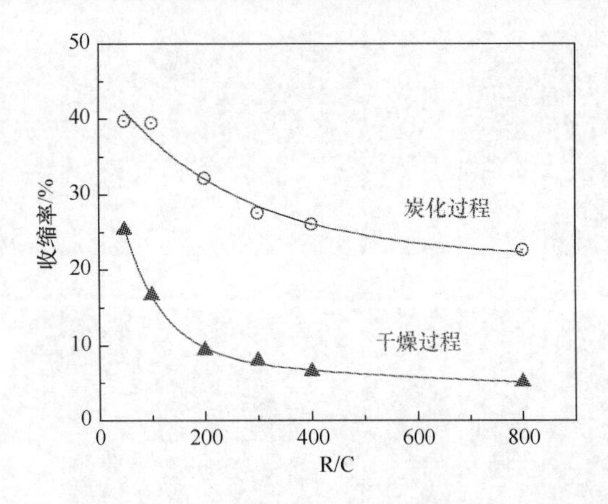

图 5-9　气凝胶在超临界干燥和炭化过程的线收缩率与 R/C 值的关系

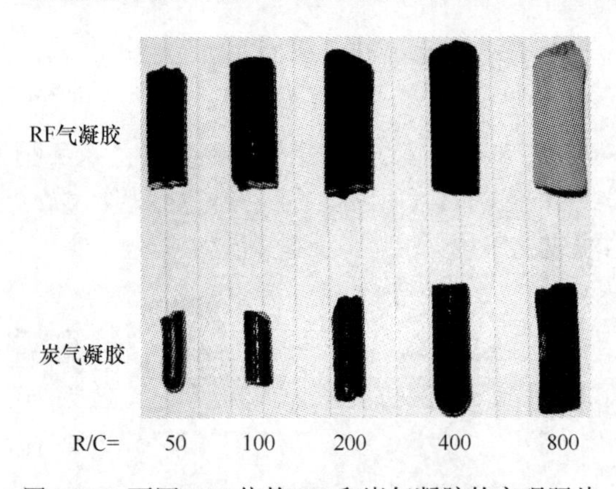

图 5-10　不同 R/C 值的 RF 和炭气凝胶的宏观照片

图 5-11 为 RF 气凝胶和炭气凝胶的密度与 R/C 值的关系（W/R 值为 100）。可见，当 R/C 值为 50～300 时，R/C 值越小，气凝胶的密度越大，与理论密度相差也越大；当 R/C>300 时，随 R/C 值增大，气凝胶密度在炭化前后相差不大；当 R/C<300 时，炭气凝胶的密度比相应 RF 气凝胶大，原因是炭化过程 R/C 值较小的气凝胶的线收缩率很大，且 R/C 值越小，收缩率越大。

图 5-12 为 RF 气凝胶和炭气凝胶的单点比表面积与 R/C 值的关系（W/R 值为 100）。可见对于 RF 气凝胶，随 R/C 值增大，其比表面积几乎呈线性关系减小。原因在于气凝胶的比表面积与其纳米颗粒尺寸成反比，R/C 值增大时，颗粒尺寸增大，故比表面积减小。对于炭气凝胶，随 R/C 值增大，比表面积基本保持不变，这是由于炭化过程气凝胶的骨架颗粒内生成了微孔，R/C 值越大，颗粒尺寸越大，炭化过程颗粒内部产生的微孔也越多，因此 R/C 值更大的炭气凝胶的微

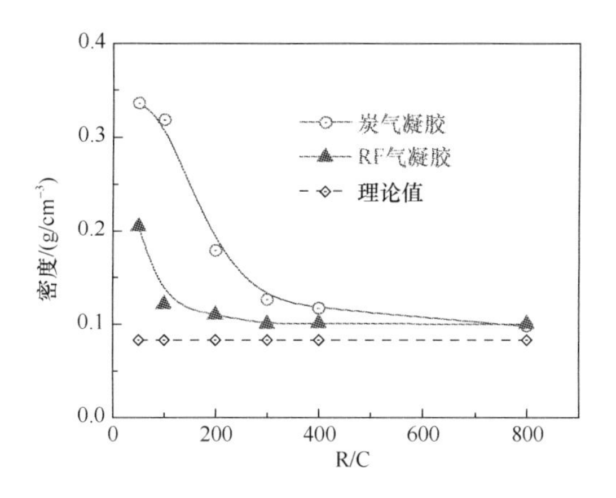

图 5-11　RF 气凝胶和炭气凝胶的密度与 R/C 值的关系

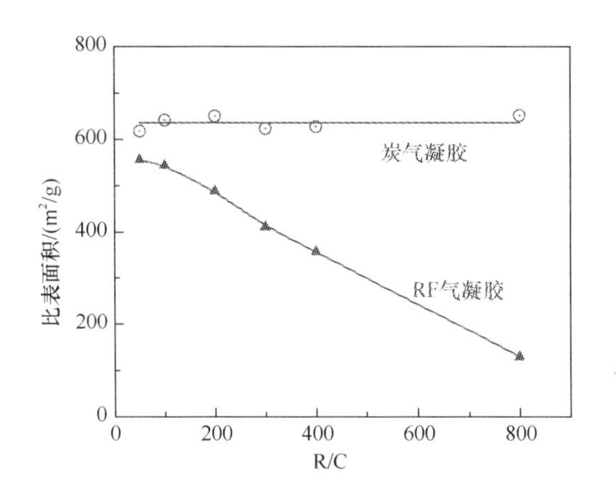

图 5-12　RF 气凝胶和炭气凝胶的单点比表面积与 R/C 值的关系

孔比表面积更大，而其介孔比表面积更小（炭化时炭气凝胶的介孔结构由 RF 气凝胶保持而来），两者相互抵消，所以炭气凝胶的比表面积随 R/C 增大基本不发生变化。

图 5-13 为采用不同 R/C 值制备的炭气凝胶的氮吸附曲线和 BJH 孔径分布曲线（W/R 值为 100）。由图 5-13（a）可知，R/C=50 的炭气凝胶具有第 4 类吸附曲线特征，表明该气凝胶存在介孔（孔径在 2～50nm）结构[33]。W/R=300 和 800 的两种炭气凝胶的氮吸附曲线具有第 2 类吸附曲线特征，表明这两种炭气凝胶中含有大孔（＞50nm）[33]。由图 5-13（b）可知，R/C=50 的炭气凝胶的孔径分布在 6～25nm 之间，没有大孔；而 R/C=300 和 800 的两种炭气凝胶的孔径分布在介孔、大孔区域，并且随着 R/C 值增大，孔径分布往大孔方向移动。

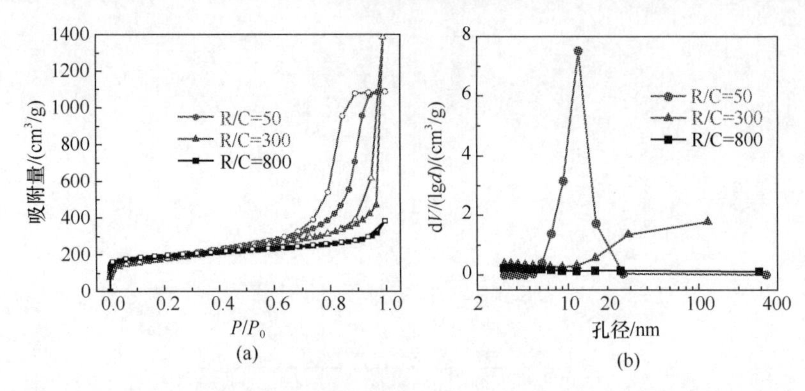

图 5-13　不同 R/C 值的炭气凝胶的氮吸附曲线（a）和 BJH 孔径分布曲线（b）

表 5-2 为不同 R/C 值炭气凝胶的孔结构数据（W/R 值为 100）。可见随 R/C 值从 50 增大至 800，BET 比表面积小幅增加，而介孔比表面积从 $658m^2/g$ 减小至 $197m^2/g$，微孔比表面积从 $2m^2/g$ 急剧增大至 $513m^2/g$，平均孔径从 14nm 大幅增大至 193nm，平均粒径也由 6.5nm 增加至 21.8nm。其原因在于，在间苯二酚和甲醛的溶胶-凝胶反应过程中，催化剂是反应中心，缩聚反应在催化剂周围进行并形成高交联度的凝胶团簇，当 R/C 较小（即催化剂量较大）时，反应中心较多，反应结束时形成的凝胶颗粒数量多，最终得到的炭气凝胶的颗粒尺寸就较小，而颗粒之间形成的孔径也较小。

表 5-2　不同 R/C 值的炭气凝胶的孔结构数据

R/C	密度/（g/cm^3）	BET 比表面积/（m^2/g）	孔体积/（cm^3/g）	介孔比表面积/（m^2/g）	微孔比表面积/（m^2/g）	平均孔径/nm	平均粒径/nm
50	0.336	660	1.68	658	2	14	6.5
300	0.126	616	2.15	564	52	51	7.6
800	0.098	710	0.59	197	513	193	21.8

图 5-14 为不同 R/C 值制备的炭气凝胶的扫描电镜照片。可见随着 R/C 值增大（催化剂量减小），炭气凝胶的颗粒尺寸和孔径尺寸均明显增大，该趋势与表 5-2 中体现的趋势一致。

图 5-15 为催化剂用量对样品微观结构变化的影响机制示意图（W/R 值恒定）。在溶胶阶段，在碳酸钠碱性催化剂的催化下，首先形成间苯二酚阴离子，之后其与甲醛加成反应形成羟甲基中间体，催化剂是反应中心，缩聚反应在催化剂周围进行从而形成高交联度的胶体粒子。R/C 值较小时［图 5-15（a）］，即碳酸钠浓度较高时，单位体积的溶液内具有更多的反应中心，因此当缩聚反应完成、反应物耗尽时，形成更多的胶体粒子，则粒子尺寸相对更小，粒子之间相互连接形成珍珠链状的三维网状结构，由此其孔径也相对较小。较小的孔径产生的毛细管张力

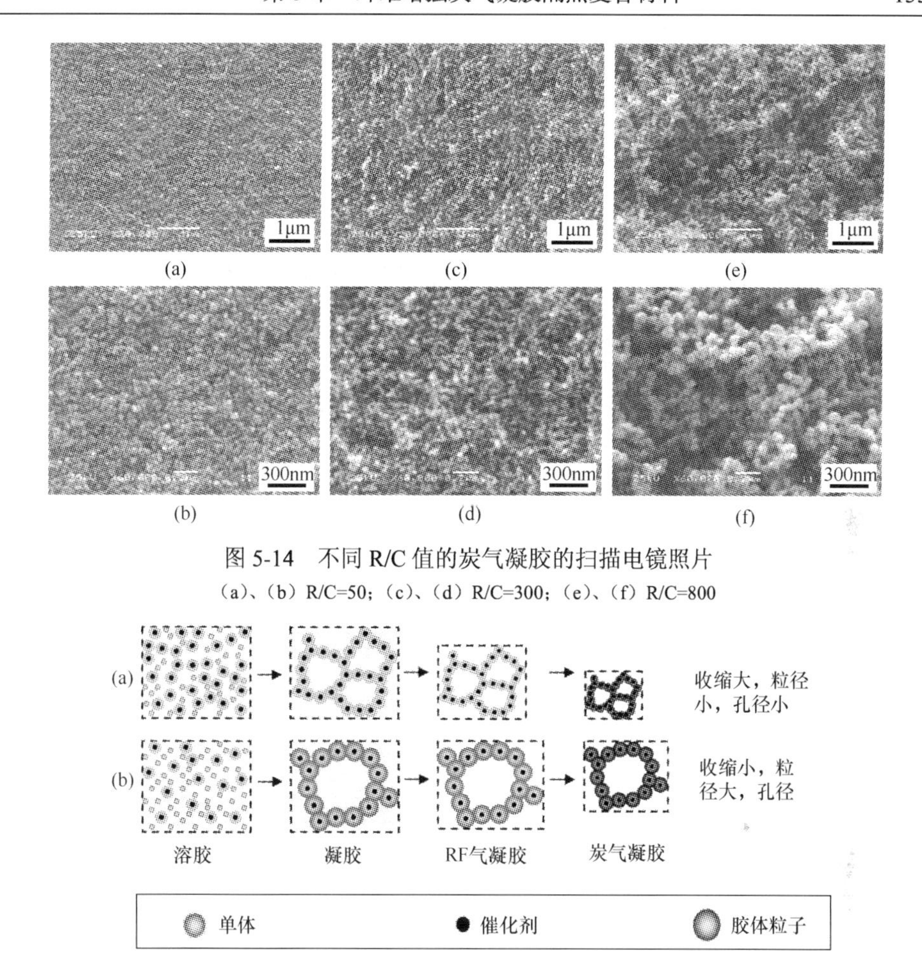

图 5-14　不同 R/C 值的炭气凝胶的扫描电镜照片

（a）、（b）R/C=50；（c）、（d）R/C=300；（e）、（f）R/C=800

图 5-15　R/C 值较小（a）和 R/C 值较大（b）样品的微观结构变化示意图

更大，从而在超临界干燥过程中其收缩率更大。对于 R/C 值较大的情况［图 5-15（b）］，以上结果正好相反。

5.2　炭气凝胶隔热复合材料

单纯的炭气凝胶由于其密度低、脆性大、强度低、可靠性不高，要作为隔热材料直接应用于航空航天领域，必须解决其力学增强问题。通常的增强方式是采用纤维等增强相与气凝胶基体复合得到纤维增强复合材料，这带来另外一个问题，炭气凝胶制备过程中存在收缩率大的特点，其超临界干燥过程线收缩率大于3.7%，裂解过程线收缩率大于 20%，增强体与基体的收缩匹配性问题成为解决炭气凝胶增强的关键。

针对隔热应用，目前国内外公开文献中对炭气凝胶进行复合增强的方法主要有炭泡沫增强[34,35]、炭纤维或氧化物纤维增强[36,37]。采用炭泡沫增强，力学性能提高不大，炭泡沫本身为脆性材料，在急剧变化的热冲击作用下容易发生开裂；炭泡沫固体骨架结构连接紧密，其本身固态热导率较高，从而炭泡沫增强复合材料的热导率较高。而直接采用炭纤维或氧化物纤维增强，无法解决裂解时有机气凝胶固有收缩和氧化物纤维的匹配问题，复合材料中存在毫米级裂纹。

本节介绍以 PAN 预氧丝、黏胶基预氧丝和酚醛纤维等炭前驱体纤维增强 RF 气凝胶，共裂解制备炭纤维增强炭气凝胶隔热复合材料的方法，裂解时炭前驱体纤维与 RF 气凝胶均发生收缩，这改善了增强体与气凝胶基体收缩的一致性和匹配性，可获得无裂纹的炭气凝胶隔热复合材料[38,39]。

5.2.1　炭气凝胶隔热复合材料的制备工艺

本节选用 PAN 预氧丝、黏胶基预氧丝和酚醛纤维等炭前驱体纤维作为增强体，将制备好的 RF 溶胶浸渍到纤维预制件中，经过老化、超临界干燥、共裂解（炭化）的方法制备纤维增强炭气凝胶隔热复合材料，具体的工艺流程如图 5-16 所示。

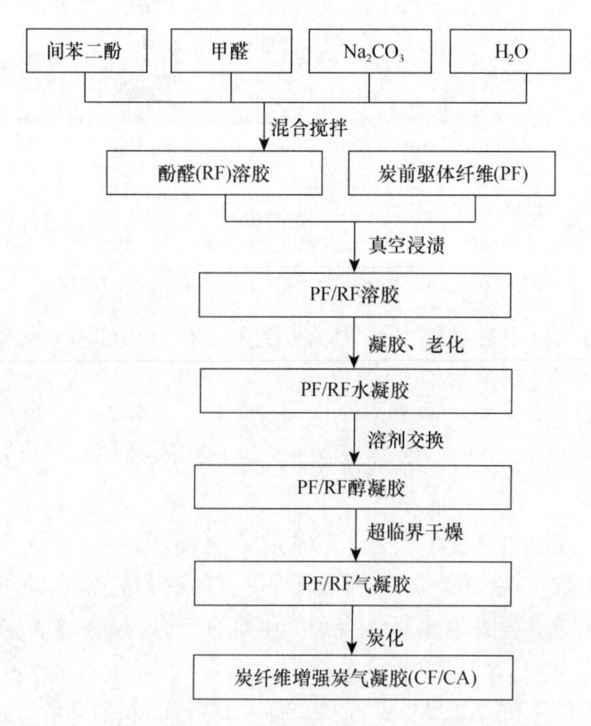

图 5-16　纤维增强炭气凝胶隔热复合材料制备工艺流程

图 5-17 所示为三种炭前驱体纤维增强的复合材料裂解前后的宏观照片，三种复合材料裂解后均可以获得表观无裂纹的炭纤维增强炭气凝胶复合材料。

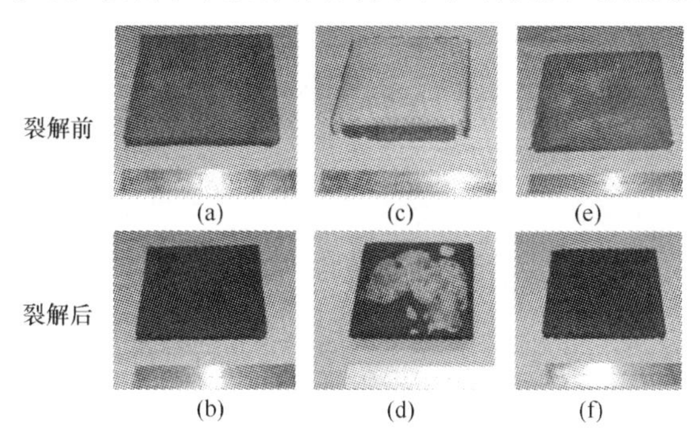

图 5-17　炭前驱体纤维增强 RF 气凝胶复合材料裂解前后的宏观照片
（a）、（b）PAN 基；（c）、（d）黏胶基；（e）、（f）酚醛基

图 5-18 为不同炭前驱体纤维增强制备的炭纤维增强炭气凝胶复合材料的扫描电镜照片。从图 5-18（a）、（c）、（e）中可以看出，三种炭纤维均与炭气凝胶基体在界面处结合紧密。图 5-18（b）、（d）、（f）显示三种复合材料中炭气凝胶基体的粒径大小不一致，平均粒径分别约为 15nm、40nm、25nm。黏胶基和酚醛基炭纤维增强复合材料中的炭气凝胶的粒径和孔径更大的原因是黏胶预氧丝和酚醛纤维表面残存的酸性催化剂促进了 RF 溶胶的凝胶过程，导致炭气凝胶颗粒长大。

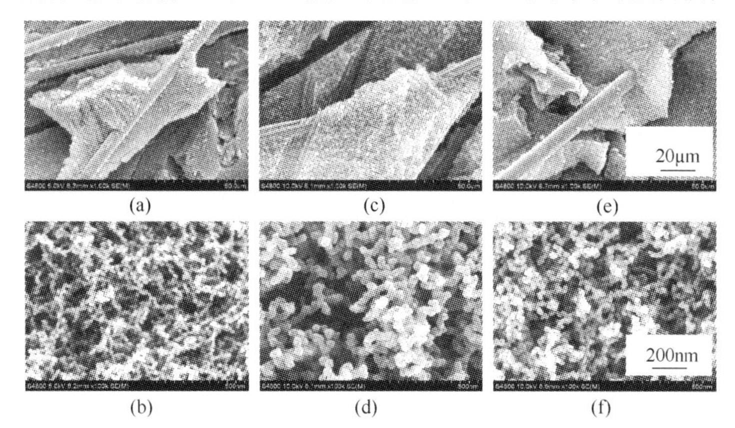

图 5-18　三种炭纤维增强炭气凝胶复合材料的扫描电镜照片
（a）、（b）PAN 基；（c）、（d）黏胶基；（e）、（f）酚醛基

5.2.2　炭气凝胶隔热复合材料的隔热性能

1. 炭气凝胶基体密度对炭气凝胶复合材料热导率的影响

图 5-19 所示的炭纤维增强炭气凝胶复合材料的热导率与炭气凝胶基体密度之

间的关系（测试温度 100℃、300℃，空气气氛）。当炭气凝胶基体密度为 0.066g/cm^3 时，复合材料的热导率最低，炭气凝胶基体密度继续增大或者减小，复合材料的热导率均增加。其原因在于，炭气凝胶的固态热导率与密度成指数增长关系，密度越小固态热导率越低，而气态热导率与密度成反比关系，密度越大气态热导率越小，因此存在一个密度较佳的中间值，使总热导率最低，密度继续增大或减小，会引起固态热导率增大或气态热导率增大，都导致总热导率增大。

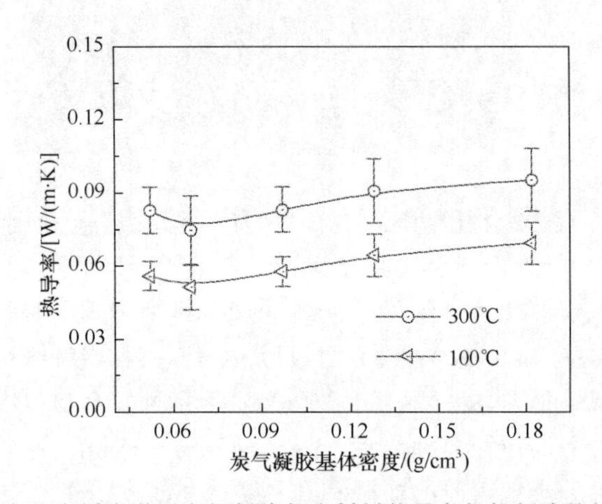

图 5-19　PAN 基炭纤维增强炭气凝胶复合材料热导率与气凝胶基体密度的关系

2. 炭前驱体纤维种类对炭气凝胶复合材料热导率的影响

图 5-20 为三种炭前驱体纤维增强制备的炭气凝胶复合材料的热导率（炭前驱体纤维预制件的表观密度均为 0.12g/cm^3，炭气凝胶基体密度均为 0.128g/cm^3，

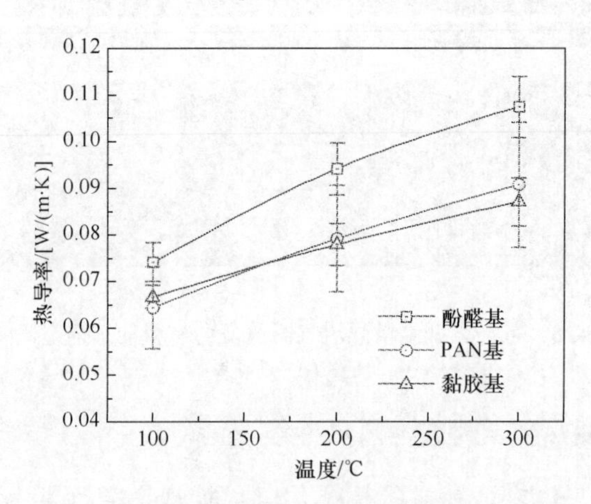

图 5-20　三种炭纤维增强炭气凝胶复合材料的热导率

PAN 基、酚醛基、黏胶基炭纤维增强复合材料的密度分别为 0.199 g/cm^3、0.220 g/cm^3、0.216 g/cm^3）。由图可见，PAN 基和黏胶基炭纤维增强复合材料的热导率基本相当，酚醛基炭纤维增强复合材料的热导率最高。PAN 基炭纤维增强复合材料的热导率较低的原因是其密度较低，只有 0.199g/cm^3，所以固态热导率小。黏胶基炭纤维为多孔结构，纤维本体热导率较低，在国防工业中通常作为隔热材料或耐烧蚀材料[40]，因此由其增强的复合材料的热导率较低。

3. 炭前驱体纤维体积分数对炭气凝胶复合材料热导率的影响

图 5-21 为炭气凝胶隔热复合材料热导率与酚醛纤维体积分数的关系。由图可知，在一定温度下，随着纤维体积分数的增加，热导率依次增大。复合材料的热导率与纯炭气凝胶的热导率相差较大，在 300℃下，炭纤维体积分数为 2.95%和 10.95%的样品的热导率分别为 0.064W/(m·K)、0.090W/(m·K)，分别比纯炭气凝胶的热导率增加了 52%、114%。

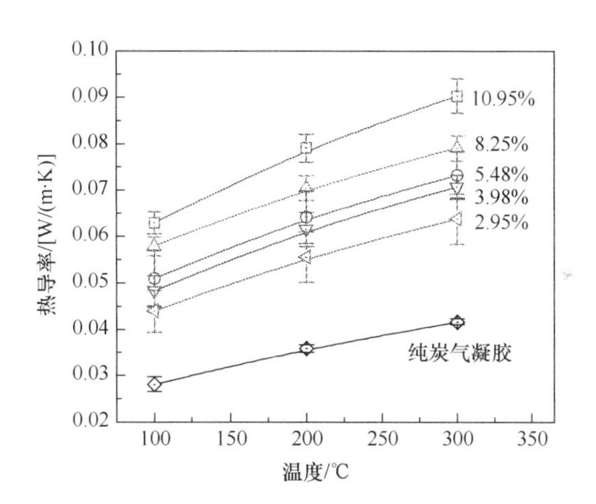

图 5-21　炭气凝胶隔热复合材料热导率与酚醛纤维体积分数的关系

为了进一步说明纤维体积分数对复合材料热导率的影响规律，以下从理论上拟合计算复合材料的热导率。

对于纤维单向平行排列复合材料，根据单向复合材料模型[41]，复合材料纵向（沿纤维方向）热导率 k_{cL} 为

$$k_{cL}=k_m(1-V_f)+k_fV_f \tag{5-6}$$

复合材料横向（垂直于纤维方向）热导率 k_{cT} 为

$$k_{cT}=k_m+\frac{(k_f-k_m)k_mV_f}{0.5(k_f-k_m)(1-V_f)+k_m} \tag{5-7}$$

式中，k_c 为复合材料的热导率；k_m 为基体的热导率；k_f 为纤维的热导率；V_f 为纤维的体积分数。

对于纤维二维随机分布复合材料，Tavman[42]通过实验对比，发现在几何平均、Rayleigh、Springer-Tsai、Halpin-Tsai、Cheng-Vachon 五种理论模型中，前四种的计算值与实验值误差均在 2%以内。酚醛纤维预制件由短纤维在平面方向内随机排列而成，可选择几何平均模型进行拟合计算[41, 43]，根据该模型，复合材料沿纤维平面法线方向（厚度方向）的热导率为：

$$k_c = k_m^{(1-V_f)} k_f^{V_f} \tag{5-8}$$

以 300℃下的热导率数据进行拟合计算。增强体的热导率取炭纤维热导率 k_f=6W/(m·K)。炭气凝胶基体的热导率 k_m 作为拟合值。

图 5-22 为按几何平均模型拟合计算不同纤维体积分数复合材料热导率的结果和实验结果，图 5-22（b）是图 5-22（a）左下角数据的放大。拟合得到的炭气凝胶基体热导率 k_m 为 0.055W/（m·K），略大于纯炭气凝胶的热导率［0.042W/（m·K）］，其原因在于经过酚醛纤维增强之后炭气凝胶颗粒尺寸和孔径尺寸有所增大。单向复合材料模型给出了复合材料热导率的上限和下限[41]。由图 5-22（b）可知，几何平均模型的拟合计算结果（图中的实线）处在上限和下限之间，并偏向于下限。由于纤维的排布方向主要沿平面方向，且纤维体积分数不大，因此炭纤维的引入，复合材料热导率增加较小。

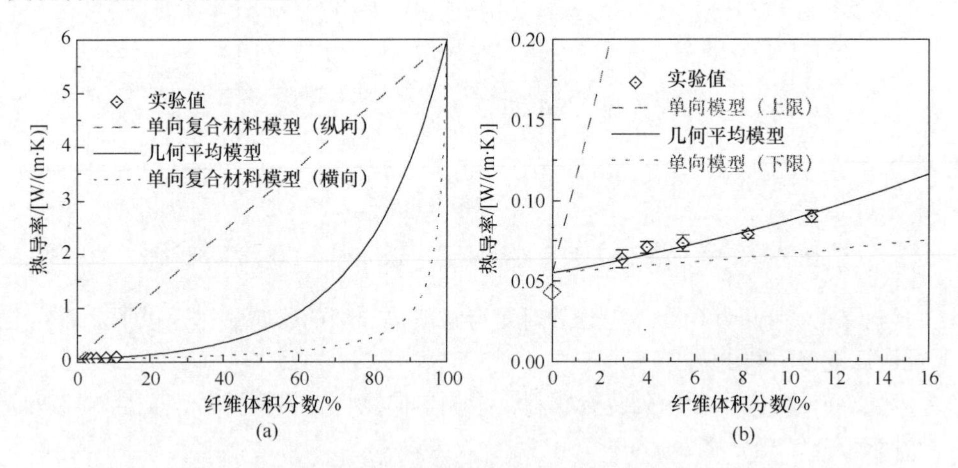

图 5-22　炭气凝胶隔热复合材料 300℃的热导率与炭纤维体积分数的关系

4. 裂解温度对炭气凝胶复合材料热导率的影响

图 5-23 为酚醛基炭纤维增强炭气凝胶隔热复合材料在 300℃空气中的热导率与裂解温度的关系。由图可见，在 1000℃升至 1200℃的过程中，热导率增加相对

较缓慢，在 1400℃以上，热导率随裂解温度提高而增加的幅度加大。1800℃裂解样品的热导率为 0.1987W/(m·K)，是 1000℃裂解样品［0.1074W/(m·K)］的近两倍。其原因在于，在更高温度的裂解过程中，微孔之间的弥合使大量杂乱细小的孔消失，合并成更大一些的孔，微孔数量的减少将减少声子散射，导致炭气凝胶骨架的固态热导率增大。

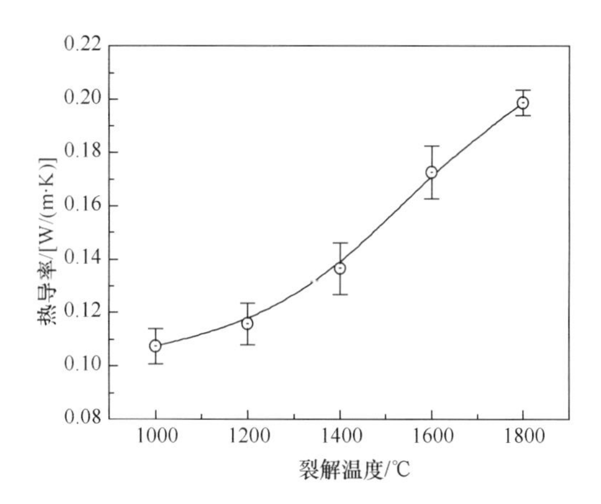

图 5-23　炭纤维增强炭气凝胶隔热复合材料热导率与裂解温度的关系

5. 炭气凝胶及其复合材料的高温热导率

图 5-24 为炭气凝胶和炭泡沫在 0.15MPa 氩气下的高温热导率。由图可见，炭泡沫热导率随温度升高而增加的幅度最大，在 1000℃时，密度为 0.128g/cm^3、0.052g/cm^3 炭气凝胶的热导率分别为 0.064W/(m·K)、0.163W/(m·K)，而炭泡沫为 0.369W/(m·K)。当温度升高至 2000℃时，密度为 0.128g/cm^3、0.052g/cm^3 的

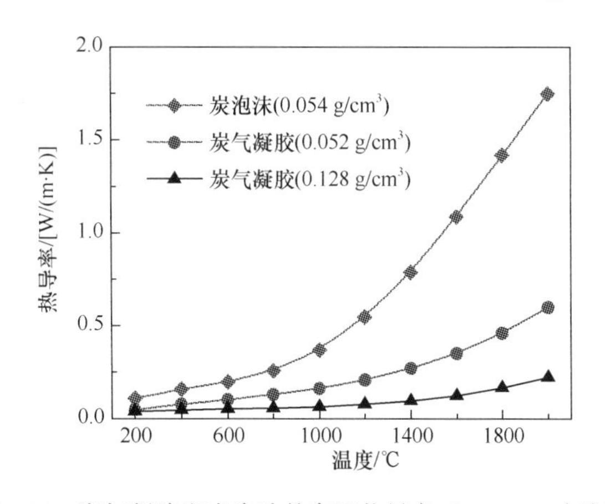

图 5-24　炭气凝胶和炭泡沫的高温热导率（0.15MPa 氩气）

炭气凝胶的热导率分别为 0.223W/(m·K)、0.601W/(m·K)，而炭泡沫为 1.745W/(m·K)，均为 1000℃时热导率的 3～4 倍。另外也可以看出，低密度炭气凝胶（0.052g/cm^3）的热导率仅为相近密度炭泡沫（0.054g/cm^3）的 1/3 左右，说明炭气凝胶比炭泡沫具有更加优异的隔热性能。而密度 0.128g/cm^3 炭气凝胶在高温下的热导率最低，这是因为在高温下其辐射热导率较低，因此总热导率低。

图 5-25 为 2000℃热处理前后在 0.15MPa 氩气下炭纤维增强炭气凝胶复合材料在 200～2000℃范围内的热导率（激光闪光法）。可见，复合材料的热导率随温度升高而增加，测试温度为 1000℃时，1000℃和 2000℃裂解的复合材料的热导率分别为 0.135W/(m·K)、0.307W/(m·K)，温度升高至 2000℃时，两者的热导率分别为 0.325W/(m·K)、0.486W/(m·K)，这是因为该复合材料在 2000℃高温处理时将发生微孔之间的弥合，微孔的消失导致固态热传导随温度升高而增大。与图 5-24 中纯炭气凝胶的热导率相比，可见在 2000℃测试温度下，炭纤维增强炭气凝胶复合材料热导率是纯炭气凝胶（0.128g/cm^3）热导率［0.223W/(m·K)］的 1.5 倍左右（同为未处理），由于纤维的引入并没有引起复合材料热导率的大幅度增加，形成的炭气凝胶隔热复合材料的热导率只有炭泡沫热导率［1.745W/(m·K)］的 1/5 左右，显示了比炭泡沫更加优越的隔热性能。

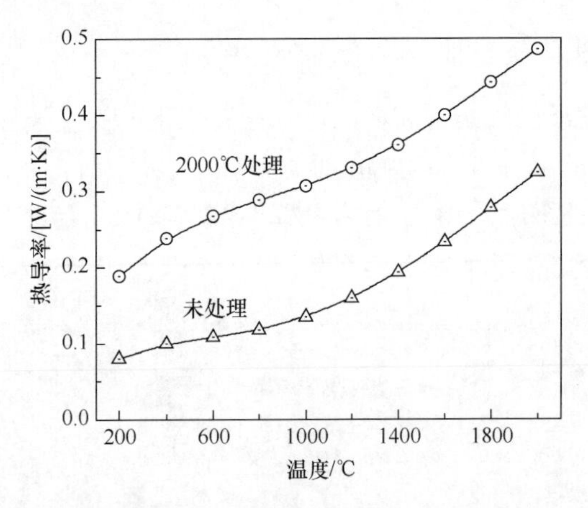

图 5-25　2000℃热处理前后炭气凝胶复合材料的热导率（0.15MPa 氩气）

5.2.3　炭气凝胶隔热复合材料的力学性能

1. 炭气凝胶基体密度对复合材料力学性能的影响

1）压缩强度

图 5-26 为 PAN 基炭纤维增强不同密度炭气凝胶隔热复合材料的压缩应力-应

变曲线。压缩载荷沿复合材料平板的厚度方向（即纤维毡的厚度方向）施加。可以看出，随应变增大，应力持续增大，并不出现屈服点。但不同应变区间的应力变化速率并不一样，曲线呈现为反“S”形，在应变较小的区间，应力增加速率较大，而在应变增大至一定程度之后，应力增加速率减小，当应变继续增大时，应力增加速率又变大。这三个区域分别为弹性形变区（$\varepsilon<0.07$）、非弹性硬化区（$\varepsilon=0.07\sim0.35$）和颗粒压实行为区（$\varepsilon>0.35$）[44]。对比不同密度炭气凝胶隔热复合材料可发现，在相同应变下，密度越小的气凝胶的应力越小，强度越低。

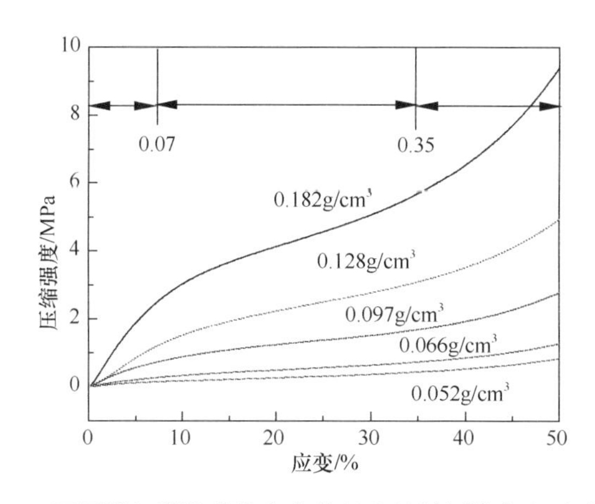

图 5-26　不同炭气凝胶基体密度的复合材料压缩应力-应变曲线

表 5-3 所示为材料的压缩强度和模量值。可见随着基体炭气凝胶密度的增大（由 0.052g/cm^3 增至 0.182g/cm^3），复合材料的压缩强度几乎呈指数增大（由 0.17MPa 增至 2.99MPa）。基体密度为 0.128g/cm^3 的复合材料的压缩强度为 1.72MPa。

表 5-3　不同炭气凝胶基体密度的复合材料压缩强度和模量

炭气凝胶密度/(g/cm^3)	压缩强度（ε=0.1）/MPa	模量/MPa
0.052	0.17±0.02	2.5±0.1
0.066	0.33±0.03	4.8±0.4
0.097	0.81±0.09	11.7±2.4
0.128	1.72±0.14	24.5±1.9
0.182	2.99±0.19	43.2±2.5

2）弯曲强度

图 5-27 为不同炭气凝胶基体密度的 PAN 基炭纤维增强复合材料弯曲应力-应变曲线。可见，经过弹性形变阶段之后，复合材料开始发生屈服，随着应变继续增大，应力没有突然降低，而是在一定范围内波动，这个过程对应于纤维的拔出，并消耗能量，炭气凝胶复合材料的断裂过程属于典型的纤维增强复合材料断裂模

式。随着气凝胶基体密度的增大，最大屈服应力也相应增大。

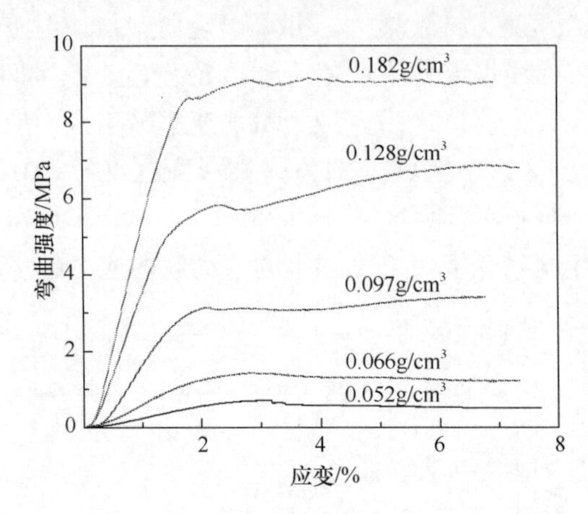

图 5-27 不同炭气凝胶基体密度的复合材料弯曲应力-应变曲线

图 5-28 为 PAN 炭纤维增强炭气凝胶复合材料的弯曲强度与炭气凝胶基体密度的关系。可见当炭气凝胶密度不大于 0.128g/cm^3 时，复合材料的弯曲强度随炭气凝胶密度的增大呈指数形式增大，数据与图中所示的一阶增长指数函数相符，当密度达到 0.182g/cm^3 时，弯曲强度出现偏离，小于指数函数拟合值，即在密度为 0.128g/cm^3 时，曲线出现了拐点。

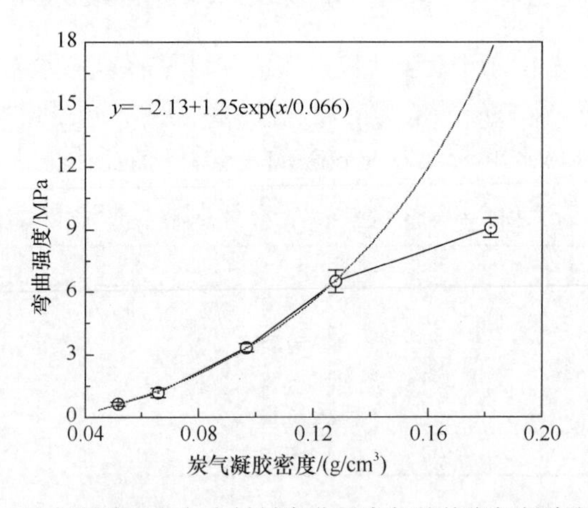

图 5-28 炭气凝胶隔热复合材料弯曲强度与基体炭气凝胶密度关系

2. 炭前驱体纤维种类对复合材料力学性能的影响

1）压缩强度

图 5-29 为三种炭纤维增强炭气凝胶隔热复合材料及炭气凝胶的压缩应力-应

变曲线。可以看出，纯炭气凝胶的应力-应变曲线呈典型的弹性压缩和脆性断裂，而三种复合材料的应力-应变曲线均呈反“S”形。在弹性形变区域（应变<5%），黏胶基炭纤维增强炭气凝胶隔热复合材料的曲线斜率小于纯炭气凝胶，其弹性模量比纯炭气凝胶小，原因是黏胶预氧丝表面残存的酸性催化剂影响了 RF 溶胶的凝胶过程，使凝胶骨架颗粒增大，从而导致炭气凝胶更接近“胶粒形”，即骨架颗粒之间的颈缩处相对变得更小，致使其弹性模量变小。另外从图中可以看出，PAN 基炭纤维增强炭气凝胶隔热复合材料弹性阶段的斜率最大，即其弹性模量最大。

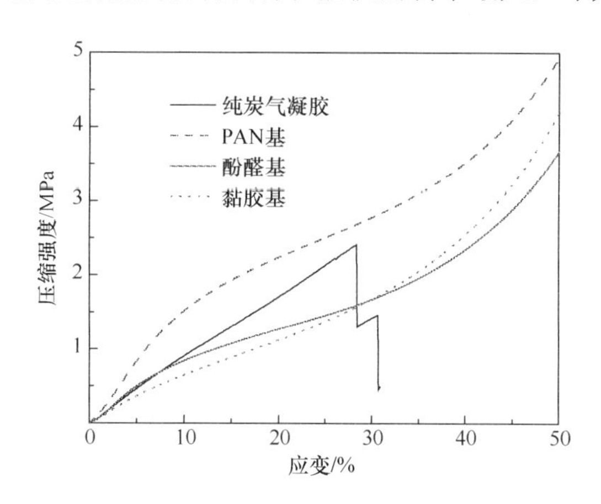

图 5-29　纤维增强炭气凝胶复合材料及炭气凝胶的压缩应力-应变曲线

表 5-4 为三种不同炭纤维增强炭气凝胶复合材料的压缩强度（形变 10%）和弹性模量。可见，PAN 基炭纤维增强复合材料的压缩强度最高，为 1.72MPa，其次是酚醛基炭纤维增强复合材料，为 0.79MPa，黏胶基炭纤维复合材料的压缩强度最低，为 0.59MPa。弹性模量也有类似规律。酚醛基炭纤维增强复合材料的弹性模量为 11.5MPa，比纯炭气凝胶（7.74MPa）高，而黏胶基炭纤维增强复合材料的弹性模量（6.8MPa）比纯炭气凝胶还低。

表 5-4　不同炭纤维增强炭气凝胶复合材料的压缩强度和模量

增强相	复合材料密度/（g/cm^3）	压缩强度（形变 10%）/MPa	模量/MPa
PAN 基炭纤维	0.199	1.72±0.14	24.5±1.9
酚醛基炭纤维	0.220	0.79±0.07	11.5±0.6
黏胶基炭纤维	0.216	0.59±0.11	6.8±1.3

2）弯曲强度

图 5-30 为三种炭纤维增强炭气凝胶隔热复合材料的弯曲应力-应变曲线。可见三种复合材料均呈现韧性断裂特征，炭纤维增强可有效地克服纯炭气凝胶的脆

性。另外，PAN基炭纤维增强复合材料的屈服点远高于另外两种复合材料。三种复合材料的弯曲强度和模量如表5-5所示。可见PAN基炭纤维增强复合材料的弯曲强度最高（6.50MPa），几乎是黏胶基炭纤维增强复合材料（1.38MPa）的5倍，酚醛基炭纤维增强复合材料的弯曲强度（2.03MPa）稍大于黏胶基炭纤维增强复合材料。原因之一是PAN基炭纤维的强度大于另外两种纤维，常作为陶瓷基或树脂基复合材料的增强体。黏胶基炭纤维的强度较低，但热导率低，因此常作为碳/碳复合材料的增强体应用于热防护系统[40]。原因之二是三种炭纤维增强复合材料中的凝胶颗粒的结构不同，PAN基、黏胶基和酚醛基炭纤维增强复合材料中的炭气凝胶基体的平均粒径分别约为15nm、40nm、25nm。颗粒尺寸越大越接近"胶粒形"结构，"胶粒形"结构炭气凝胶的强度更低[45]，因此黏胶基炭纤维增强复合材料中的炭气凝胶基体的强度最低。三种复合材料弯曲模量的变化也与强度存在类似规律。

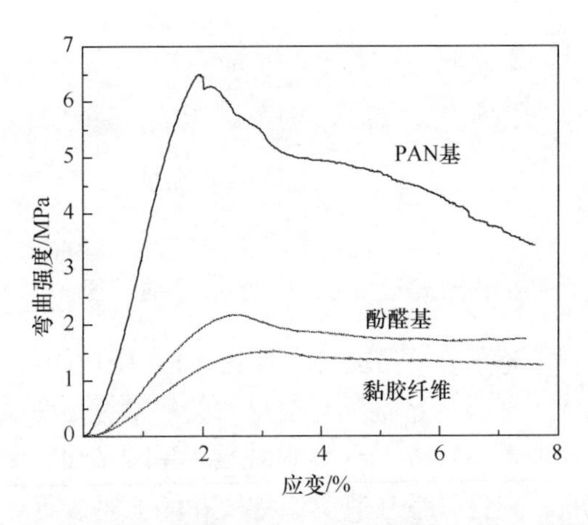

图5-30 纤维增强炭气凝胶复合材料的弯曲应力-应变曲线

表5-5 三种炭纤维增强炭气凝胶隔热复合材料的弯曲强度和模量

增强相	复合材料密度/（g/cm^3）	压缩强度/MPa	模量/MPa
PAN基炭纤维	0.199	6.50±0.55	430±19
酚醛基炭纤维	0.220	2.03±0.16	127±6
黏胶基炭纤维	0.216	1.38±0.23	80±7

3. 纤维体积分数对复合材料力学性能的影响规律

1）弯曲强度

图5-31为不同纤维体积分数酚醛基炭纤维增强炭气凝胶隔热复合材料的弯曲应力-应变曲线。当纤维体积分数从2.95%依次增加至8.25%时，应力-应变曲

线的屈服点依次升高，同时弹性阶段的斜率增大，表明此范围内随纤维体积分数增加，弯曲强度和模量均增加。以应力-应变曲线上的屈服点对应的应力值作为弯曲强度，以应变为 0～0.005 对应的曲线斜率作为弯曲模量，结果如表 5-6 所示。从表中可以看出，随纤维体积分数增大，弯曲强度和模量均在纤维体积分数为 8.25%时达到最大值，随体积分数继续增加，强度和模量均不再继续增加，反而出现减小。当纤维体积分数继续增大到 10.95%时，应力-应变曲线的屈服点降低，并且弹性阶段的斜率减小，因此弯曲强度和模量反而比 8.25%的样品小。

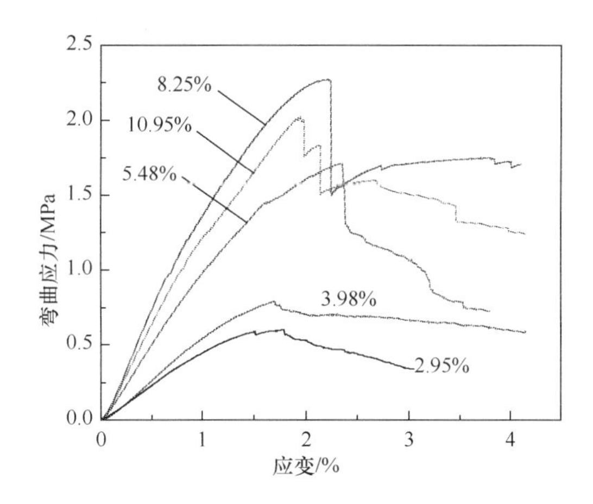

图 5-31　不同纤维体积分数复合材料的弯曲应力-应变曲线

表 5-6　不同纤维体积分数的复合材料的弯曲强度和模量

炭纤维体积分数/%	弯曲强度/MPa	弯曲模量/MPa
2.95	0.64±0.22	42±5
3.98	0.69±0.19	57±4
5.48	1.51±0.26	92±13
8.25	2.04±0.38	135±17
10.95	1.99±0.20	119±19

2）复合增强机理

图5-32为炭纤维增强炭气凝胶隔热复合材料及纯炭气凝胶的拉伸断口电镜照片。从图中可以看出，三种复合材料的断口均有很多纤维被拔出，并且拔出的纤维较长（因为纤维拔出长度大，遮挡了基体炭气凝胶，所以看不到基体），可大于2mm，其原因在于，相对于炭纤维，炭气凝胶本身的强度很低，气凝胶与纤维间的界面剪切应力很小，远小于纤维的拉伸强度，即拉断纤维需要很大的剪切面积。另外，由于纤维毡由短纤维组成，即增强体为非连续短纤维，在受力过程中，纤维所受到的剪切力不足以使纤维断裂，纤维主要发生拔出型破坏。从图 5-32 中大

量的纤维拔出及较长的拔出长度可知，炭纤维可以提高复合材料的韧性，提高了炭气凝胶隔热复合材料的使用可靠性。

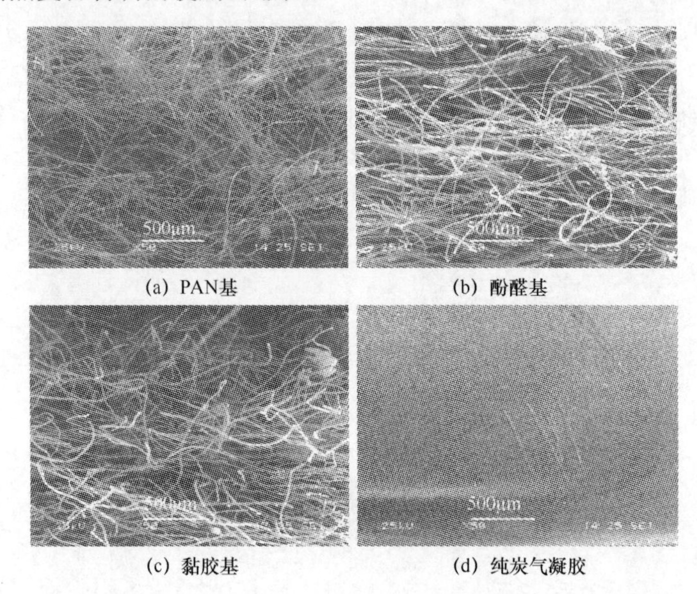

(a) PAN基　(b) 酚醛基

(c) 黏胶基　(d) 纯炭气凝胶

图 5-32　不同炭纤维增强复合材料及炭气凝胶的横断面扫描电镜照片

正是因为炭气凝胶的强度低，导致复合材料断裂过程中纤维未被拉断而直接拔出。表 5-6 中随着纤维体积分数增大，强度先升后降的现象与该断裂机制有关。不同纤维体积分数的复合材料在拉伸应力下的断裂过程示意图如图 5-33 所示。在纤维体积分数较小时［图 5-33（a）］，拉断炭气凝胶隔热复合材料所需要的力等于纤维拔出时受到的剪切力；随着纤维体积分数的增加［图 5-33（b）］，单位体积内的界面增大，纤维承受的剪切力增大，因此炭气凝胶隔热复合材料的强度增大；当纤维体积分数继续增大，至剪切应力大于炭气凝胶基体的剪切强度时，部分炭气凝胶基体将发生剪切断裂［图 5-33（c）］，再继续增大纤维体积分数，炭气凝胶

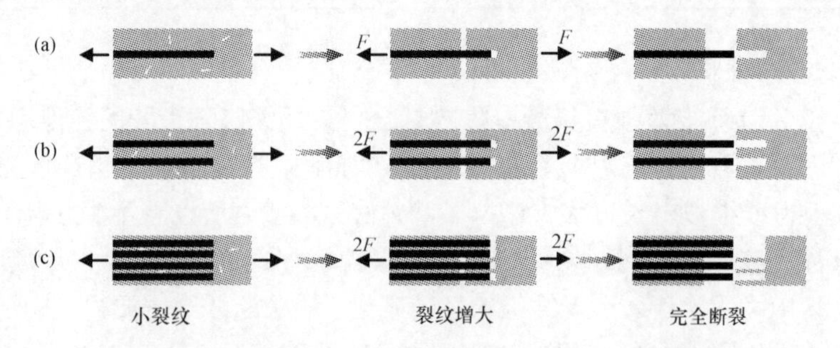

图 5-33　不同纤维体积分数的复合材料在拉伸应力下的断裂过程示意图

（a）纤维体积分数小；（b）纤维体积分数适中；（c）纤维体积分数过大

隔热复合材料的强度将不会再增大，反而由于纤维占去部分体积，使炭气凝胶基体的体积分数变小，而使炭气凝胶隔热复合材料整体的强度降低。

5.2.4 炭气凝胶隔热复合材料的耐高温性能

表5-7为炭气凝胶及其隔热复合材料在氩气气氛中经不同温度热处理1h后的结构和性能。可以看出，随着热处理温度的提高，炭气凝胶及其复合材料的线收缩率依次增大，在2000℃以下，其线收缩率均小于2%，2000℃处理后炭气凝胶的比表面积仍然大于250m²/g，孔体积仍然大于1cm³/g，说明其仍然为纳米多孔结构，以线收缩率不大于2%为最高使用温度判定标准，炭气凝胶隔热复合材料至少可使用至2000℃。经过2000℃热处理后，炭气凝胶和复合材料的常温热导率（Hot disk方法）升高，炭气凝胶常温热导率从0.040W/(m·K)增加至0.105W/(m·K)，复合材料常温热导率从0.111W/(m·K)增加至0.547W/(m·K)。

表5-7 不同温度热处理1h后炭气凝胶及其复合材料的结构和性能

处理温度/℃	纯炭气凝胶				复合材料	
	比表面积/(m^2/g)	孔体积/(cm^3/g)	线收缩率/%	常温热导率/[W/(m·K)]	常温热导率/[W/(m·K)]	线收缩率/%
未处理	534.99	1.15	—	0.040	0.111	—
1600	311.48	1.02	0	0.075	0.332	1.04
1800	303.04	1.05	1.06	0.080	0.444	1.47
2000	267.24	1.01	1.99	0.105	0.547	1.56
2200	292.23	1.39	3.99	0.115	0.668	2.89
2400	280.26	0.99	8.32	0.101	0.824	4.80
2600	250.32	1.35	13.18	0.140	1.051	5.93
2800	222.58	1.37	20.1	0.121	1.311	8.86

图5-34为不同温度热处理1h后炭气凝胶的氮吸附曲线和孔径分布曲线。从图5-34（a）可以看出，1600℃以上处理之后，材料的总吸附量与未热处理样品基本相同，但微孔区域（$P/P_0<0.1$）的吸附量明显减小，说明经过1600℃以上处理之后材料的部分微孔发生弥合，从而消失。从图5-34（b）的孔径分布曲线可以看出，经不同温度处理，介孔范围的孔径分布基本没有发生变化，主要是微孔区域发生变化。

图5-35为2000℃热处理（1h）前后炭气凝胶的XRD图谱。可见2000℃热处理后的样品的炭特征峰比热处理前更高一些，但衍射峰仍比较宽，无明显的尖锐峰，说明炭气凝胶经过2000℃热处理之后仍呈无定形态结构，并未发生石墨化。

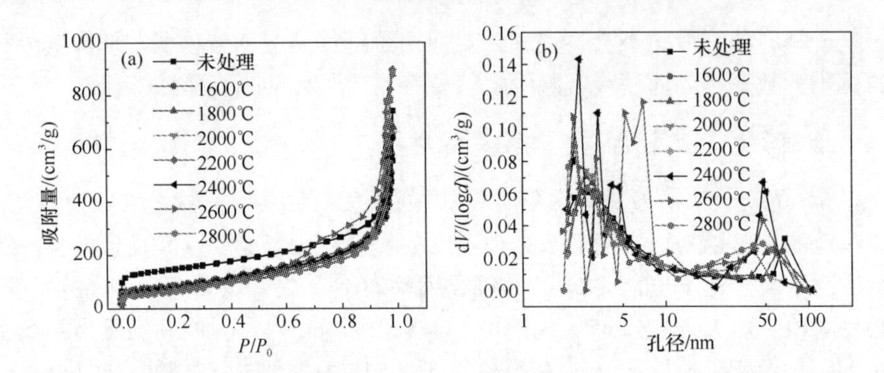

图 5-34　不同温度热处理后炭气凝胶的氮吸附曲线（a）和 BJH 孔径分布曲线（b）

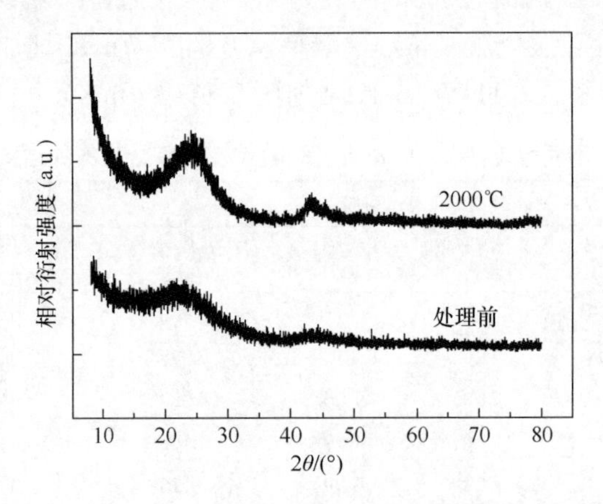

图 5-35　2000℃热处理（1h）前后炭气凝胶的 XRD 图谱

在真空或惰性气氛下，炭气凝胶及其复合材料经过 2000℃处理之后，形状尺寸无明显变化，仍然保持无定形态结构，并且介孔比表面积仍大于 250m^2/g，其最高使用温度至少可以达到 2000℃。

参 考 文 献

[1] Pekala RW. Organic aerogels from the polycondensation of resorcinol with formaldehyde [J]. Journal of Materials Science, 1989, 24(9): 3221-3227.

[2] Mendenhall R, Andrews G, Bruno J, Albert D. Phenolic aerogels by high-temperature direct solvent extraction [P]. US Patent, 221520, 2000.

[3] Wu D, Fu R, Sun Z, Yu Z. Low-density organic and carbon aerogels from the sol-gel polymerization of phenol with formaldehyde [J]. Journal of Non-Crystalline Solids, 2005, 351: 915-921.

[4] Jirglova H, Perez-Cadenas A, Maldonado-Hodar F. Synthesis and properties of phloroglucinol-phenol-formaldehyde carbon aerogels and xerogels [J]. Langmuir the Acs Journal of Surfaces

and Colloids, 2009, 25(4): 2461-2466.

[5] Pekala RW. Organic aerogels from the sol-gel polymerization of phenolic-furfural mixtures [P]. US Patent, 5476878A, 1995.

[6] Peikolainen A L, Perez-Caballero F, Koel M. Low-density organic aerogels from oil shale by-product 5-methylresorcinol [J]. Oil Shale, 2008, 25(3): 348-358.

[7] Uibu M, Kuusik R. Preparation of carbon aerogels from 5-methylresorcinol-formaldehyde gels [J]. Microporous and Mesoporous Materials, 2008,108(1): 230-236.

[8] Grzyb B, Hildenbrand C, Berthon-Fabry S, et al. Functionalisation and chemical characterisation of cellulose-derived carbon aerogels [J]. Carbon, 2010, 48 (8): 2297-2307.

[9] Biesmans G, Mertens A, Duffours L, et al. Polyurethane based organic aerogels and their transformation into carbon aerogels [J]. Journal of Non-Crystalline Solids,1998, 225(1): 64-68.

[10] Leventis N, Sotiriou-Leventis C, Chandrasekaran N, et al. Multifunctional polyurea aerogels from isocyanates and water. A structure-property case study [J]. Chemistry of Materials, 2010, 22: 6692-6710.

[11] Lorjai P, Chaisuwan T, Wongkasemjit S. Porous structure of polybenzoxazine-based organic aerogel prepared by sol–gel process and their carbon aerogels [J]. Journal of Sol-Gel Science and Technology, 2009, 52: 56-64.

[12] Katanyoota P, Chaisuwan T, Wongchaisuwat A, et al. Novel polybenzoxazine-based carbon aerogel electrode for supercapacitors [J]. Materials Science and Engineering B, 2010, 167: 36-42.

[13] Bordjiba T, Mohamedi M, Dao L H. Synthesis and electrochemical capacitance of binderless nanocomposite electrodes formed by dispersion of carbon nanotubes and carbon aerogels [J]. Journal of Power Sources, 2007, 172: 991-998.

[14] Al-Muhtaseb S, Ritter J. Preparation and properties of resorcinol-formaldehyde organic and carbon gels [J]. Advanced Materials, 2003,15: 101-114.

[15] Pierre AC. Aerogels Handbook [M]. Springer-Verlag New York, 2011.

[16] Sprung M. Reactivity of phenols toward paraformaldehyde [J]. Journal of the American Chemical Society, 1941, 63: 334-343.

[17] Pizzi A, Mittal K. Resorcinol Adhesive, Handbook of Adhesive Technology [M]: Second Ed. Marcel Dekker, Inc. New York, 2003.

[18] Wu D, Fu R, Yu Z. Organic and carbon aerogels from the NaOH-catalyzed polycondensation of resorcinol-furfural and supercritical drying in ethanol [J]. Journal of Applied Polymer Science, 2005, 96: 1429-1435.

[19] Horikawa T, Hayashi J, Muroyama K. Controllability of pore characteristics of resorcinol-formaldehyde carbon aerogel [J]. Carbon, 2004, 42: 1625-1633.

[20] Li W C, Lu A H, Schuth F. Preparation of monolithic carbon aerogels and investigation of their pore interconnectivity by a nanocasting pathway [J]. Chemistry of Materials, 2005, 17: 3620-3626.

[21] Wu D, Fu R, Zhang S, et al. Preparation of low-density carbon aerogels by ambient pressure drying [J]. Carbon, 2004, 42: 2033-2039.

[22] Barral K. Low-density organic aerogels by double-catalysed synthesis [J]. Journal of Non-Crystalline Solids, 1998, 225: 46-50.

[23] Reuß M, Ratke L. Subcritically dried RF-aerogels catalysed by hydrochloric acid [J]. Journal of Sol-Gel Science and Technology, 2008, 47: 74-80.

[24] Brandt R, Fricke J. Acetic-acid-catalyzed and subcritically dried carbon aerogels with a nanometer-sized structure and a wide density range [J]. Journal of Non-Crystalline Solids, 2004, 350: 131-135.

[25] Mulik S, Sotiriou-Leventis C, Leventis N. Time-efficient acid-catalyzed synthesis of resorcinol-formaldehyde aerogels [J]. Chemistry of Materials, 2007, 19: 6138-6144.

[26] Maldonado-Hodar F J, Ferro-Garcia M A, Rivera-Utrilla J, et al. Synthesis and textural characteristics of organic aerogels, transition-metal-containing organic aerogels and their carbonized derivatives [J]. Carbon, 1999, 37: 1199-1205.

[27] Albert D F, Andrews G R, Mendenhall R S, et al. Supercritical methanol drying as a convient route to phenolic-furfural aerogels [J]. Journal of Non-Crystalline Solids, 2001, 296: 1-9.

[28] Mulik S, Sotiriou-Levetis C, Leventis N. Acid-catalyzed time-efficient synthesis of resorcinol-formaldehyde aerogels and crosslinking with isocyanates [J]. Polymeric Preprints, 2006, 47: 364-365.

[29] 彭英利, 马承愚. 超临界流体技术应用手册 [M]. 北京: 化学工业出版社, 2005.

[30] Wu D, Fu R. Requirements of organic gels for a successful ambient pressure drying preparation of carbon aerogels [J]. Journal of Porous Materials, 2008, 15: 29-34.

[31] Kaschmitter J L, Mayer S T, Pekala R W. Process for producing carbon foams for energy storage devices [P]. US Patent, 5789338, 1998.

[32] Zhang R, Lu Y, Zhan L, et al. Monolithic carbon aerogels from sol-gel polymerization of phenolic resoles and methylolated melamine [J]. Carbon, 2002, 41: 1660-1663.

[33] Murray K L, Seaton N A, Day M A. An adsorption-based method for the characterization of pore networks containing both mesopores and macropores [J]. Langmuir, 1999, 15: 6728-6737.

[34] Hrubesh L W. Lightweight, high strength carbon aerogel composites and method of fabrication [P]. US Patent, 20030134916A1, 2003.

[35] http://www.ultramet.com/thermalprotectionsystem.

[36] Yang J, Li S, Luo Y, Yan L, Wang F. Compressive properties and fracture behavior of ceramic fiber-reinforced carbon aerogel under quasi-static and dynamic loading [J]. Carbon, 2011, 49: 1542-1549.

[37] 刘斌, 邹军锋, 詹万初, 等. 一种纤维复合炭气凝胶材料及其制备方法 [P]. 中国专利, CN101698591A, 2009

[38] Feng J Z, Zhang C R, Feng J. Carbon fiber reinforced carbon aerogel composites for thermal insulation prepared by soft reinforcement [J]. Materials Letters, 2012, 67: 266-268.

[39] Feng J Z, Zhang C R, Feng J, et al. Carbon aerogel composites prepared by ambient drying and using oxidized polyacrylonitrile fibers as reinforcements [J]. ACS Applied Materials & Interfaces, 2011, 3: 4796-4803.

[40] 贺福. 炭纤维及石墨纤维 [M]. 北京: 化学工业出版社, 2010.

[41] 郝元恺, 肖加余. 高性能复合材料学[M]. 北京: 化学工业出版社, 2004.

[42] Tavman I H, Akmcl H. Transverse thermal conductivity of fiber reinforced polymer composites [J]. International Communications in Heat and Mass Transfer, 2000, 27(2): 253-261.

[43] 曾竟成, 罗青, 唐羽章. 复合材料的理化性能 [M]. 长沙: 国防科技大学出版社, 1998.

[44] Roy S. Mechanical characterization and modeling of isocyanate-crosslinked nanostructured silica aerogels [R]. 47th AIAA , 2006: 1770.

[45] Pekala R W, Schaefer D W. Structure of organic aerogels. 1. Morphology and scaling [J]. Macromolecules, 1993, 26 (20): 5487-5493.

第 6 章　聚酰亚胺气凝胶隔热材料

气凝胶按照其化学组成分为无机气凝胶和有机聚合物气凝胶。无机气凝胶具有优异的隔热性能，但其易碎、易掉粉、力学性能相对较差，实际应用中通常采用纤维、聚合物等材料来增强。而有机聚合物气凝胶则具有较为优良的综合性能，包括轻质、柔性、不掉粉、易于加工与使用等特性。因此，这类材料得到了广泛的关注和快速的发展。在有机聚合物气凝胶中，聚酰亚胺（polyimide，PI）气凝胶的研究近年来备受关注[1]。

聚酰亚胺是指主链结构中含有酰亚胺环结构的聚合物，结构式如图 6-1 所示。通常首先由芳香族二酸酐和芳香族二胺反应生成聚酰胺酸，然后经过适当的热处理或者用化学环化法使其酰亚胺化（环化脱水）得到高性能的聚酰亚胺材料。

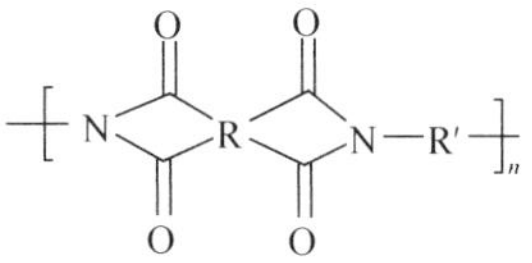

图 6-1　聚酰亚胺结构示意图

美国国家航空航天局（NASA）Meador 等[2]对聚酰亚胺气凝胶材料进行了系统研究。研究发现，PI 气凝胶克服了其他有机气凝胶热稳定性差的缺点，同时具备了热导率低、柔韧性好的优点，可以作为一种理想的隔热材料应用在尖端武器及空间飞行器的防/隔热系统、液氢与液氧储罐隔热材料、宇航服隔热等领域[3]。

聚酰亚胺气凝胶材料与其他高分子聚合物材料相比，具有以下特点[4-7]：

（1）聚酰亚胺气凝胶密度低，具有良好的隔热、隔声效果。

（2）聚酰亚胺气凝胶为遇火自熄性聚合物，发烟率低、产生有害气体少。

（3）聚酰亚胺气凝胶耐辐射性能强。

（4）聚酰亚胺气凝胶具有良好的柔韧性。

（5）聚酰亚胺气凝胶可耐高温和耐极低温（如在液氦中不会脆裂）。

（6）聚酰亚胺气凝胶具有良好的介电性能，中科院化学所杨士勇等[8]研究的含氟聚酰亚胺气凝胶，其介电常数可低至 1.19。

（7）聚酰亚胺气凝胶易于加工成型，不容易损坏，便于安装、维护，不掉粉掉渣，环境友好。

6.1　聚酰亚胺气凝胶简介

目前已研制的聚酰亚胺气凝胶，按照其结构大致可以分为以下几个种类[2,9,10]：

（1）线型结构聚酰亚胺气凝胶：采用二胺和二酐单体进行聚合反应得到链状的聚酰亚胺气凝胶；

（2）交联结构聚酰亚胺气凝胶：采用二胺和二酐首先进行聚合反应，然后加入交联剂，最终形成三维网状结构的聚酰亚胺气凝胶；

（3）聚酰亚胺增强无机气凝胶材料：主要是增强硅气凝胶、黏土气凝胶等。

6.1.1　线型结构聚酰亚胺气凝胶

美国 ASPEN 公司 Rhine 等[9]以等物质的量比的均苯四甲酸二酐（PMDA）和4,4′-二氨基二苯醚（ODA）为原料，*N*-甲基吡咯烷酮（NMP）为溶剂，以醋酸酐、吡啶分别作为脱水剂和催化剂合成得到线型聚酰亚胺气凝胶，其工艺流程如图 6-2 所示。

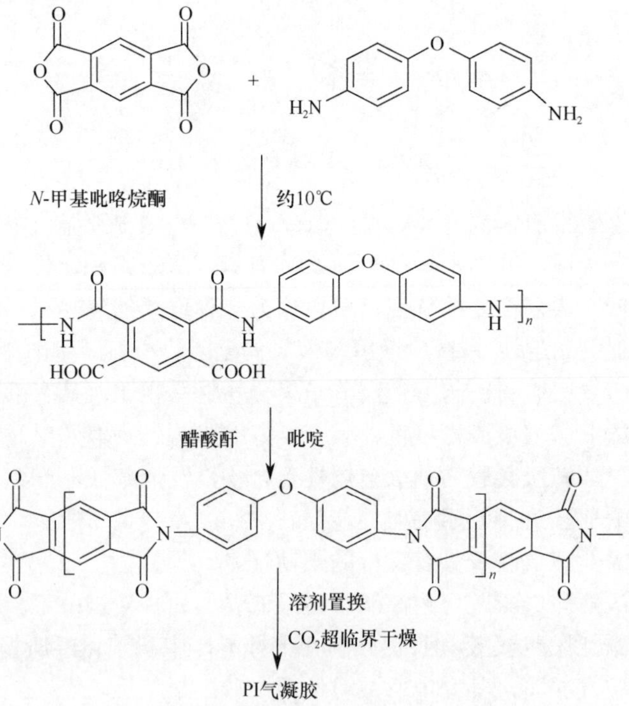

N-甲基吡咯烷酮　约10℃

醋酸酐　吡啶

溶剂置换

CO_2超临界干燥

PI气凝胶

图 6-2　线型结构聚酰亚胺气凝胶合成工艺路线[9]

线型结构的 PI 气凝胶具有较好的热稳定性，其热分解温度高于 560℃，并且其力学性能比一般有机聚合物增强硅气凝胶的力学性能强。但是这种材料的制备过程收缩率很大，不适合工业生产。线型结构聚酰亚胺气凝胶宏观形貌如图 6-3 所示。

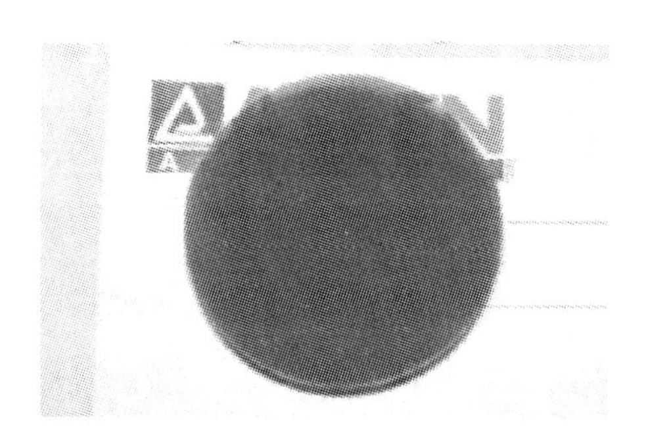

图 6-3　线型结构聚酰亚胺气凝胶宏观形貌图[9]

美国密苏里科技大学 Chidambareswarapattar 等[11]分别采用一步法（PI-ISO）和两步法（PI-AMN）制备 PI 气凝胶，工艺过程如图 6-4 所示。采用两种方法制备的聚酰亚胺气凝胶化学结构相同，具有类似的 BET 比表面积（300～400m^2/g），其宏观形貌如图 6-5 所示。这两种合成方法获得的聚酰亚胺气凝胶孔结构差别较大，PI-ISO 气凝胶微观上呈现为纤维状，而 PI-AMN 呈现出颗粒状结构。这种微观形貌上的区别主要是由于采用 PI-ISO 法在制备过程中生成的 7 元环中间体具有较强的刚性所致[3]。

6.1.2　交联型聚酰亚胺气凝胶

线型 PI 气凝胶制备过程中材料的收缩率高，而且力学性能较低。近年来 Meador 等[2]进行了交联结构 PI 气凝胶的研究，合成出柔性较好的交联结构 PI 气凝胶，其力学性能优异，具体制备工艺如图 6-6 所示，宏观形貌如图 6-7 所示。其密度最低可达 0.14g/cm^3，比表面积高达 512m^2/g，拉伸强度为 4～9MPa，具有良好的热稳定性，其玻璃化转变温度为 270～340℃，起始热分解温度为 460～610℃。可通过流延工艺制备连续的 PI 气凝胶薄膜，该薄膜具有良好的柔韧性，可以反复折叠不破损。

用于合成交联结构 PI 气凝胶的二胺和二酐单体的种类很多，但是交联剂的种类较少，常用的有 1,3,5-三（4-氨基苯氧基）苯（TAB）、2,4,6-三（4-氨基苯基）嘧啶（TAPP）、八（氨基苯基）聚倍半硅氧烷（OAPS）和 1,3,5-苯三甲酰氯（BTC）[12]。

Meador 与 Guo 等[13]以 OAPS 作为交联剂制备的 PI 气凝胶，外观如图 6-8（a）所示。其密度约为 0.1g/cm^3，孔隙率高达 90%，比表面积为 230～280m^2/g，室温

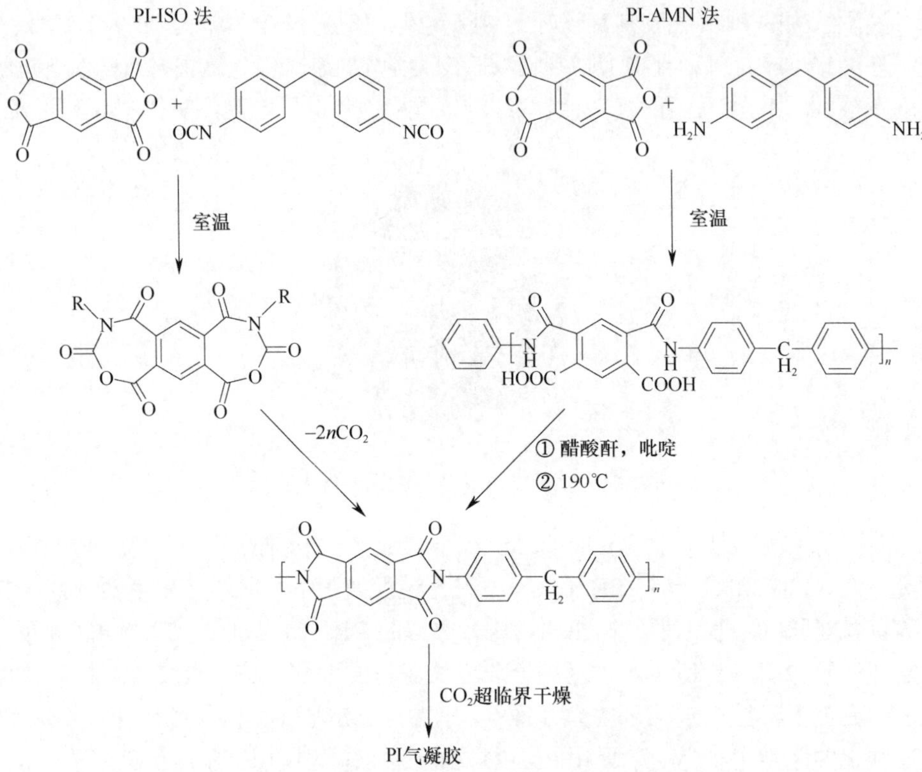

PI-ISO 法　　PI-AMN 法

室温　　室温

$-2nCO_2$

① 醋酸酐，吡啶

② 190℃

CO_2超临界干燥

PI气凝胶

图 6-4　一步法（PI-ISO）和两步法（PI-AMN）合成聚酰亚胺气凝胶的工艺路线

图 6-5　不同工艺条件合成的聚酰亚胺气凝胶宏观形貌和微观结构图[11]

醋酸酐
吡啶

CO_2超临界干燥

PI气凝胶

图 6-6　交联结构聚酰亚胺气凝胶合成工艺路线

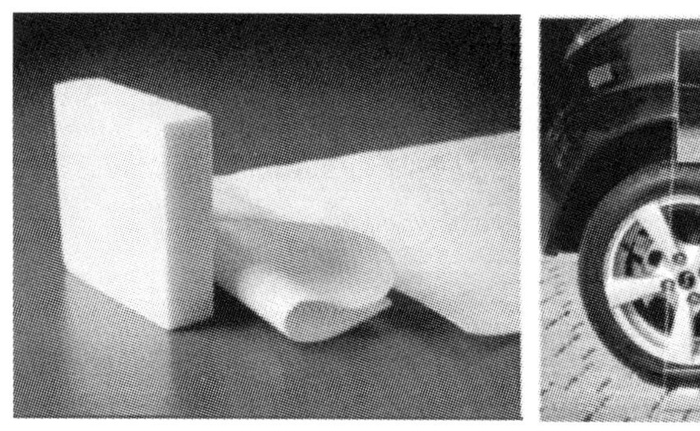

图 6-7　交联结构聚酰亚胺气凝胶块体和薄膜

下具有很低的热导率，约为 0.014W/(m·K)，具有良好的柔韧性和热稳定性，起始热分解温度为 560℃，在 300～400℃放置 24h 后，失重率仅为 1%～2%，十分适于用作膨胀式结构（如可膨胀式制动器）的绝热层。

Meador 与 Guo 等[14]以联苯二酐（BPDA）、2，2’-二甲基-4，4’-二氨基联苯（DMBZ）和 ODA 为原料，OAPS 为交联剂进行共聚，制备了具有更好柔性和强度的聚酰亚胺气凝胶。使用 DMBZ 部分取代 BPDA-ODA-OAPS 体系中的 ODA 后，聚酰亚胺气凝胶的收缩率降低。随着 DMBZ 含量增加，聚酰亚胺气凝胶的密度和比表面积逐渐降低，而弹性模量逐渐升高。当 DMBZ 含量超过 50%时，聚酰亚胺气凝胶具有良好的疏水性。如图 6-8（b）所示。

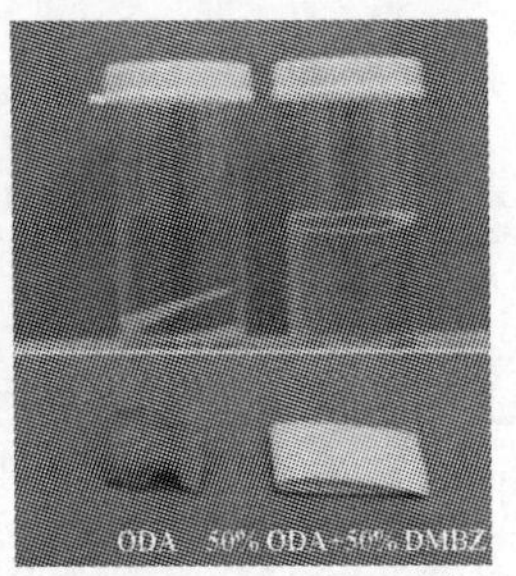

(a) OAPS作为交联剂的PI气凝胶　(b) 加入DMBZ后材料的疏水性

图 6-8　OAPS 交联 PI 气凝胶宏观形貌

Meador 等[12]以 BTC 为交联剂合成了交联型 PI 气凝胶，其隔热性能与以 TAB 为交联剂合成的 PI 气凝胶相似，但是其力学性能较强。

Leventis 等[15]采用开环易位聚合工艺（ROMP）制备了交联型聚酰亚胺气凝胶。这种材料具有低密度（0.13～0.66g/cm^3），高比表面积（210～632g/m^2），孔径在 20～33nm 之间，25℃的热导率为 0.031W/(m·K)，具有良好的隔热性能和隔声效果，但采用该方法制备的聚酰亚胺气凝胶线收缩率约为 28%～39%。最近，Kim 等[16]采用 ROMP 工艺制备 PI 气凝胶，其密度可低至 0.02～0.05g/cm^3。

中国科学院化学研究所杨士勇等[8]采用环丁烷四酸二酐（CBDA）、2,2’-双（三氟甲基）-4,4’-二氨基联苯（TFDB）、OAPS 为原料合成了本征疏水聚酰亚胺气凝胶。其接触角 135°，介电常数（2.75GHz）为 1.19，在超大规模集成电路中具有重要的应用价值。其扫描电镜及水接触角照片如图 6-9 所示。

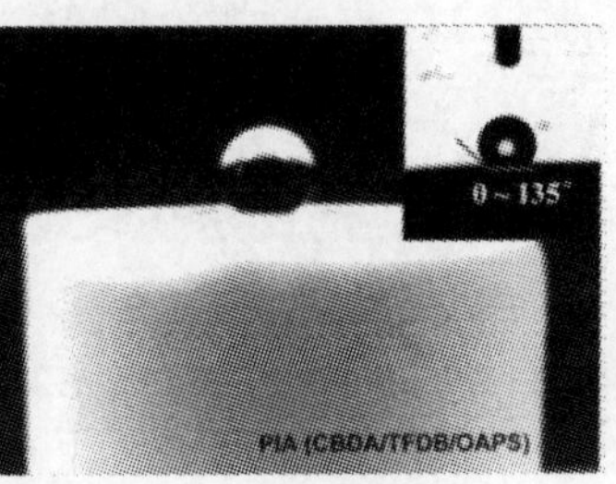

(a) PI气凝胶扫描电镜照片　(b) 水接触角

图 6-9　PI 气凝胶扫描电镜及与水接触角图片

6.1.3　聚酰亚胺增强 SiO_2 气凝胶材料

Nicholas Leventis[17]利用聚酰亚胺和 3-氨基丙基三乙氧基硅烷（APTES）反应来制备聚酰亚胺增强 SiO_2 气凝胶材料，通过改变聚酰亚胺聚合度（n）值来调节样品的性能。这种材料具有较高的比表面积（280～440m^2/g），密度为 0.04～0.16g/cm^3，收缩率小于 5%。

6.1.4　聚酰亚胺增强黏土气凝胶材料

Wu 等[10]采用冷冻干燥法以 ODA 与 PMDA 反应，再与 3-氨基丙基三甲氧基硅烷（APTMS）反应封端，生成水溶性溶胶，再加入蒙脱土，以增强气凝胶的力学性能和提高耐温性。采用该方法制备的层状结构聚酰亚胺增强黏土气凝胶，其密度为 0.04～0.09g/cm^3，分解温度高于 410℃，压缩模量为 20～330kPa。

6.2　聚酰亚胺气凝胶的制备工艺

6.2.1　聚酰亚胺的合成方法

聚酰亚胺的合成方法已有诸多文献报道，总体上可分为以下三类[18]：一步法、两步法和三步法。其中两步法是目前合成聚酰亚胺气凝胶应用最广的制备工艺。两步法合成聚酰亚胺首先由二酐和二胺在非质子极性溶剂中，在低温（–10℃～室温）下反应获得前驱体聚酰胺酸，再通过热环化或化学环化法，分子内脱水闭环生成聚酰亚胺。

1. 聚酰胺酸的合成

聚酰胺酸是由二酐和二胺在 N，N'-二甲基甲酰胺（DMF）、N，N'-二甲基乙酰胺（DMAc）或 NMP 中在–10℃条件下反应得到。由于二酐容易在潮湿的空气中或者含水的溶剂中水解，得到的二酸在低温下不能与二胺反应，从而影响前驱体聚酰胺酸的分子量。为获得高分子量的聚酰胺酸，反应体系中要确保无水。

2. 聚酰胺酸的热环化

1）亚胺化程度确定

酰亚胺化程度主要是通过红外光谱法测定，表 6-1 列出了判断亚胺化进行程度的基团波数[19]。1380cm^{-1}、1780cm^{-1} 是确定酰亚胺化程度的最常使用的波数，但 1780cm^{-1} 和 725cm^{-1} 在酰亚胺化程度较高时并不灵敏，同时酐的吸收峰会对其干扰，所以建议使用 1380cm^{-1}。

表 6-1 酰亚胺及有关化合物的红外吸收光谱

	吸收带/cm^{-1}	强度	来源
芳香酰亚胺	1780	s	C═O 不对称伸展
	1720	vs	C═O 对称伸展
	1380	s	C—N 伸展
	725		C═O 弯曲
异酰亚胺	1750～1820	s	亚氨基内酯
	1700	m	亚氨基内酯
	921～934	vs	亚氨基内酯
酰胺酸	2900～3200	m	COOH 和 NH_2
	1710	s	C═O（COOH）
	1660 酰胺Ⅰ带	s	C═O（CONH）
	1550 酰胺Ⅱ带	m	C—NH
酐	1820	m	C═O
	1780	s	C═O
	720	s	C═O
胺	3200 二个谱带	w	NH_2 对称结构（vs） NH_2 不对称结构（vs）
苯环	1500	s	苯环的振动

除了红外光谱以外，环化热效应、介电和机械损耗、核磁共振、氘代法等也可以表征材料的亚胺化程度。当亚胺化程度很高时，上述测定方法精确度都不够高。元素分析法测定环化度，为提高其测试准确度，需要多次（1 个样品甚至测 20 次）测试以得到统计数值[19]。

2）聚酰胺酸的热亚胺化反应

聚酰胺酸在高温下进行分子内脱水缩合得到聚酰亚胺，聚酰胺酸在热作用下转化为聚酰亚胺过程如图 6-10 所示[19]。

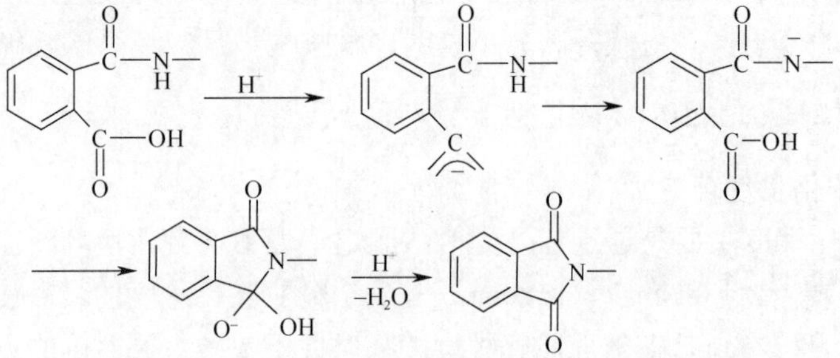

图 6-10 聚酰胺酸热环化为聚酰亚胺

3. 聚酰胺酸的化学环化

聚酰胺酸在脱水剂和催化剂的作用下发生的亚胺化反应即为聚酰胺酸的化学环化。常用的脱水剂为乙酸酐、丙酸酐等，催化剂为三乙胺、吡啶等。聚酰胺酸的亚胺化过程通常是在含有脱水剂和催化剂的浴中进行，或者在溶液中加入脱水剂和催化剂使之环化，在室温下反应是化学环化法的突出优点。

综上，两步法合成聚酰亚胺步骤：第一步由二酐和二胺在非质子极性溶剂（如 DMF、DMAC、NMP 等）中于 0～75℃聚合生成聚酰胺酸；第二步将聚酰胺酸经热环化或者化学环化法进行亚胺化，使其转化为聚酰亚胺，其合成过程如图 6-11 所示[20]。

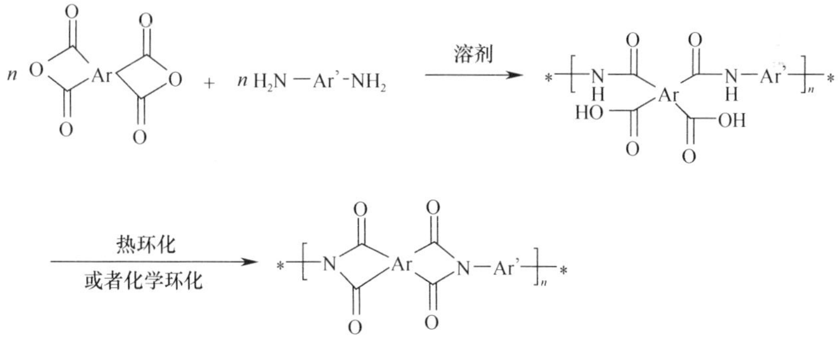

图 6-11　两步法合成聚酰亚胺

6.2.2　聚酰亚胺气凝胶的合成工艺

合成聚酰亚胺气凝胶的工艺过程为：将二胺溶解到适量的溶剂中，氮气保护下加入二酐，搅拌使其充分反应，加入交联剂、脱水剂、催化剂经化学亚胺化得到具有空间网络结构的聚酰亚胺湿凝胶，最后将聚酰亚胺湿凝胶经过老化和干燥过程除去溶剂后，即可得到具有纳米孔径的聚酰亚胺气凝胶。工艺路线如图 6-12 所示。

1. 溶胶-凝胶过程

目前，制备气凝胶的主要方法是溶胶-凝胶法，而产品的结构性能也主要取决于这个过程。与传统材料制备方法相比，溶胶-凝胶工艺制得的材料高度均匀，杂质含量极少，制备工艺简单。

聚酰亚胺凝胶制备主要采用凝聚法，即通过溶液中聚合物单体聚合或者聚合物单体共聚形成凝胶。该方法简单易行，可以轻松的在反应体系前驱体的配比上

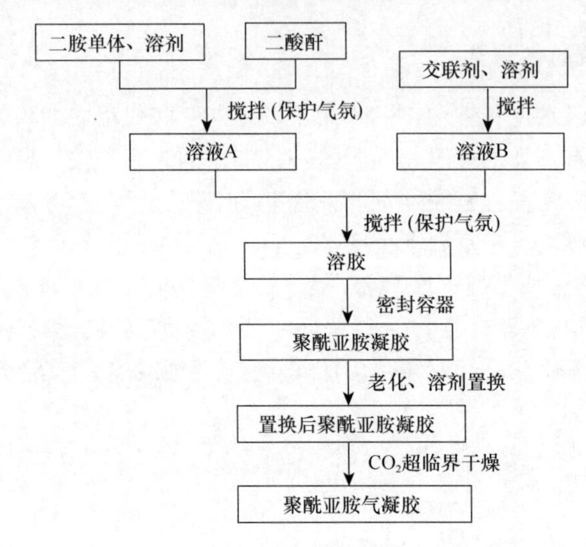

图 6-12 聚酰亚胺气凝胶制备工艺路线

调整参数以达到控制凝胶结构的目的。凝聚法制备凝胶需要经过三个必须过程：①初次粒子的形成；②粒子的长大和支化；③粒子间的交联形成三维网状结构。

在溶胶-凝胶过程中，二酐和二胺反应生成聚酰胺酸低聚物，加入交联剂反应生成交联网络结构，再加入醋酸酐和吡啶亚胺化生成聚酰亚胺，在室温下形成凝胶。

2. 溶剂交换

聚酰亚胺气凝胶材料无论是进行常压干燥还是 CO_2 超临界干燥，都需要对湿凝胶中的溶剂进行置换。聚酰亚胺湿凝胶的分散介质都是极性溶剂，对于常压干燥来说，在干燥过程中极性溶剂直接蒸发时，会破坏凝胶网络结构，从而导致凝胶结构破裂坍塌。对于超临界干燥聚酰亚胺气凝胶而言，因为制备过程中使用的溶剂与超临界 CO_2 流体互不相溶。因此，干燥前需用与 CO_2 超临界流体互溶的乙醇或丙酮来置换。

3. 干燥

制备聚酰亚胺气凝胶的工艺过程包括溶胶配制、凝胶老化、溶剂置换、干燥 4 个主要步骤。其中的干燥工艺是决定聚酰亚胺气凝胶性能的关键步骤之一，目前干燥方式有超临界干燥、冷冻干燥和真空干燥等。

在凝胶干燥前，凝胶网络结构中充满了液体溶剂。在凝胶干燥过程中，随着溶剂的挥发，液体在凝胶网络的毛细孔中形成弯曲液面，产生毛细管张力。毛细管张力使粒子相互挤压、聚集，使凝胶网络结构坍塌。因此，采用常规的干燥方法难以避免凝胶的收缩和网络结构的坍塌。而超临界流体具有液体和气体的性质，无气液界面和表面张力，因此，凝胶毛细管孔中没有附加压力。超临界干燥工艺是目前制备低密度、高比表面积气凝胶块体最为有效的方法之一，得到的气凝胶能保持凝胶态原有的固体骨架结构不变，孔隙率可达 90%以上。

常用的超临界干燥的流体分为两类，一类是醇类物质，另一类是二氧化碳。醇类物质临界温度较高为 250℃。CO_2 临界温度为 37℃，无毒，且不易燃易爆。用两类超临界干燥流体干燥的聚酰亚胺气凝胶样品如图 6-13 所示。左图用 EtOH 作为干燥流体得到的褐色样品气凝胶收缩率很大。右图用二氧化碳作为干燥流体得到的黄色气凝胶样品，收缩率比左图的收缩率小，较好地保持了纳米网络结构。

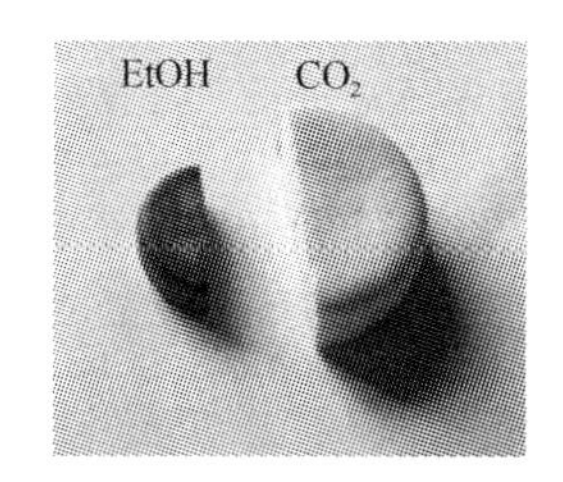

图 6-13　两种超临界干燥介质干燥的样品照片

6.3　聚酰亚胺气凝胶的微观结构

6.3.1　聚酰亚胺气凝胶的微观形貌

图 6-14 为采用不同溶胶配比制备的聚酰亚胺气凝胶的扫描电镜照片，可以看出，聚酰亚胺气凝胶内部呈纳米纤维网状交联结构，随着聚酰亚胺溶胶浓度的减小，聚酰亚胺气凝胶的微观结构由紧密变得疏松，孔径及组成气凝胶纳米纤维状骨架的尺寸逐渐变大。制备过程中通过调节溶剂的用量来控制聚酰亚胺溶胶的浓度，从而起到调节聚酰亚胺气凝胶孔径、纤维状骨架尺寸、孔隙率的作用。

6.3.2　聚酰亚胺气凝胶的孔结构

聚酰亚胺气凝胶是由纳米纤维状骨架组成的纳米多孔材料，孔径分布情况对气凝胶的隔热性能和力学性能等都具有较大的影响，通常采用氮气吸附法来测量具有纳米级多孔材料的孔结构和比表面积。图 6-15 是不同溶胶浓度制备的聚酰亚胺气凝胶的氮吸附-脱附曲线，可见，对于吸附曲线，前半段吸附量上升缓慢，后半段吸附量急剧上升，并在一定的相对压力时达到吸附饱和。当相对压力（P/P_0）约为 0.8 时，在脱附曲线上吸附量急剧变化，表明此时是孔径分布集中的范围。随着配制溶胶浓度的增大，单位质量的聚酰亚胺气凝胶在氮吸附等温线最高点的吸附量也有所增大。

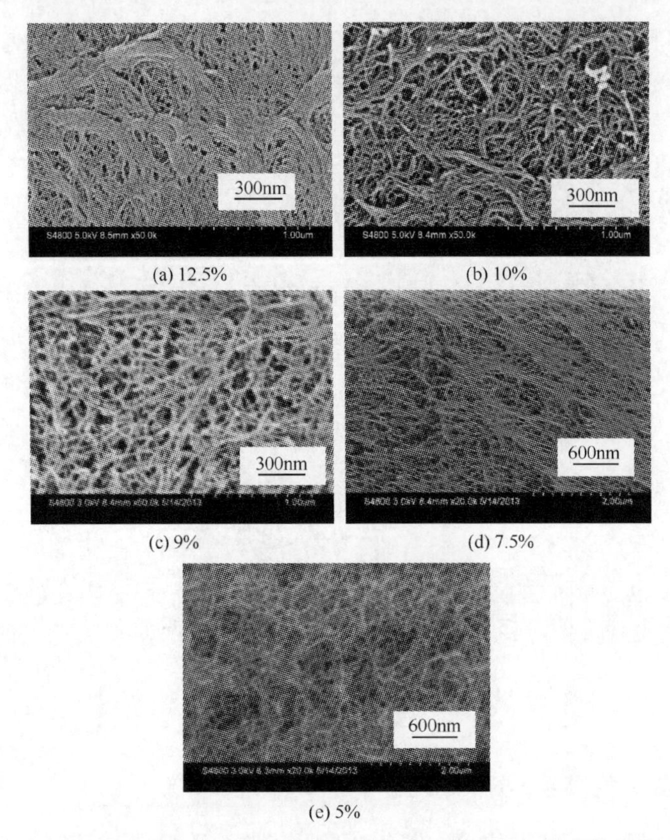

(a) 12.5%　(b) 10%

(c) 9%　(d) 7.5%

(e) 5%

图 6-14　不同溶胶浓度制备的聚酰亚胺气凝胶的扫描电镜照片

图 6-16 为不同溶剂浓度聚酰亚胺气凝胶的孔径分布曲线，可见，随着溶胶浓度的增加，其介孔范围内孔径分布变化不大。原因在于氮吸附测试得到的仅是介孔范围内孔径分布，不能表征大孔，未能显示出溶胶浓度对聚酰亚胺气凝胶孔径分布的影响规律。

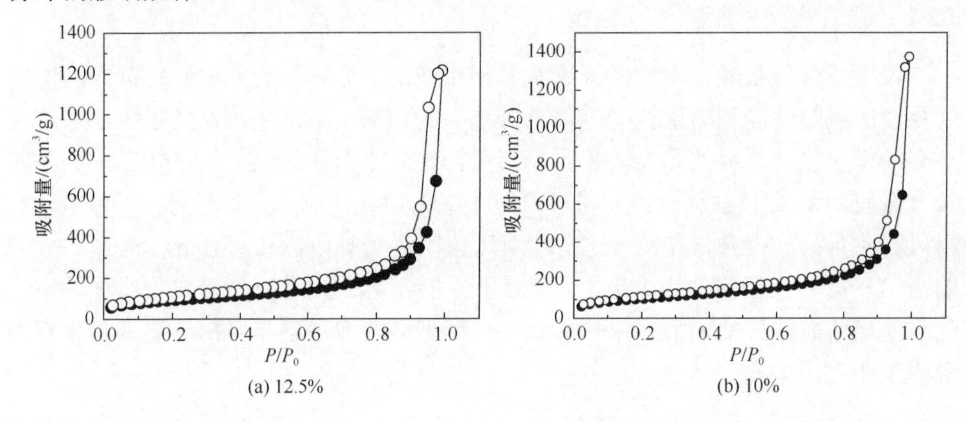

(a) 12.5%　(b) 10%

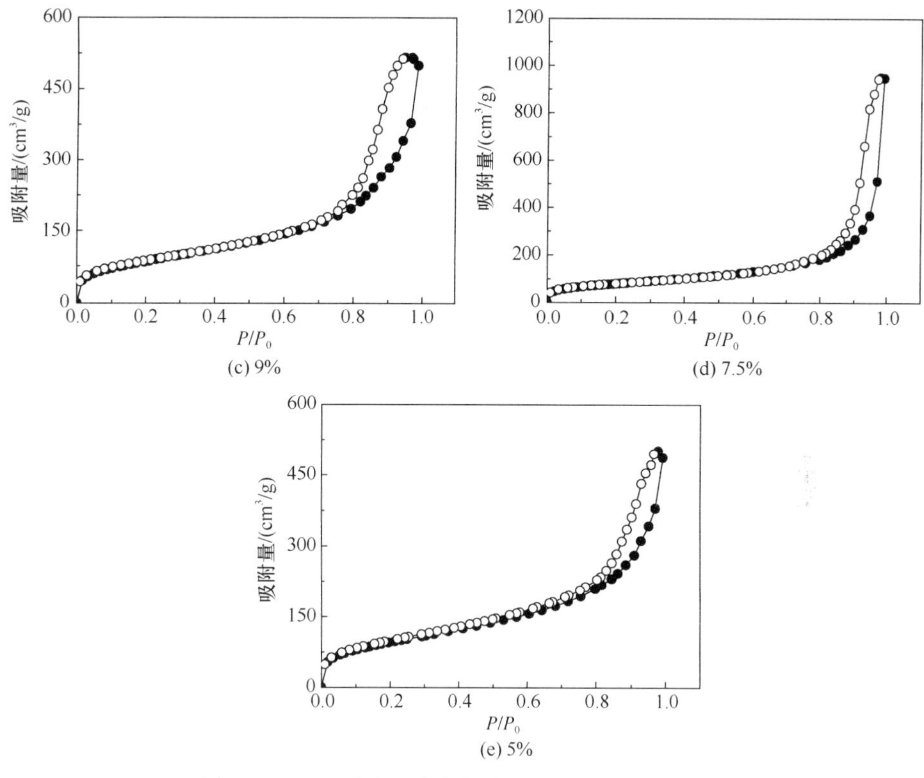

图 6-15　不同溶胶浓度制备的气凝胶的氮吸附曲线

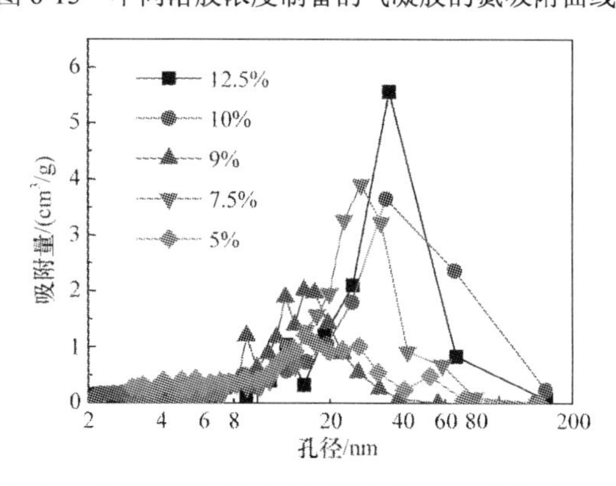

图 6-16　不同溶胶浓制备的气凝胶的 BJH 孔径分布曲线

6.4　聚酰亚胺气凝胶的隔热性能

聚酰亚胺气凝胶的热导率受多种因素的影响，如密度、孔径等，这些因素的变化可使热导率在较大范围内发生变化。

聚酰亚胺气凝胶密度小、热导率低、耐高低温性能优越，甚至在液氦中不脆裂，是一种优良的隔热材料。传统的聚酰亚胺材料如聚酰亚胺泡沫和聚酰亚胺纤维（轶纶）已用在航空航天领域的隔热绝缘系统中。纳米孔聚酰亚胺气凝胶具有更低的热导率，相比聚酰亚胺泡沫具有更大的优势。

6.4.1　温度对聚酰亚胺气凝胶热导率的影响

聚酰亚胺气凝胶的热导率主要包括气态热导率、固态热导率和辐射热导率。温度的变化对材料的隔热性能影响较大。聚酰亚胺气凝胶的热导率采用 Hot disk 方法进行测试。

图 6-17 是不同密度聚酰亚胺气凝胶的热导率与环境温度的关系，可见，聚酰亚胺气凝胶的热导率随着温度的升高而增大，相同温度下，密度大的聚酰亚胺气凝胶热导率较高，其原因在于其固态热导率较高。

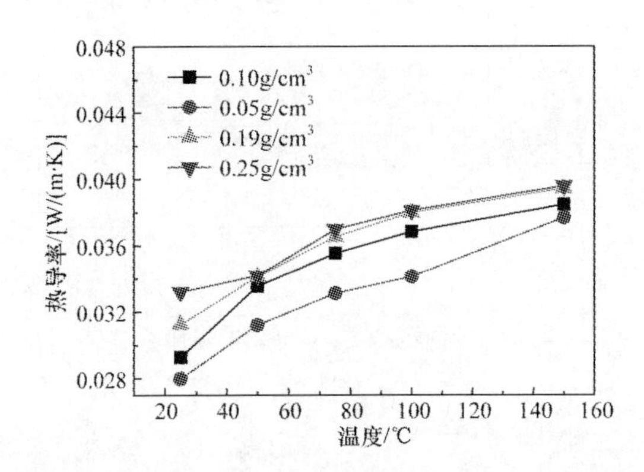

图 6-17　不同密度聚酰亚胺气凝胶的热导率与环境温度的关系（空气气氛中）

6.4.2　环境气氛对聚酰亚胺气凝胶热导率的影响

聚酰亚胺气凝胶的气体热导率与气体的组成和结构有关。一般地，气体的分子量越大，其组成和结构越复杂，热导率越小。

表 6-2 列出了一些气体的热导率[21]。

表 6-2　一些气体的热导率　　单位：W/(m·K)

温度/℃	水蒸气	空气	氢气	二氧化碳
0	0.01716	0.02452	0.1716	0.01442
500	0.06346	0.03364	0.3476	0.05192
1000	0.11971	0.07788	0.5135	0.08221
1500	0.18317	0.09084	0.6274	0.1024

图 6-18 为聚酰亚胺气凝胶在 N_2 和 CO_2 气氛中的热导率随温度的变化，可以看出，随着温度的升高，材料的热导率升高，在 CO_2 气氛下材料的热导率低于在 N_2 气氛下的材料热导率。

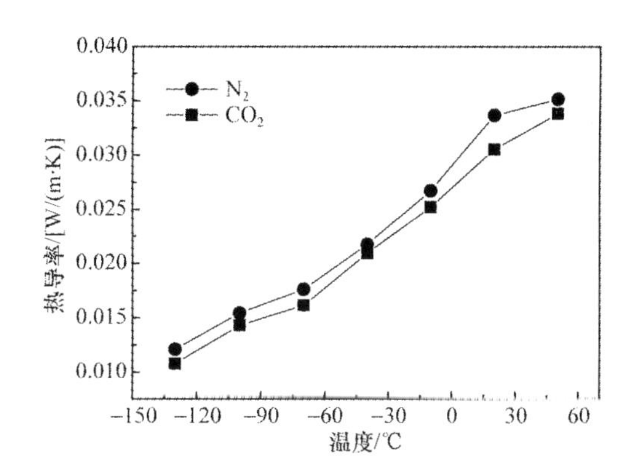

图 6-18　聚酰亚胺气凝胶在不同气氛下的热导率

6.4.3　气压对聚酰亚胺气凝胶热导率的影响

图 6-19 是 PI 气凝胶在不同气压下的常温热导率，可以看出，在常压下，PI 气凝胶材料的热导率为 0.03085 W/(m·K)，真空下，其热导率为 0.02067 W/(m·K)，与 SiO_2 气凝胶热导率相比，说明该材料的固体热导率较大。

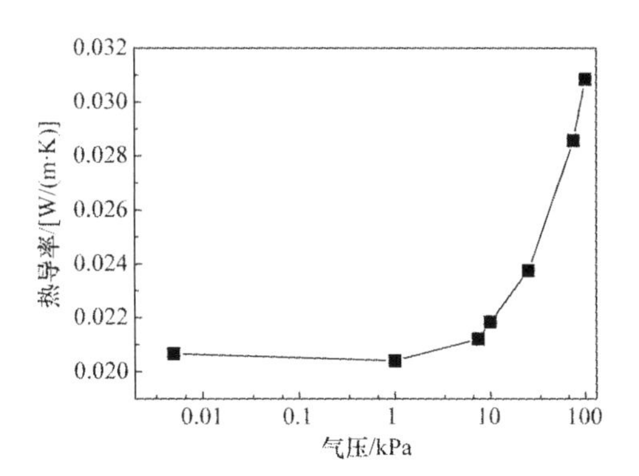

图 6-19　聚酰亚胺气凝胶在不同气压下的热导率

低压下，热导率急剧减小，其原因在于低压下，气体热导率占总热导率的比例较小。另外，由常压下的热导率减去真空下的热导率可得到材料在常压下气体热导率约为 0.01 W/(m·K)。

6.5　聚酰亚胺气凝胶的力学性能

6.5.1　聚酰亚胺气凝胶的拉伸性能

按照 GB/T 6344—2008 方法将聚酰亚胺气凝胶材料制成哑铃状样条，以屈服点对应的应力值作为气凝胶的拉伸强度，得到不同密度聚酰亚胺气凝胶块体和薄膜的拉伸强度如表 6-3、表 6-4 所示，可见，聚酰亚胺气凝胶密度越小，其拉伸强度越小，拉伸模量也减少，对于块体材料，PI 气凝胶块体密度从 $0.23g/cm^3$ 减小至 $0.167g/cm^3$，其拉伸强度从 3.71MPa 减小到 2.44MPa，拉伸模量从 80.64MPa 减小到 33.81MPa。密度较大的气凝胶骨架强度较好，拉伸强度较大，模量较高，气凝胶薄膜材料的拉伸强度和模量也具有类似的规律。

表 6-3　不同密度聚酰亚胺气凝胶块体的拉伸强度和模量

溶胶浓度/%	密度/(g/cm^3)	拉伸强度/MPa	拉伸模量/MPa
12.5	0.230	3.71	80.64
10.0	0.199	3.58	76.73
9.0	0.188	2.79	38.28
7.5	0.167	2.44	33.81

表 6-4　不同密度聚酰亚胺气凝胶薄膜的拉伸强度和模量

溶胶浓度/%	厚度/mm	密度/(g/cm^3)	拉伸强度/MPa	拉伸模量/MPa
11.0	2.0	0.152	3.75	26.76
11.0	1.5	0.174	3.30	23.63
10.0	2.0	0.138	3.57	26.36
10.0	1.5	0.136	3.03	23.18
9.0	2.0	0.129	3.19	25.14
9.0	1.5	0.125	2.29	21.55

图 6-20 为不同溶胶浓度聚酰亚胺气凝胶薄膜的拉伸应力-应变曲线，可以看出，溶胶的浓度越大，其拉伸强度越大，屈服点对应的应变越大。气凝胶薄膜的拉伸强度稍小于同一浓度配制的块体气凝胶，相同溶胶浓度、不同厚度的 PI 气凝胶薄膜的应力和应变差别不大。

6.5.2　聚酰亚胺气凝胶的弯曲性能

图 6-21 为不同密度聚酰亚胺气凝胶弯曲应力-位移曲线，可见，在弹性形变阶段，随应变增大，弯曲应力快速增加，经过该阶段后，随应变的继续增大，应

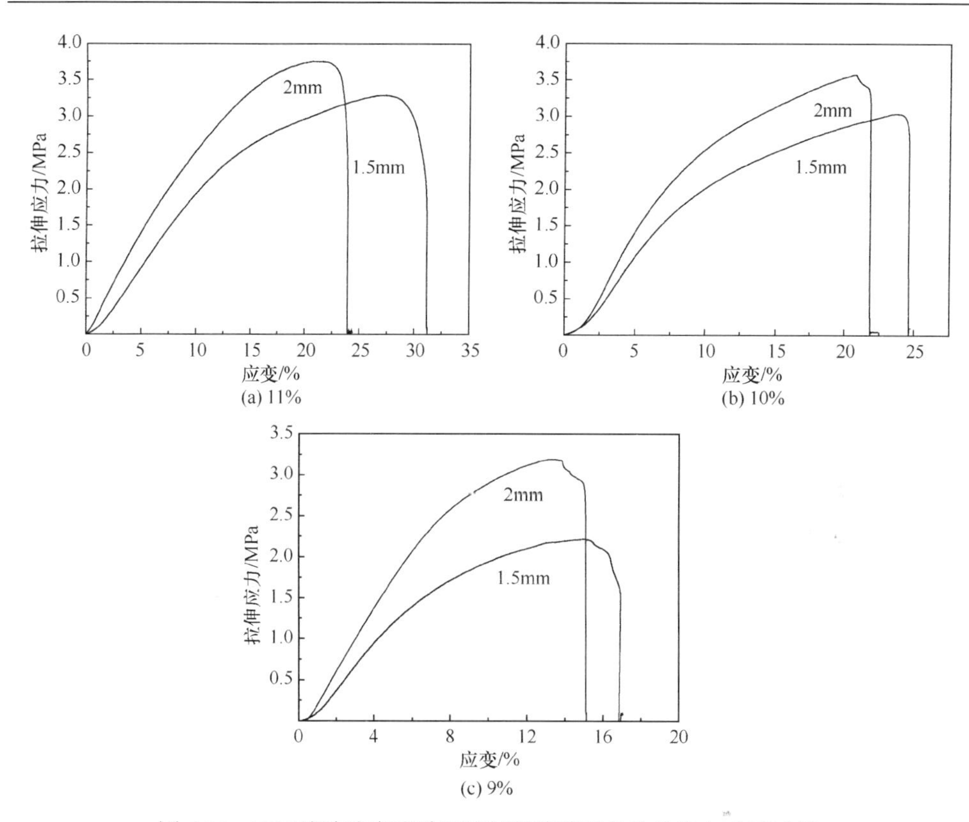

图 6-20　不同溶胶浓度聚酰亚胺气凝胶薄膜的拉伸应力-应变曲线

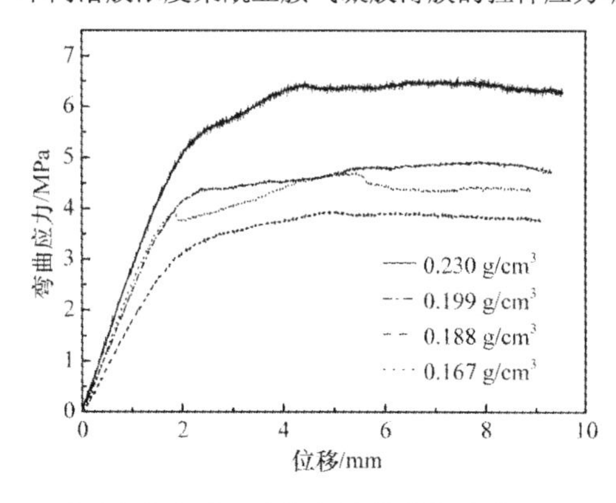

图 6-21　不同密度聚酰亚胺气凝胶块体的弯曲应力-位移曲线

力在一定范围内波动，没有发生断裂，说明该材料具有较好的柔韧性。随着聚酰亚胺气凝胶密度的减小，弯曲应力减小，屈服点对应的弯曲应力越小。随着气凝胶密度从 0.230g/cm^3 减小至 0.167g/cm^3，弯曲强度从 5.43 MPa 减小至 3.06MPa，弯曲模量从 3.10 MPa 减小至 1.73MPa。

6.5.3 聚酰亚胺气凝胶的压缩性能

图 6-22 为不同密度聚酰亚胺气凝胶的压缩应力-应变曲线，可见，随应变增大，压缩应力增加。在应变较小时，应力增幅较大，呈线性上升；当应变增大到一定程度时，应力增幅减小，应力缓慢上升；当应变继续增大时，应力增幅变大。聚酰亚胺气凝胶密度越大，压缩强度越大，屈服点对应的应变越小。

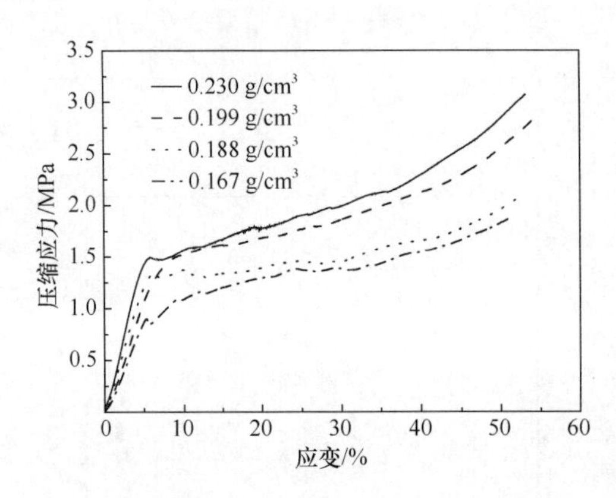

图 6-22 不同密度聚酰亚胺气凝胶块体的压缩应力-应变曲线

表 6-5 为不同密度聚酰亚胺气凝胶的压缩强度和压缩模量，可以看出，随着聚酰亚胺气凝胶密度的减小（从 0.230g/cm^3 减至 0.167g/cm^3），气凝胶的压缩强度减小（从 1.47 MPa 减至 0.88MPa），压缩模量减小（从 22.18MPa 减至 18.28MPa）。其原因在于，随着密度的减小，材料骨架强度减弱，抗压缩性能降低。

表 6-5 不同密度聚酰亚胺气凝胶的压缩强度和压缩模量

密度/(g/cm^3)	压缩强度/MPa	压缩模量/MPa
0.230	1.47	22.18
0.199	1.36	20.92
0.188	1.31	20.39
0.167	0.88	18.28

6.6 聚酰亚胺气凝胶的耐温性能

聚酰亚胺作为一类耐热高分子材料，对其耐温性能研究较早。而聚酰亚胺气凝胶作为一种纳米孔结构的材料，对其耐温性能的研究报道较少。

图 6-23 为聚酰亚胺气凝胶的 TG-DSC 曲线，可以看出，在常温至 107℃范围，发生了 2.71%的失重，主要是材料吸附水分流失；在 107～448℃温度范围，失重

率约为 8.34%，可能是由于材料中残留的溶剂在高温下挥发；在 448～635℃温度范围，失重率约为 32.86%，C—N 键断裂，气凝胶发生急剧裂解，小分子逸出。最后一个阶段从 635～936℃的过程，失重率约为 8.43%，聚酰亚胺裂解形成炭。同时可从 DSC 曲线中看到，材料的玻璃化转变温度为 267℃。

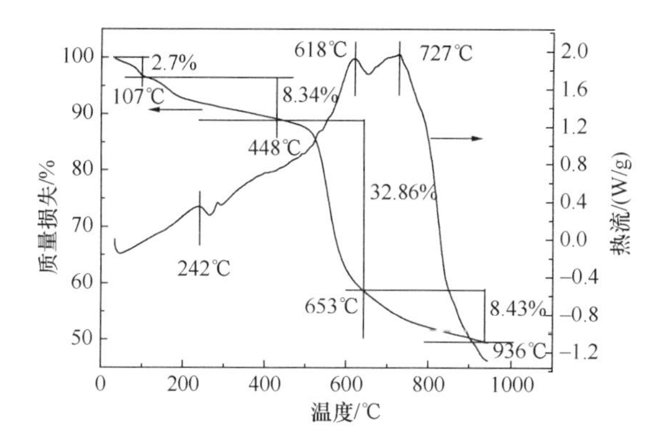

图 6-23　聚酰亚胺气凝胶的 TG-DSC 曲线

聚酰亚胺气凝胶在高温处理时会发生软化、收缩，多孔结构被破坏，导致其比表面积减小，隔热性能降低。通过分析聚酰亚胺气凝胶比表面积变化可反映其耐温性能。图 6-24 为聚酰亚胺气凝胶在不同温度热处理后（热处理时间为 1h，空气气氛）的比表面积。200℃以下气凝胶的比表面积几乎没有变化。从 250℃开始，聚酰亚胺气凝胶的比表面积发生显著降低，到 350℃时比表面积急剧下降，仅为 50m^2/g。

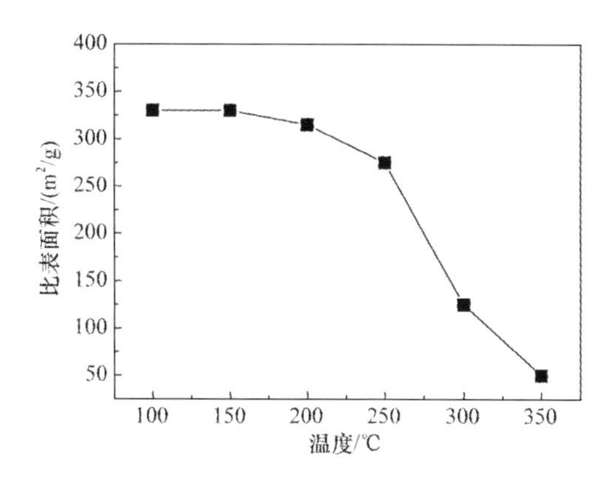

图 6-24　不同温度热处理后聚酰亚胺气凝胶的比表面积

图 6-25 为不同温度热处理后的聚酰亚胺气凝胶的收缩率，可以看出，在聚酰亚胺玻璃化转变温度（267℃）以下，材料收缩变形小。在玻璃化转变温度以上，材料收缩变形大，其原因在于分子链段运动自由度增加，材料发生软化收缩。

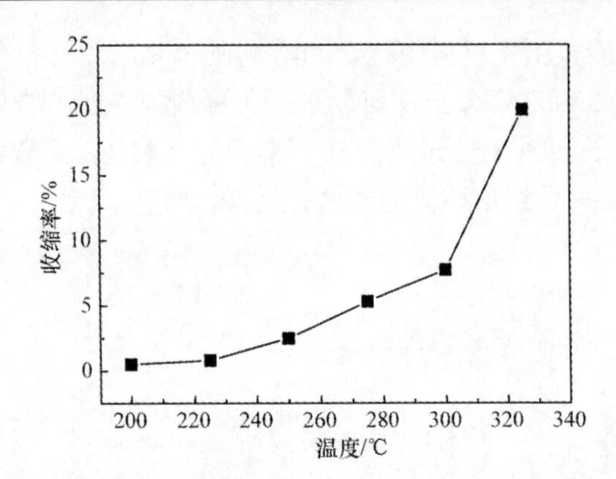

图 6-25　不同温度热处理后的聚酰亚胺气凝胶的收缩率

参 考 文 献

[1] Jones S M. Aerogel: space exploration applications [J]. Journal of Sol-Gel Science and Technology, 2006, 40: 351-357.

[2] Meador M A B, Malow E J, Silva R, et al. Mechanically strong, flexible polyimide aerogels cross-linked with aromatic triamine [J]. ACS Applied Material and Interfaces, 2012, 4: 536-544.

[3] 沈登雄, 房光强, 刘金刚, 等. 聚酰亚胺气凝胶的研究与应用进展[C]. 中国宇航学会深空探测技术专业委员会第十届学术年会论文集, 2013: 142-147.

[4] 虞子森, 蔡正燕, 石明伟, 等. 船舶绝热保温新材料的研究和开发[J]. 造船技术, 2004, (3): 39-43.

[5] 赵飞明，徐永祥. 聚酰亚胺泡沫材料研究进展 [J]. 宇航材料工艺, 2002, (3): 6-10.

[6] 庞顺强. 聚酰亚胺泡沫材料在舰船上的应用[J]. 材料开发与应用, 2001, 16(3): 38-41.

[7] 邱银，汪树军. 聚酰亚胺泡沫材料[J]. 化工新型材料, 2003, 31 (8): 15-17.

[8] 杨士勇，沈登雄，刘金刚. 本征疏水性聚酰亚胺气凝胶及其制备方法与应用[P]. 中国专利，103304814，2013-9-18.

[9] Rhine W, Wang J, Begag R. Polyimide aerogels, carbon aerogels, and metal carbide aerogels and methods of making same [P]. US Patent, 7074880B2, 2006.

[10] Wu W. Preparation and performance of polyimide-reinforced clay aerogel composites [J]. Industrial and Engineering Chemistry Research, 2012, 51: 12821-12826.

[11] Chidambareswarapattar C, Larimore Z, Sotiriou-Leventis C, et al. One-step room-temperature synthesis of fibrous polyimide aerogels from anhydrides and isocyanates and conversion to isomorphic carbons [J]. Journal of Materials Chemistry, 2010, 20: 9666-9678.

[12] Meador M A B, Alemán C R, Hanson K, et al. Polyimide aerogels with amide cross-links: a low cost alternative for mechanically strong polymer aerogels[J]. ACS Applied Material and Interfaces, 2015, 7: 1240-1249.

[13] Guo H Q, Meador M A B, McCorkle L, et al. Polyimide aerogels cross-linked through amine functionalized polyoligomeric silsesquioxane [J]. ACS Applied Material and Interfaces, 2011, 3: 546-552.

[14] Guo H Q, Meador M A B, McCorkle L, et al. Tailoring properties of cross-linked polyimide aerogels for better moisture resistance, flexibility, and strength [J]. ACS Applied Material and Interfaces, 2012, 4: 5422-5429.
[15] Leventis N, Sotiriou-Leventis C, Mohite D P, et al. Polyimide aerogels by ring-opening metathesis polymerization (ROMP) [J]. Chemistry of Materials, 2011, 23: 2250-2261.
[16] Kim S H, Worsley M A, Valdez C A, et al. Exploration of the versatility of ring opening metathesis polymerization: an approach for gaining access to low density polymeric aerogels [J]. RSC Advances, 2012, 2: 8672-8680.
[17] Leventis N. Three-Dimensional core-shell superstructures: mechanically strong aerogels[J]. Accounts of Chemical Research, 2007, 40(9): 874-884.
[18] 曹红葵. 聚酰亚胺性能及合成方法[J]. 化学推进剂与高分子材料, 2008, 6 (3): 24-25.
[19] 丁孟贤, 何天白. 聚酰亚胺新型材料[M]. 北京: 科学出版社, 1998.
[20] 丁孟贤. 聚酰亚胺 [M]. 北京: 科学出版社, 2006.
[21] 邹宁宇, 鹿成滨, 张德信. 绝热材料应用技术[M]. 北京: 中国石化出版社, 2005.

第 7 章 气凝胶隔热复合材料的应用研究

气凝胶作为一种新型高效隔热材料，在民用、航空航天和军事等领域已显示出广阔的应用前景，国内外越来越重视气凝胶在隔热保温领域的开发和利用。

在民用领域，气凝胶隔热材料已广泛应用在高温油气管道系统的隔热保温、低温液化气体的运输和存储、生物医药样品的冷冻保温系统、民用建筑及服装家电等日常生活用品领域。例如，Aspen 公司生产的 Pyrogel 气凝胶隔热材料产品已广泛应用在蒸汽循环、化工过程及油气加工管道系统等领域；Cabot 公司生产的 Nanogel 等气凝胶颗粒产品应用于更加复杂的低温系统异形容器以及几何结构不规则管道的隔热保温[1]；德国 Fricke 等[2]将气凝胶作为夹层填充于双层玻璃之间制备出更加节能环保的生态型窗体材料，具有既透光又隔热的效果。此外，气凝胶隔热材料可以取代聚氨酯泡沫作为冰箱等低温系统的保温材料，可防止氟利昂气体破坏大气臭氧层，从而保护人类的生存环境[3]。国内广东埃力生高新科技有限公司、浙江纳诺科技有限公司等生产厂家开发的 SiO_2 气凝胶隔热复合材料产品，也已应用在油气管道、建筑、机器设备、交通工具等的隔热保温领域。

在航空航天和军事领域，气凝胶隔热材料以更轻的质量、更小的体积达到与传统隔热材料等效的隔热效果，这一特点在航天飞行器、飞机、舰船等具有举足轻重的优势。例如，英国“美洲豹”战斗机的机舱隔热层采用的就是气凝胶隔热材料；飞机上记录飞行状况数据的黑匣子也用气凝胶材料作为隔热层[4]。美国 NASA 在“火星流浪者”的设计中，用气凝胶隔热材料作为保温层，可以抵挡 -100℃以下的超低温[5]。美国 NASA Ames 研究中心[6]为航天飞机开发的硅酸铝纤维增强 SiO_2 气凝胶隔热瓦，以硅酸铝纤维预制件为骨架，纳米孔结构的气凝胶填充于耐火纤维骨架之间的孔隙，其隔热效果比传统的陶瓷纤维隔热瓦更好，热导率更低。在核潜艇、蒸汽动力导弹驱逐舰的核反应堆、锅炉以及复杂的高温蒸气管道系统中，采用气凝胶隔热材料可有效降低隔热材料用量，增大舱内的使用空间，还能同时降低舱内温度，有效改善各种工作环境。在各种武器动力装置上采用气凝胶隔热材料可有效阻止热源的扩散，有利于武器装备的反红外侦察[7]。此外，气凝胶隔热材料还是提高军用热电池寿命的理想材料之一[8]。

本章主要介绍国防科学技术大学 SiO_2、Al_2O_3-SiO_2 气凝胶高效隔热复合材料的应用研究工作，包括气凝胶高效隔热复合材料的成型、加工工艺，以及在我国新型航天飞行器和导弹热防护系统、军用热电池隔热保温等方面的应用。

7.1　气凝胶高效隔热复合材料的构件成型

新型航空航天飞行器、导弹等武器装备结构形状更加复杂，机身（弹体）表面承受气动力、热、振动等载荷更加严酷，其热防护系统要求隔热材料必须同时具有更加耐高温、轻质、高效隔热、高强度以及良好的成型、加工、安装等综合性能。纤维增强 SiO_2 和 Al_2O_3-SiO_2 气凝胶复合材料具有耐高温（最高使用温度分别为 800℃和 1200℃）、高强韧（弯曲强度分别高达 1.37MPa 和 2.23MPa）、高效隔热［800℃热导率分别为 0.029W/(m·K)、0.038W/(m·K)］和良好的成型、加工、安装性能等特点。已在我国新型航天飞行器和导弹热防护系统、军用热电池隔热保温等领域获得了应用，支撑了我国新型武器装备的研制。

纤维增强 SiO_2 和 Al_2O_3-SiO_2 气凝胶复合材料的隔热层产品成型过程如下：首先根据隔热层构件产品实际应用要求选择合适的增强纤维和气凝胶配方，然后根据隔热层构件产品三维数模，设计加工成型模具，利用成型模具，将增强纤维制备成纤维预制件，同时按照气凝胶配方配制溶胶，再将纤维预制件与溶胶混合，凝胶、老化一段时间后移入高压釜中进行超临界干燥，冷却后取出，拆模得到所需的隔热层构件产品。其成型工艺路线如图 7-1 所示。

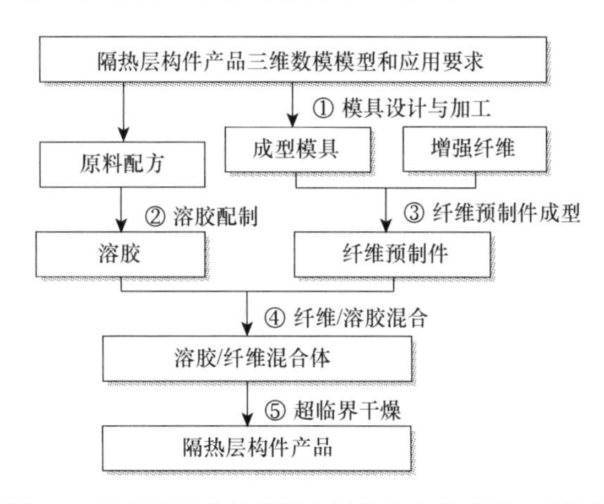

图 7-1　气凝胶复合材料隔热层构件产品成型工艺路线

图 7-2 为用模具整体成型的气凝胶复合材料隔热层构件产品。可以看出，采用模具可以整体成型平板、弧形、圆筒以及方盒等各种复杂形状构件，构件表面平整，厚度均匀，没有出现明显的缺陷和裂纹，力学性能和安装性能好，为实际应用奠定了良好的基础。

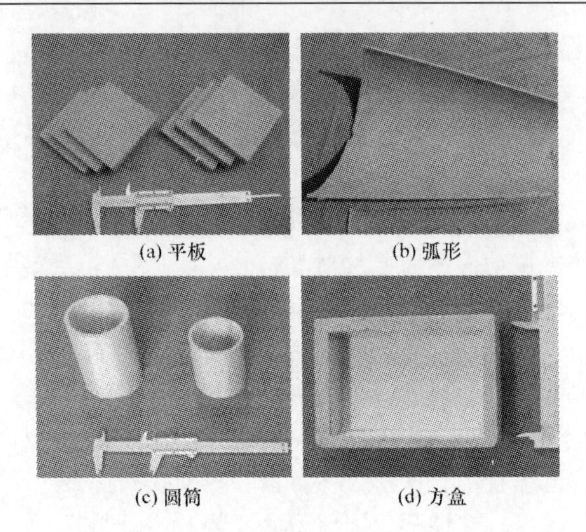
(a) 平板
(b) 弧形
(c) 圆筒
(d) 方盒

图 7-2　整体成型的气凝胶复合材料隔热层构件产品

对于尺寸较大或形状更为复杂的隔热层产品构件，可将构件分解成各形状相对简单的单元体，然后分别制备出各单元体结构，再经过简单组合安装，即可满足航天飞行器和导弹热防护系统的使用要求。图 7-3 为组装的复杂形状气凝胶复合材料隔热层产品构件，可以看出，隔热材料具有较好的成型性和较高尺寸精度。

图 7-3　组装的复杂形状气凝胶复合材料隔热层产品构件

7.2　气凝胶高效隔热复合材料的构件加工

SiO_2 和 Al_2O_3-SiO_2 气凝胶复合材料具有良好的力学性能和加工性能，可进行切割、钻孔、数控铣削等机械加工，能够满足新型航天飞行器和导弹热防护系统等对复杂形状隔热层构件的应用要求。

7.2.1　切割

为了满足构件外形的尺寸要求，通过切割除去构件的多余部分，目前常用机械切割和激光切割两种方式。样品经机械切割后表面平整、美观，尺寸精确度较高，且侧面与加工面间无“毛刺”产生，对材料的性能损伤很小，且设备较为简单，样品机械切割过程如图 7-4 所示。

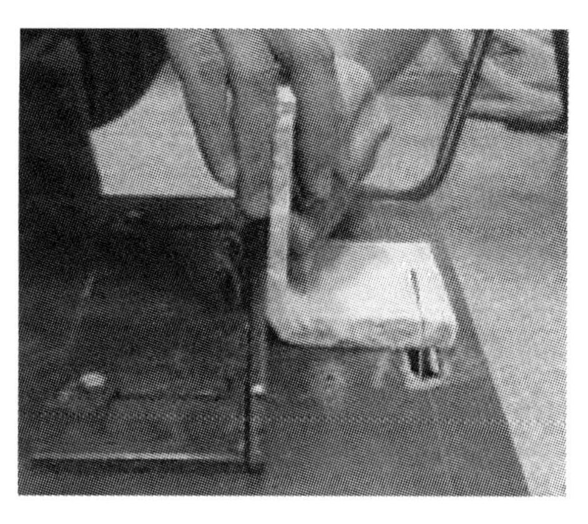

图 7-4　气凝胶隔热复合材料机械切割

采用激光切割气凝胶隔热复合材料，加工精度高，可控性好，易实现产品的批量化加工。图 7-5 为气凝胶隔热复合材料激光切割过程和切割面照片，可以看出，激光切割过程中切割面有一定的熔融，表面形成比较致密的薄层，切割面平整、光滑，无开裂。

图 7-5　气凝胶隔热复合材料激光切割过程和切割面照片

图 7-6 为通过激光加工的气凝胶复合材料隔热层构件，可以看出，通过程序设定，可以加工出钝角、直角、锐角等各种角度的形状，也可以切割出圆、半圆等各种形状制品，可满足实际应用的需求。

7.2.2　孔加工

气凝胶复合材料隔热构件应用过程中，经常需要对其进行打孔、钻孔等孔加

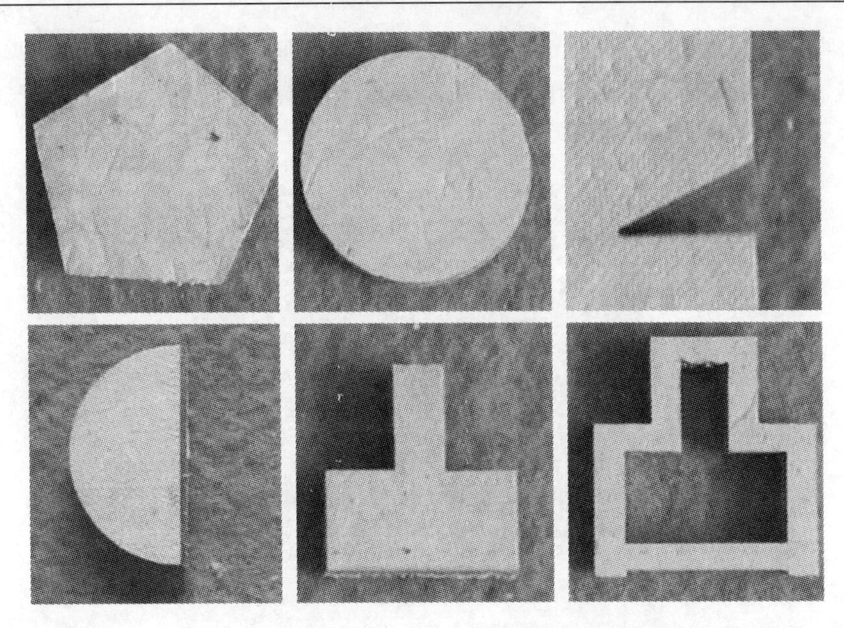

图 7-6　激光加工的气凝胶复合材料隔热层构件

工操作。气凝胶复合材料由于具有良好的强度和韧性，能够承受打孔、钻孔过程中的振动，不会引起材料的分层或开裂等损伤，具有良好的孔加工性能。图 7-7 为打孔、钻孔后的气凝胶复合材料隔热构件，可以看出，对尺寸较小的孔径，可通过直接打孔、钻孔获得，且孔径均匀，孔壁光滑，无分层和 “毛刺”现象。对尺寸较大的孔径，可用手工加工后表面经铣、磨等方式处理获得，其加工表面比较平整、光滑。

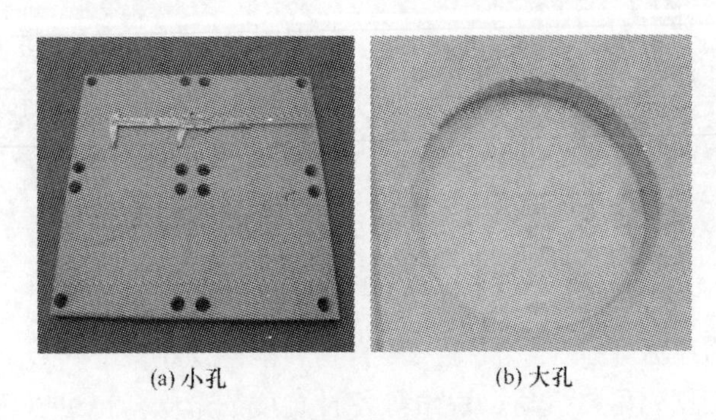

(a) 小孔　　(b) 大孔

图 7-7　气凝胶复合材料孔加工

7.2.3　数控加工

对于航天飞行器外表面热防护，需要高精度的隔热层构件，单纯的模具成型气凝胶复合材料隔热构件有时难以达到高精度的尺寸要求。研究气凝胶复合材料隔热构件的数控加工具有重要的意义。由于气凝胶隔热复合材料相对于金属材料其力学性能相对较弱，开展气凝胶隔热复合材料数控加工具有一定难度。

气凝胶复合材料隔热构件的数控加工研究主要包括加工件的固定、刀具选择、进刀量等工艺参数的优化。经过系统加工工艺的研究，摸索出气凝胶复合材料隔热构件的数控加工工艺。

气凝胶隔热复合材料的力学性能较低，在数控加工过程中要对隔热构件采用柔性装夹固定，以避免采用传统的刚性固定对隔热构件造成的损坏、变形。

气凝胶隔热复合材料属于陶瓷类材料，因此加工刀具需要具有较高的耐磨性，一般选用金刚石类的刀具。

在加工过程中，刀具需要高速旋转，进刀量尽可能小，才能加工出高精度、表面光滑的气凝胶复合材料隔热构件。

图 7-8 为采用数控加工获得的气凝胶复合材料隔热构件，可以看出，通过数控加工，可以获得各种复杂形状的隔热构件，构件加工表面光滑。

图 7-8　数控加工获得的气凝胶复合材料隔热构件

图 7-9 为数控加工的气凝胶复合材料隔热构件产品的型面精度，可以看出，产品的外观型面光滑，型面轮廓度偏差范围为–0.144～0.194mm，不超过 0.2mm，加工精度高，为气凝胶复合材料隔热构件在航天飞行器外表面热防护系统的应用奠定了基础。

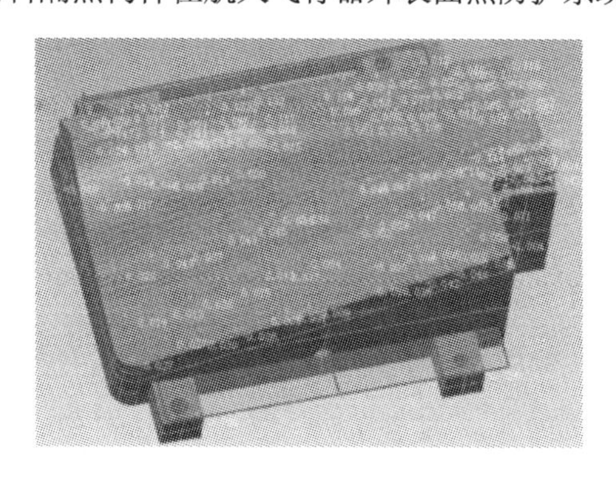

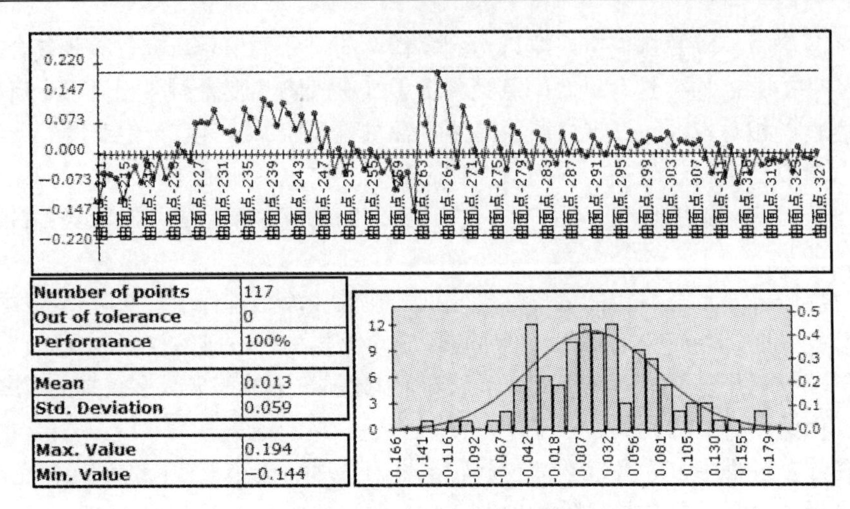

图 7-9　检测数据型面分布附图及数据处理图

7.3　气凝胶高效隔热材料的应用

气凝胶材料在隔热方面所表现出的特殊性质引起了世界各国的关注，许多国家都非常重视气凝胶及其隔热复合材料的研究。其中，美国 Aspen 公司在 NASA、各军兵种以及国防部高级研究计划署的支持下，对气凝胶隔热复合材料在航空航天、军事以及民用等方面开展了研究，并且已经取得了许多重要的研究成果。例如，在军工方面主要有：高超声速飞行器的再入热防护系统、运载火箭燃料低温贮箱及阀门管件保温系统、远程攻击飞行器蜂窝结构热防护系统、新型驱逐舰的船体结构防火墙隔热系统以及陆军的便携式帐篷等[1-3]。目前，国防科学技术大学研制的气凝胶隔热材料和构件主要应用在航天飞行器、导弹等热防护系统及冲压发动机、军用热电池等保温隔热领域，主要的材料体系为纤维增强 SiO_2 气凝胶高效隔热复合材料和纤维增强 SiO_2-Al_2O_3 气凝胶隔热材料。

7.3.1　在航天飞行器热防护系统上的应用

新型航天飞行器飞行速度更高、飞行时间更长，机身表面受到气动加热更加严酷，必须采取有效的热防护措施以保证机体结构和舱内仪器设备的正常工作。新型航天飞行器热防护系统迫切需求具有耐高温、轻质、高效隔热以及良好力学性能和成型性能的气凝胶隔热复合材料构件。图 7-10、图 7-11 分别为研制的某航天飞行器内部和外表面的部分气凝胶复合材料隔热构件，通过了各项考核试验，支撑了新型航天飞行器热防护系统关键技术的突破。

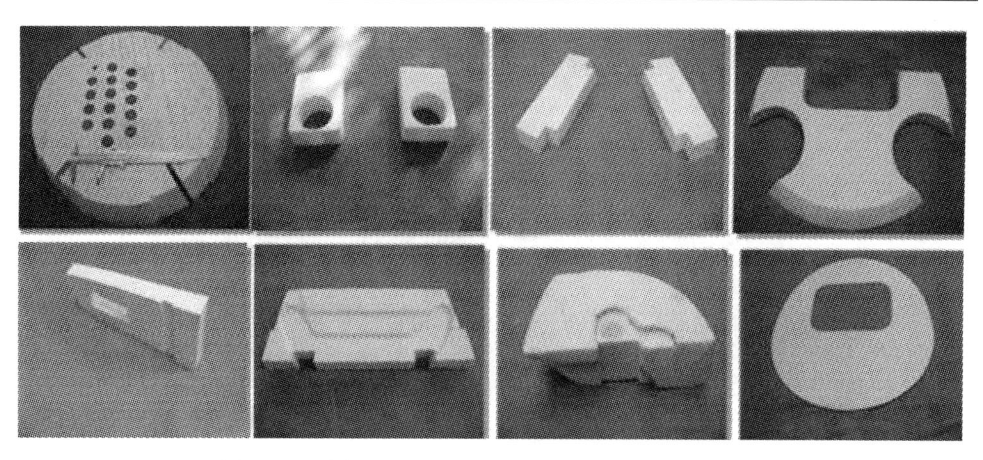

图 7-10　某航天飞行器内部气凝胶复合材料隔热构件

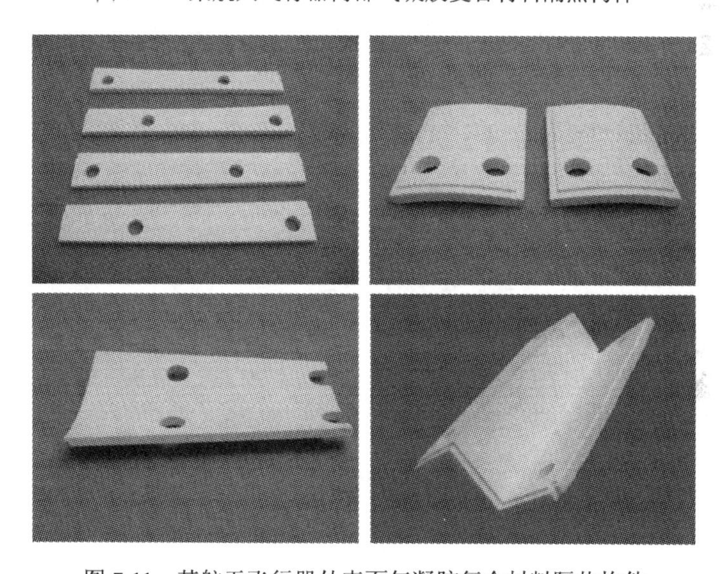

图 7-11　某航天飞行器外表面气凝胶复合材料隔热构件

7.3.2　在导弹热防护系统上的应用

新型导弹在大气中飞行时间长，飞行速度快，弹体表面温度高，为了保证导弹舱体内部的仪器设备正常工作，在其内部必须铺设耐高温、轻质、薄壁的高效隔热材料以阻止热量向舱体内部传递。采用传统的陶瓷纤维棉毡隔热材料进行导弹舱体热防护系统设计，其隔热效果、安装工艺等难以满足应用要求。突破耐高温、轻质、可靠的高效隔热材料技术成为新型导弹热防护设计的关键问题之一。

图 7-12 为研制的某导弹热防护系统的气凝胶复合材料隔热构件，支撑了新型导弹型号的研制和发展。

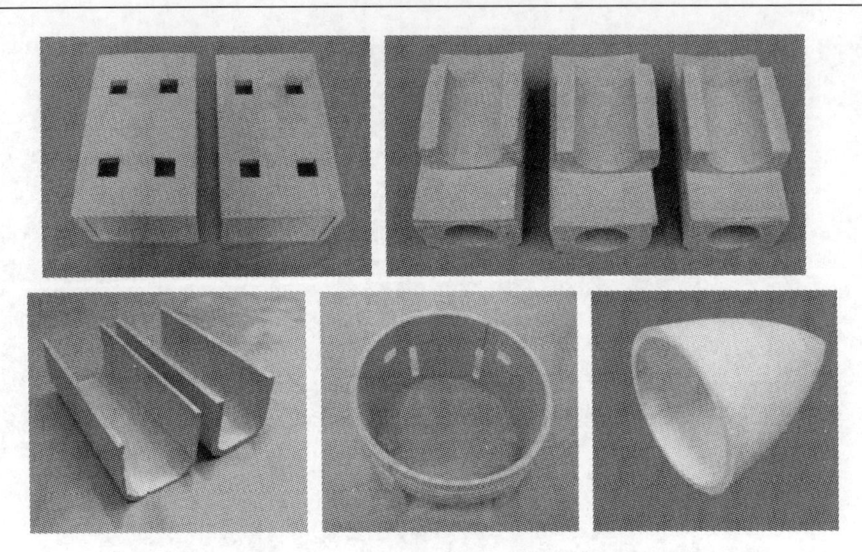

图 7-12　某导弹气凝胶复合材料隔热构件

7.3.3　在冲压发动机热防护系统上的应用

亚燃、超燃冲压发动机是超声速、高超声速飞行器和导弹的动力系统，其进气道、隔离段、燃烧室等工作部位温度高，时间长，为了防止冲压发动机工作过程中热量向机体（弹体）传递，必须对其进行热防护。图 7-13 是为冲压发动机热防护系统研制的气凝胶复合材料隔热构件。

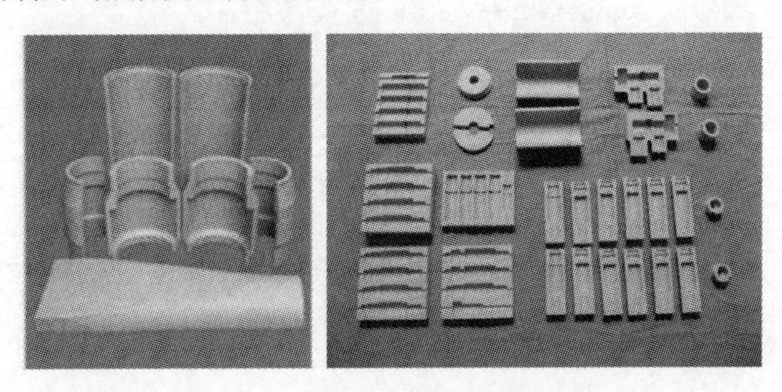

图 7-13　冲压发动机热防护隔热构件

7.3.4　在军用热电池隔热套上的应用

热电池是一种用电池本身的加热系统把不导电的固体盐类电解质加热熔融成离子型导体而进入工作状态的热激活储备电池。热电池具有储存时间长，激活时间短，比能量高，储存期内无须维护和保养，不受安装方位限制等优点，因此，它是鱼雷、导弹、炮弹等武器装备十分理想的电源，在军用电源中占有十分重要的地位。

工作时间和热寿命是热电池的重要性能指标，随着各种武器系统的飞速发展，要求所使用的热电池具有更长的工作寿命。而要发展长寿命热电池除了优化热电池的热设计外，关键还要采用性能优异的隔热保温材料，使激活后的电池内部温度保持在电池能够正常工作的范围内。同时，还须尽量避免电池内的剩余能量向外扩散，影响到热电池外部电机、仪表及控制系统工作的稳定性和可靠性，进而影响整个电池段的正常工作。

目前，热电池中应用的较为先进的保温材料有 Min-K 材料[9]。它以气相 SiO_2 或气凝胶粉末为主体，添加 TiO_2 等为遮光剂，加入一定的纤维为增强相，经混合后压制而成。Min-K 材料热导率较低［0.021W/(m·K)，常温］，但力学性能差，极易碎裂，安装操作困难。因此，国内的热电池研究单位和军工企业迫切需求更低的热导率、更好的力学性能、安装操作更方便的新型高效隔热材料，以满足长寿命热电池的发展要求。图 7-14 是采用纤维增强气凝胶隔热材料制备的热电池隔热保温筒及保温堵头。

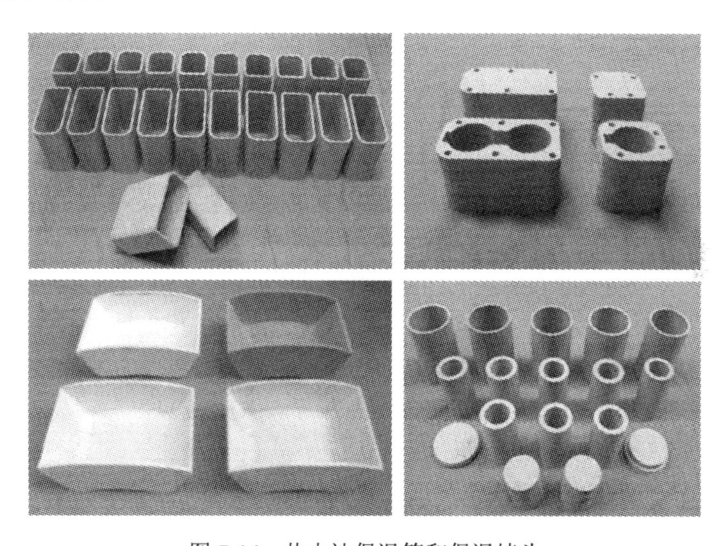

图 7-14　热电池保温筒和保温堵头

参 考 文 献

[1] 米歇尔·安德烈·埃杰尔特，尼古拉斯·莱文蒂斯，等. 气凝胶手册[M]. 任洪波，崔旭东,译. 北京：中国原子能出版社, 2014.

[2] Fricke J, Schwab H, Heinemann U. Vacuum insulation panels-exciting thermal properties and most challenging applications [J]. International Journal of Thermophysics, 2006, 27(4): 1123-1139.

[3] 张娜, 张玉军, 于延军, 等. SiO_2气凝胶制备方法及隔热性能的研究进展[J]. 陶瓷, 2006, 1: 24-26.

[4] 邓蔚, 钱立军. 纳米孔硅质绝热材料[J]. 宇航材料工艺, 2002, 1: 1-7.

[5] Fricke J, Emmerling A. Aerogels recent progress in production techniques and novel applications [J]. Journal of Sol-Gel Science and Technology, 1998,13: 299-303.

[6] White S, Rask D. Lightweight supper insulating aerogel/tile composite have potential industrial use [J]. Materials and Technology, 1999, 14(1): 13-17.

[7] Lee K P. Aerogels for retrofitted increases in aircraft survivability [C]. 43rd AIAA, Denver, colorado, 2002: 1497-1502.

[8] 兰伟, 刘效疆. 长寿命热电池保温材料的研究[J]. 电源技术, 2005, 29(3): 167-169.

[9] 陆瑞生, 刘效疆. 热电池[M]. 北京: 国防工业出版社, 2005.

附　录

缩写词列表

序号	全称	缩写
1	美国国家航空与航天局	NASA
2	国际理论和应用化学联合会	IUPAC
3	傅里叶变换红外谱	FT-IR
4	X 射线粉末衍射	XRD
5	核磁共振	NMR
6	热重-差示扫描量热	TG-DSC
7	扫描电子显微镜	SEM
8	开环易位聚合工艺	ROMP
9	超临界流体干燥	SCFD
10	Barret-Joyner-Halenda	BJH
11	Brunauer，Emmett，Teller	BET
12	酸碱度值	pH
13	惯性约束核聚变	ICF
14	正硅酸甲酯	TMOS
15	正硅酸乙酯	TEOS
16	甲基二乙氧基硅烷	MDES
17	甲基二甲氧基硅烷	MDMS
18	甲基三乙氧基硅烷	MTES
19	甲基三甲氧基硅烷	MTMS
20	二甲基二乙氧基硅烷	DMDES
21	二甲基二甲氧基硅烷	DMDMS
22	气相六甲基二硅氮烷	HMDS
23	仲丁醇铝	ASB
24	硅甲基	TMS
25	异丙醇铝	AIP
26	异丙醇	IPA
27	间苯二酚-甲醛气凝胶	RF 气凝胶
28	三聚氰胺-甲醛气凝胶	MF 气凝胶
29	苯酚-甲醛气凝胶	PF 气凝胶
30	甲醇	MeOH

续表

序号	全称	缩写
31	乙醇	EtOH
32	聚丙烯腈	PAN
33	聚酰亚胺	PI
34	均苯四甲酸二酐	PMDA
35	4,4′-二氨基二苯醚	ODA
36	*N*-甲基吡咯烷酮	NMP
37	间苯二酚与碳酸钠的物质的量比	R/C
38	水与间苯二酚的物质的量比	W/R
39	2,4,6-三（4-氨基苯基）嘧啶	TAPP
40	八（氨基苯基）聚倍半硅氧烷	OAPS
41	1,3,5-苯三甲酰氯	BTC
42	联苯二酐	BPDA
43	2,2′-二甲基-4,4′-二氨基联苯	DMBZ
44	1,3,5-三（4-氨基苯氧基）	TAB
45	环丁烷四酸二酐	CBDA
46	2,2′-双（三氟甲基）-4,4′-二氨基联苯	TFDB
47	3-氨基丙基三乙氧基硅烷	APTES
48	3-氨基丙基三甲氧基硅烷	APTMS
49	*N,N′*-二甲基甲酰胺	DMF
50	*N,N′*-二甲基乙酰胺	DMAc
51	均苯二酐-4,4′-二苯甲烷二异氰酸酯为原料一步法合成 PI 气凝胶	PI-ISO
52	均苯二酐-4,4′-二氨基二苯甲烷（MDA）单体为原料两步法制备 PI 气凝胶	PI- MDA